城市水资源与水环境国家重点实验室开放基金项目资助

SHUICHULI
TIANLIAO
YU
LULIAO

水处理填料与滤料

（第三版）

刘俊良 叶丽红 李 秀 编著

张 杰 主审

U0228824

 化学工业出版社

·北京·

内 容 简 介

　　本书分为绪论、水处理填料、水处理滤料和现代填料与滤料设备四部分，全面介绍了各种水处理填料与滤料的性能特点、分类，系统分析了各种水处理填料与滤料的发展应用前景、处理对象及其处理效果，对新型填料和滤料及其应用设备进行了详细描述，并介绍了用废弃物作填料和滤料在水处理中的实际应用，此外对几种典型的水处理填料与滤料装置及其应用做了阐述。

　　本书内容丰富翔实，可供给水和污水处理有关的工厂企业、专业公司、设计单位的广大技术人员、科研人员、设计人员和管理人员等参考，也可供高等学校及研究院所相关专业师生作为教材或参考书，以便正确掌握及合理使用填料与滤料。

图书在版编目(CIP)数据

　　水处理填料与滤料 / 刘俊良，叶丽红，李秀编著.
—3 版. —北京：化学工业出版社，2022.9
　　ISBN 978-7-122-41474-8

　　Ⅰ.①水…　Ⅱ.①刘…②叶…③李…　Ⅲ.①水处理
—填料②水处理—过滤材料　Ⅳ.①TU991.24

　　中国版本图书馆 CIP 数据核字（2022）第 085918 号

责任编辑：左晨燕　　　　　　　装帧设计：史利平
责任校对：宋　夏

出版发行：化学工业出版社（北京市东城区青年湖南街 13 号　邮政编码 100011）
印　　装：北京七彩京通数码快印有限公司
787mm×1092mm　1/16　印张 15¼　字数 322 千字　2022 年 10 月北京第 3 版第 1 次印刷

购书咨询：010-64518888　　　　售后服务：010-64518899
网　　址：http://www.cip.com.cn
凡购买本书，如有缺损质量问题，本社销售中心负责调换。

定　　价：85.00 元　　　　　　　　　　　　　　　版权所有　违者必究

前 言

随着科技发展和水处理研究的不断拓展与深入，水处理填料、滤料和相关装置在不断推陈出新。为顺应水处理科学技术发展的需求，本次再版对《水处理填料与滤料》第二版内容进行了部分修改、调整，增补了近年来市场新型的水处理填料与滤料。本书全面介绍了各种水处理填料与滤料的性能特点、分类，系统分析了各种水处理填料与滤料的发展应用前景、处理对象及其处理效果，对新型填料和滤料及其应用设备进行了详细描述，并介绍了用废弃物料作为填料和滤料在水处理中的实际应用。

本次修订主要修改和增补内容：第 1 章绪论，修订了水处理填料和滤料相关技术在给水处理和污水处理领域的发展和应用。第 2 章水处理填料，主要添加了三维立体扇形片体填料、浮挂式填料、包埋菌填料及新型填料如生物绳填料、PPC 填料、生物蜡块填料等的相关内容，同时将原有新型填料章节的内容调入对应章节；在填料在水处理中的应用章节增加了盘片式填料、可流态化填料在水处理中的应用。第 3 章水处理滤料，主要添加了树脂滤料和膜滤料的相关内容，将原有新型滤料调入对应章节，新增 AFM 活性过滤滤料、KATALOX-LIGHT 滤料、FERROLOX-X 滤料、二氧化钛滤料、滤膜等相关内容；在滤料在水处理中的应用章节增加了树脂滤料、超滤膜在水处理中的应用。第 4 章现代填料与滤料设备，新增加了三维立体结构生物转盘、生物接触氧化设备、SCSR 高效生物膜反应器等内容。

本书可为与水处理有关的工厂企业、设计单位的广大技术人员、科研人员和管理人员提供参考，也可作为给水排水工程、环境工程、大专院校及研究院所的学习教材。

本书由刘俊良、叶丽红、李秀编著，中国工程院院士、哈尔滨工业大学博士生导师张杰教授主审。在校研究生白雪参加了第三版增补内容部分图文整理工作。

本书参考了其他大量文献资料，并向这些文献作者表示衷心感谢。限于作者水平，书中不足与疏漏在所难免，恳请有关专家和广大读者指正。

编著者
2022 年 3 月古城保定

第一版前言

水处理填料与滤料是水处理工艺中用于物化处理的过滤介质材料和生化处理的微生物栖息的载体物质，是现代水处理工艺中直接关系处理效果的不可缺失的环节。

过滤技术中，滤料及滤料层的构成是决定过滤设备性能优劣的关键，它们决定着滤后水的水质，决定着过滤设备的基本性能。因此，过滤技术的发展在很大程度上取决于对滤料和滤料层构成的研究与改进。随着人类生活水平的不断提高，人们对滤料的要求越来越高。经过多年的研究和发展，滤料的品种和规格日益增多，质量和性能逐步提高，应用范围不断扩大，适应了国民经济发展的需要，尤其是在水处理行业得到了良好的效果，正在逐步推动我国水处理过滤技术的进步和发展。

填料作为生物膜法的核心组成部分，影响着污水回用事业的发展。在生物处理技术中，填料作为生物膜的载体，是影响处理效果的关键因素之一。因填料在水处理领域独特的性能，国内外的水处理工作者一直不断地研制、开发、生产和应用各种不同的填料，提高水处理技术水平，满足各种需求。20 世纪 80 年代以来，国内陆续开发了许多种类的填料，包括弹性填料、生物填料、纤维填料以及新型填料等，各种填料由于自身的特点，有着不同的优势和劣势，给了厂家选择的空间，可以根据所需处理水质和水量以及所选处理工艺选择最佳的填料。

目前国内尚无系统介绍填料和滤料的相关书籍出版。本书是作者在近几年实践积累、试验研究和系统分析的基础上，结合编著者多年来从事水和废水处理教学科研的心得体会，对水处理所需的填料和滤料进行了详细的总结、分析和介绍。其主要内容如下。第 1 章，结合污水回用的发展趋势，分别阐明了填料和滤料在水处理行业的重要性以及广阔的应用前景。第 2 章，全面系统地论述了填料的发展过程、作用和性能特点，分析比较了各种填料（包括近几年水处理行业的新型填料）的特点、处理对象及其处理效果，并对填料的发展趋势进行了探讨性论述；从填料改性、功能复合化、形状改进和固体废物利用四个方面论述了新型填料的开发。第 3 章，论述了滤料的过滤过程、作用和性能特点，分析了各种滤料（包括近几年水处理行业的新型滤料）的特点、处理对象及其处理效果，并对滤料的发展趋势进行了探讨性阐释。第 4 章，结合滤料的应用情况，对水处理行业滤料的应用设备进行了总结分析，主要包括滤料应用设备的性能参数、主要特点和典型用途。最后，为便于查阅，附录部分列出了填料环境保护产品技术要求、水处理滤料等部分内容。

本书由刘俊良、王琴编著，中国工程院院士、哈尔滨工业大学博士生导师张杰教授主审。应编著者之约，王鹏飞、宋智慧、张立勇、张铁坚、刘京红、任轶蕾、周利霞、张思若、丁玎、宋建武、毕荫来等参加了本书的部分编写工作。编著过程中得到城市水资源与水环境国家重点实验室开放基金项目资助，资助项目编号 HC 200903。另外，感谢江苏金山环保工程集团为本书编著提供的部分资料等支持。

　　限于编著者时间和水平，书中不足与疏漏之处在所难免，敬请有关专家和广大读者批评指正。

编著者

2010 年 6 月古城保定

第二版前言

水处理填料与滤料是水处理工艺中用于生化处理的微生物栖息的载体物质和物化处理的过滤介质材料，从污水回用的发展趋势看，无论是集中式污水回用方式后的深度处理还是分散回用的生物膜法，填料和滤料在污水回用中都是必不可少的环节，并发挥着举足轻重的作用。

填料是污水生物膜处理法的核心部分，它直接影响到处理效果、投资成本及运作费用。在生物处理技术中，填料作为生物膜的载体，是影响处理效果的关键因素之一。因填料在水处理领域独特的性能，国内外的水处理工作者一直不断地研制、开发、生产和应用各种不同的填料，提高水处理技术水平，满足各种需求。20世纪80年代以来，国内陆续开发了许多种类的填料，包括弹性填料、生物填料、纤维填料以及新型填料等，各种填料由于自身的特点，有着不同的优势和劣势，给了厂家选择的空间，可以根据所需处理水水质和水量的特点以及所选处理工艺，选择最佳的填料。

过滤技术中，滤料及滤料层的构成是决定过滤设备性能优劣的关键，它们决定着滤后水的水质，决定着过滤设备的基本性能。因此，过滤技术的发展在很大程度上取决于对滤料和滤料层构成的研究与改进。随着人类生活水平的不断提高，人们对滤料的要求越来越高。经过多年的研究和发展，滤料的品种和规格日益增多，质量和性能逐步提高，应用范围不断扩大，不断适应国民经济发展的需要，尤其是在水处理行业得到了良好的发展，正在逐步推动我国水处理过滤技术的进步和发展。

本书全面介绍了各种水处理填料与滤料的性能、特点和分类，系统分析了各种水处理填料与滤料的处理对象、处理效果及其发展前景，并对《水处理填料与滤料》（第一版）作了修改和补充，特别补充了填料与滤料的应用实例，以及用废弃物做填料和滤料在水处理方面的应用实例。这样，不仅对填料和滤料在性能、特点、参数上做了详细介绍，在实际应用中也有描述，丰富了本书的内容，使其更具有参考性。本书主要修改内容有：第1章改为绪论，系统介绍了水处理的方法，分别阐明了填料和滤料在水处理行业的重要性以及广阔的应用前景。第2章对填料作了更全面的说明，丰富了文章内容，并重点添加了废弃物填料以及填料在水处理中的应用。第3章对滤料作了更全面的说明，并重点添加了废弃物滤料以及滤料在水处理中的应用。特别在第2章和第3章中介绍了填料、滤料在水处理中的实例应用，为填料、滤料的全面应用提供参考。最后修订了附录，更方便查阅，也丰富了附录部分关于填料环境保护产品技术要求、水处理滤料的内容。

本书可为与水处理有关的工厂企业、设计单位的广大技术人员、科研人员和管理人员提供参考，也可作为给水排水工程、环境工程、大专院校及研究院所的学习教材。

本书由刘俊良、王琴、李君敬编著，中国工程院院士、哈尔滨工业大学博士生导师张杰教授主审。其中，刘俊良、付宝乐、王佳琪参加了第1章和第2章的编著工作，王琴、张立勇、张铁坚参加了第 3 章的编著工作，张小燕、郭华、李君敬参加了第 4 章及附录的编著工作，并由付宝乐进行了整个书稿的整理。

本书在编著过程中参考了其他大量的文献资料，在此向这些文献作者表示衷心感谢。限于作者水平，书中不足与疏漏在所难免，恳请有关专家和广大读者指正。

编著者
2015 年 1 月 30 日古城保定

目 录

第 3 章
水处理滤料

第 4 章

现代填料与滤料设备

183

附录
水处理用滤料（ CJ/T 43—2005 ）

第 1 章

绪论

1.1 水处理技术

水处理是根据不同的处理目标和任务，将原水中的杂质去除或部分去除以及投加某些物质调理水质。在水处理过程中采用的相关原理和方法即为水处理技术，按原理可分为物理法、化学法（或统称为"物理化学法"）和生物法处理技术。

① 物理法　通过物理作用分离、降解、转移、转化和资源化水中污染物的水处理法，可分为重力分离法、离心分离法和筛滤截留法等，以分子力产生的物理吸附和以热交换原理为基础的处理法亦属于物理处理法。

② 化学法　通过化学反应和传质作用来分离、去除水中呈溶解、胶体状态的杂质或将其转化为可存留于水中的物质的水处理法。在化学处理法中，以投加药剂产生化学反应为基础的处理方法有混凝、中和、氧化还原等；以化学键力为基础的处理方法有化学吸附等；以传质作用为基础的处理方法有萃取、离子交换、电渗析等。

③ 生物法　通过微生物的新陈代谢作用降解水中有机物或去除某些无机物的处理方法。生物法根据微生物对氧的需求可以分为好氧生物处理和厌氧生物处理；根据微生物存在的形式可以分为活性污泥法、生物膜法和自然生物处理法。

在工程实际中水处理技术的应用灵活多样，一种水处理技术可能兼具其他处理作用，同一处理对象可采用多种处理方法，而同一处理方法可应用于多种处理对象，且为实现理想的处理效果多种处理技术可以联合应用。

水处理根据处理目的可简要分为给水处理和污（废）水处理，因天然水体和污废水的原水水质和处理目标差异，较常规的给水处理流程为：混凝→沉淀→过滤→消毒。较常规的生活污水二级处理流程为：格栅→沉砂池→初沉池→生物处理→二沉池→消毒。工程实际中，如直饮水处理、超纯水制备、污废水回用、雨水资源开发利用、海水淡化、水中能源回收等，水处理原水水质复杂多样，处理需求迥异，且随着水科学领域的拓展和深入，根据具体任务需求可以选用的水处理技术从基本原理到具体实施方法可共通，相应的水处理流程则丰富多变。

水体污染控制、水环境质量提升、用水安全保障等是水处理工作的重点，寻求经济有效的水处理技术是水处理领域的主要工作，而水处理填料和滤料是水处理技术的研发和应用工作得以开展的重要依托。

1.2 水处理中的填料

广义范围上，为了实现一定的水处理效果而填加到水处理反应器（池）的物质均可称为填料。在水处理技术的研发和应用中，填料较为常见的应用是作为水处理微生物附着的载体，是生物膜法的核心组成部分。因此，狭义范畴，填料是为生物膜法水处理微生物提供附着生长固定表面的材料。相对于活性污泥法，生物膜法具有占地面积小、布置灵活、有机物去除效率高、抗冲击能力强、污泥减量等优点，而填料表面生物膜的形成和存在情况直接影响了水处理效果。

因填料在水处理领域独特的性能，国内外的水处理工作者不断研制、开发、生产和应用各种不同的填料，以期提高水处理效能，满足各种水处理需求。各种填料具备自身的特点，有着不同的优势和适用范围。越来越丰富多样的填料给了用户一定的选择空间，可以根据用户的需求结合各填料的特点进行技术经济比较，选择满足设计水质、水量和水处理技术的填料。随着国内外新型材料的出现和科学的发展，填料的应用形式、材质、结构、性能等方面均有创新，同时，对填料的亲水性、生物亲和性、磁效应等方面改性以期提高填料的挂膜速率、挂膜量、污染物去除等性能的研究和应用也在推进。因此，对我国当前市场主流的和新兴的水处理填料的梳理汇编也需要同步进行。有关水处理填料分类及特性内容详见本书第2章。

1.3 水处理中的滤料

水中悬浮颗粒经过具有孔隙的介质被截流分离的过程称为过滤，具备这一功能的介质即为滤料。在水处理中一般通过滤料截留水中悬浮颗粒，同时水中部分有机物、细菌、病毒等也会因附着在悬浮颗粒上而被一并截留，一般认为涉及颗粒迁移和颗粒黏附两过程。颗粒迁移表现为悬浮于水中的微粒被输送到贴近滤料表面，即水中微小颗粒脱离水流流线向滤料颗粒表面靠近的输送过程。颗粒黏附表现为接近或到达滤料颗粒表面的微小颗粒截留在滤料表面的附着过程。颗粒的黏附过程主要取决于滤料和水中颗粒的表面理化性质，滤料的选用直接影响过滤效果，而滤料粒径、材质、应用形式、滤层厚度和级配等在筛选滤料时均需要考虑。

过滤技术的发展在很大程度上取决于对滤料和滤料层构成的研究与改进。国内外专家学者分别从滤料的材质、性能、吸附容量、吸附模型和工程实际中遇到的污染物去除需求等方面出发，进行滤料的开发研究。现阶段，水处理滤料除满足基本截留作用外，还应具备滤速大、过滤周期长、纳污量大、滤层水头损失增长慢、反冲洗彻底等优点。滤料的品种和规格日益增多，质量和性能逐步提高，应用范围不断扩大，正在逐步推动水处理技术的进步和发展。有关水处理滤料分类及特性内容详见本书第 3 章。

1.4 水处理填料与滤料设备

集成式一体化水处理技术通过将水处理设计工艺流程中各处理单元整合为一体化集成装置，节约基建占地、缩减工期、拆卸便捷、操作简便，是水处理装置向零件标准化、结构紧凑化、拆卸便捷化、利用率最大化发展的体现。水处理填料与滤料设备是集成式一体化水处理技术的重要组成部分，本书整理汇编了几种典型的水处理填料与滤料设备，详见本书第 4 章。

参考文献

[1] 付鹏波，田金乙，吕文杰，等．物理法水处理技术 [J/OL]．化工学报：1-19 [2021-11-07]．http：//kns. cnki. net/kcms/detail/11. 1946. TQ. 20210810. 0906. 004. html．

[2] 黄霞，王志伟，王小伟．理论-材料-技术-工艺全链条创新，不断推进膜法水处理技术的可持续发展——《环境工程》"膜法水处理技术：研究、应用与挑战"专刊序言 [J]．环境工程，2021，39（07）：3-4．

[3] 曹云鹏，潘伟亮，龚文静，等．生物膜悬浮填料的研究现状与进展 [J/OL]．应用化工，1-6 [2021-11-07]．https：//doi. org/10. 16581/j. cnki. issn1671-3206. 20210721. 003．

[4] 王永磊，王学琳，吕守维，等．不同填料生物膜反应器的污泥减量与脱氮性能研究 [J]．环境污染与防治，2021，43（10）：1255-1262．

[5] 吕昱，禹丽娥，刘京都，等．基于改性滤料对微污染水的生物处理技术研究与探讨 [J]．环保科技，2020，26（01）：50-55．

[6] 田立平，李振，刘丽丽．浅谈城镇污水处理一体化设备的应用现状及发展 [J]．西部皮革，2020，42（16）：68．

第 2 章

水处理填料

2.1 填料的发展

生物滤池是以土壤自净原理为依据，在污水灌溉的实践基础上，经较原始的间歇砂滤池和接触滤池而发展起来的人工生物处理技术，已有百余年的发展史。

1893 年英国试行将污水在粗滤料上喷洒进行净化的试验，取得良好的效果。1900 年以后，这种工艺得到公认，命名为生物过滤法，处理构筑物则称为生物滤池，开始用于污水处理实践，并迅速地在欧洲一些国家得到应用。

在 19 世纪末和 20 世纪初，韦林（Waring）、迪特（Ditter）等就以碎石、炉渣为填料进行了生物接触氧化法的试验。其后德国的韦加德（We Jgnad）以烧结渣为填料发明了旋转生物接触器，20 世纪 20 年代，德国的贝奇（Bach）和美国的布斯维尔（Buswell）又对生物接触氧化法进行了应用试验，得出 BOD 去除率最高为 69％，低的只有 28％，效果非常不理想。

到 20 世纪 50 年代以前，生产中采用的生物膜法处理构筑物仍是以碎石为填料。碎石比表面积小，占地面积极大，卫生状况也不好。由于早期生物填料存在的这种缺陷，使生物膜法处理废水的技术未能进一步推广应用，逐渐被活性污泥法所代替。20 世纪 50 年代，在民主德国有人按化学工业中的填料塔方式，建造了直径与高度比为（1∶6）～（1∶8），高度达 8～24m 的塔式生物滤池，通风畅行，净化功能良好。这种填料塔的问世，使占地大的问题进一步得到解决。

20 世纪 60 年代初，由于新型合成填料的出现，给生物膜法的广泛应用带来了转机。许多新型生物膜反应器如塔式生物滤池、生物接触氧化池、流动床生物膜反应器、复合式生物反应器和生物流化床等先后问世，大大促进了各种填料的开发和应用，这充分体现了生物膜法在水处理工艺中的优势，促进了生物膜法在水处理技术中的应用。

之后随着塑料工业的发展，许多高效率塑料填料在接触氧化工艺中逐渐被开发利用，最典型的是由玻璃钢或塑料制成的波状板或蜂窝状定型固定式填料，其中以蜂窝填料最具代表性。该种填料由日本的小岛贞男最先研制，并首先在受污染原水处理中应用。蜂窝填料具有材料耗费较小、孔隙率大等特点，在水处理行业得到广泛应用。但在长期的污水处理使用过程中，蜂窝填料逐渐暴露出许多弊端：比表面积较小、生物膜量少；填料表面光滑，不易挂膜；水和气在填料内横向不能流通，造成布气布水不均；易堵塞等。

20世纪80年代开始出现的由尼龙、涤纶、维纶、腈纶等化纤编结成束，并用中心绳连接成纤维束状的软性填料，克服了蜂窝填料的不足。组成填料的纤维丝具有很大的比表面积，相对容易挂膜；软性填料之间的空隙可以随水和气的流动而变化，避免了堵塞现象；物理化学性能稳定，加工运输方便，造价低。上海石化总厂涤纶厂采用装有这种软性填料的接触氧化工艺处理污水，容积负荷达到 $3.28kg\ COD_{Cr}/m^3$，COD_{Cr} 去除率为 80%，BOD 去除率为 80%～90%。但软性填料在长时间使用后纤维束易于结块，不仅降低填料的实际使用面积，而且在结块区的中心易形成厌氧空间，影响处理效果。

针对软性填料的不足，北京纺织科学研究院开发研制了半软性填料，半软性填料的材质通常为变性聚乙烯、聚氯乙烯等耐酸、耐碱性能较好的塑料，它由填料单片、塑料套管和中心绳三部分组成。针刺状向外放射的圆形单片是半软性填料的主体，各单片以固定片距穿套在中心绳上。半软性填料优点较多：①比表面积大（可达 $130m^2/m^3$），为微生物的生长提供了充足的空间；②孔隙率高（大于 96%），流阻小；③耐腐蚀、不易堵塞、便于安装。正常运行表明，相同条件下半软性填料比软性纤维填料可提高 COD_{Cr} 去除率达 10% 左右。此外，半软性填料还具有节能、降低运行费用等优点，目前应用较为广泛。

但是，由于半软性填料的表面积不如软性填料，又开发了将两者组合的填料，即中间为半软性，边缘为软性纤维丝的组合填料。目前用于水处理的填料除定型固定式填料、软性填料、半软性填料、组合填料外品种繁多，如弹性立体填料、分散式填料、浮挂式填料等。

综上所述，生物膜工艺的演变过程，实际上是一个填料特性不断完善的过程。从开始的砂石等天然填料发展到目前人工合成材料填料，人们不断完善了生物膜法废水处理技术，并使其优点进一步得到发挥。随着生物膜法应用范围的不断扩大，国内外水处理工作者不断研制、开发、生产和应用各种填料，为丰富填料类别、促进填料技术的发展做了大量工作。随着我国经济的持续高速发展和对环保事业的日益重视，各种新型填料在水处理生物膜工艺中必将发挥更加广泛的应用。

2.2 填料的作用

填料为生物膜法水处理微生物提供附着生长固定表面，影响生物膜法水处理性能。近年来，随着城市需水量的增加，污染日趋严重，河水、湖泊水等地表水不同程度地受到大面积有机污染，生物处理方法从多应用于污废水处理领域扩展到给水处理领域。相对于活性污泥法，生物膜法具有占地面积小、布置灵活、有机物去除效率高、抗冲击能力强、污泥减量等优点。生物膜法可以利用生物滤池、生物转盘、生物接触氧化、生物流化床、曝气生物滤池等工艺实施，而相应反应装置中的适宜的填料特性有所差异，具体填料特性和用途在本章后续小节详细介绍。本节以生物接触氧化法为例对填料在水处理中的作用加以详细阐述。

生物接触氧化处理技术的实质之一是在池内充填填料，已经充氧的污水浸没全部填料，并以一定的流速流经填料。填料上布满生物膜，污水与生物膜广泛接触，在生物膜上微生物新陈代谢功能的作用下，污水中有机污染物得以去除，污水得到净化。生物接触氧化是一种介于活性污泥法与生物滤池两者之间的生物处理技术，是具有活性污泥法特点的生物膜法，兼具高效节能、占地面积小、耐冲击负荷、运行管理方便等独特优点，因此深受污水处理工程领域人们的青睐和欢迎。

生物接触氧化法中的生物载体（填料）是生物接触氧化工艺的关键。载体是微生物的生长地，生物处理效果与所选用的填料有直接关系。填料作为微生物的载体影响着生物的生长、繁殖和脱落的整个过程，它的性能直接影响和制约着处理的效果、充氧性能、基建投资、运行周期和费用。填料在一些生物膜反应器系统的建设费用中最高可占 50%。

综上所述，填料在生物膜法反应器中的作用主要有以下三方面。

① 水处理装置中采用填料主要是为微生物提供附着生长的载体，细菌在填料表面的附着和相互结合，就形成了生物膜。活性污泥法中，细菌以结合成菌胶团的形式存在并始终处于一种动态状况，对有机污染物的吸收分解是以形成更多的微生物为主。含污染物的水就相当于是微生物的一种培养基，在充氧和水流运动的作用下，微生物培养繁殖的数量越来越多，需要用剩余污泥的形式排出。生物膜法中，细菌附着在填料上稳定生存，其功能形式就不同于活性污泥法。水中的污染物是被微生物吸收分解的对象，微生物充分发挥分解功能的同时进行繁殖，但新生繁殖的数量只与填料上老化脱落的生物数量相平衡。因此，填料不仅使微生物有了一个固定附着的场所，还使细菌的分解功能得到加强，新生繁殖的数量减少。

② 填料是反应器中生物膜与水接触的场所，而且对水流有强制紊动的作用，促使水在填料空隙间曲折流动形成再分布，从而使水流在滤池横截面上分布更为均匀。同时，水流在填料内部形成交叉流动和混合，为污染物和生物固体的接触创造了良好的水力条件。在需氧反应器中，填料对气泡有重复切割作用和阻挡作用，使水中的溶解氧浓度提高，可强化微生物、有机物和溶解氧三者之间的传质过程。

③ 填料对水中的悬浮物有一定的截留作用。由于反应器中填料的存在，使出水中悬浮物的浓度大大减少，填料对出水中悬浮物的截留作用是通过对水中悬浮物的拦截、沉淀、惯性、扩散、水动力等诸多因素来实现的。

2.3 填料的性能

2.3.1 填料的性能要求

填料的性能直接影响滤池出水水质和滤池运行费用的高低，且填料购置费用在生物滤池的基建费中占有较大比重，因此，在以生物膜法为主的工艺中，填料的选择是一个关键性的环节。水生物处理中采用的填料一般应满足下列要求。

① 在使用过程中，具有化学和热稳定性，无毒、无有害成分，不溶出有害物质，不产生二次污染，不影响水质和微生物处理有机物的过程。

② 较大的比表面积，填料表面是生物膜形成和固着的部位，较大的比表面积可以提供更大的生物挂膜面积和接触面积，有利于附着更大的生物量和提高传质效率。

③ 填料表面易于微生物生长、挂膜，这要求填料具有活性表面、吸水率高、表面湿润性好、有足够的粗糙度以利于微生物的附着生长。

④ 利于形成气相、液相的高湍流程度，以保证在浓度梯度的作用下气液相、固液相和气固相之间的传质，这是生物处理效果的重要保证。

⑤ 有良好的布气布水性能，两相在反应器中的流动状况好坏、接触是否充分，与填料的布气布水性能关系密切，布气布水均匀，可以避免反应器内形成堵塞、死角和短流，在正常运行时影响传质过程。

⑥ 有较大的孔隙率，填料的孔隙率越大，液体通过的能力越大且压降低。这点对生物反应器长期稳定运行，不易堵塞尤为重要，同时孔隙率大，压降小，能耗低。

⑦ 重量轻，并具有一定的强度，耐磨、耐压，具有生物稳定性；载体具有惰性，不参与生物膜的生物化学反应，载体本身是不可生物降解的；有抗环境的化学腐蚀能力；力学性能良好，在反应器运行过程中不需要时时更换。

⑧ 材料易得，价格便宜，易于购买。

⑨ 便于运输和安装。

2.3.2 填料的性能参数

目前，已有一些国家制订了滤池填料标准，如美国自来水协会制订的滤料标准（1989 年）、印度标准协会制订的过滤设备要求（1977 年）以及英国水和废水协会制订的滤池颗粒填料标准（1993 年）等。英国水和废水协会制订的滤池颗粒填料标准主要包括填料颗粒密度、容积密度、机械强度（易碎性）、磨损率、溶解性、最小流化速率、孔隙率、比表面积等指标。所有这些标准最初都是为饮用水的过滤处理制订的，为适用于废水处理的生物滤池填料，必须对标准中指标的选择及具体参数的取值进行修订。

在我国，有关填料的评价指标目前没有统一的标准，除一些大家认可的常规参数，还有很多无法量化的指标，针对这些无法量化的指标，在研究中只好自创一些概念。

本书认为填料的评价体系应包括以下一些指标。

2.3.2.1 常规技术参数

① 规格，如填料的外形尺寸，如长、宽、高、直径等。

② 相对密度，填料密度与水密度的比，相对密度小，容易呈流化态，动力消耗小。

③ 空隙率，指干燥状态下反应器内填料层中空隙部分所占的体积与填料层体积之比。填料空隙率与填料颗粒形状、均匀程度以及压实程度等有关，粒径均匀和形状不规则填料的空隙率较大。

④ 单位体积的填料个数。

⑤ 比表面积（填充后），指单位质量填料颗粒具有的表面积总和，也可以表示为单位堆积体积填料所具有的表面积总和。填料表面是生物膜形成和固着的部位，一般而言，填料比表面积越大，对微生物的附着越有利。

⑥ 填料因子，填料的比表面积与空隙率三次方的比值，即 a/e^3，称为填料因子，以 f 表示，其单位为 m^{-1}。填料因子分为干填料因子与湿填料因子，填料未被液体润湿时的 a/e^3 称为干填料因子，它反映填料的几何特性；填料被液体润湿后，填料表面覆盖了一层液膜，a 和 e 均发生相应的变化，此时的 a/e^3 称为湿填料因子，它表示填料的流体力学性能，f 值越小，表明流动阻力越小。

填料性能的优劣通常根据效率、通量及压降三要素衡量。在相同的操作条件下，填料的比表面积越大，气液分布越均匀，表面的润湿性能越好，则传质效率越高；填料的孔隙率越大，结构越开敞，则通量越大，压降亦越低。

⑦ 堆积重度，堆积重度＝(1－空隙率)×材料重度。

2.3.2.2 填料的特定技术参数

（1）表面性质

填料的表面性质包括亲水性、粗糙度等。一般采用称重法对两种填料的亲水性进行测定，具体的方法是，先称量两种填料的原来质量，将它们浸没在水中一段时间后再称量它们的质量，通过两次称量的差求得填料的含水率，含水率越高亲水性越好。粗糙度直接影响挂膜速度，粗糙度越大，挂膜越快。尽管人们普遍认为填料表面粗糙度是影响微生物固定的重要因素之一。但迄今为止，人们对表面粗糙度的认识还仅停留在定性描述的阶段，主要通过直观的视觉观察来获取有关的信息。Harendranath 等通过扫描电镜照片对 24 种填料的表观特征，如表面粗糙程度、表面微孔尺寸及其分布进行了研究，粗略地将填料分为三大类，即表面光滑、表面不平及表面多孔。虽然图像分析是一项快速、有效的技术，但由此得到的表面粗糙度定量信息很少，使得给出的评价比较笼统，主观因素影响较大，缺乏横向可比性。

分形是描述高度不规则物体的有力工具，运用分形理论对多孔填料的表面粗糙度进行探讨。以表面分数维值定量表征填料表面粗糙度，并在对多孔填料分形特征进行深入分析的基础上，结合具体的孔结构分布测试方法原理，推导出分数维值计算方法，进行了相应的计算和结果分析，以期为多孔填料微观特征分析提供一种新方法。

（2）挂膜性能

一般包括挂膜速度、挂膜量和生物膜特性等指标，但这些指标的影响因素比较多，因此只能采取填料之间的对比得出孰优孰劣，而无法量化。

（3）充氧性能

一般用溶解氧增长速度、饱和溶解氧值、氧转移系数等指标来衡量。但由于反应器结构、污水性质、运行条件等因素对这些指标影响很大，因此孤立的数值往往没有说服力，同样需要比较判断优劣。

（4）传质性能

传质性能包括布水均匀程度、切割气泡大小、水流紊动程度等。这些指标非常难以测量，一般以肉眼观察为主，可以加入示踪剂辅助，一般只能定性描述，无法量化。

综上所述，随着生物接触氧化法应用范围的逐渐扩大，填料的品种也不断更新换代。但目前国内生产的填料品种繁多，良莠不齐，因此对填料品种的归类、发展过程、趋势以及使用性能的探讨就具有重要的实际指导意义。

2.4 填料分类概述

水处理用填料的种类及分类方法繁多，较常见的有以下几种。

（1）按填料安装方法分类

填料按安装方式大致可分为定型固定式、分散式、悬挂式。定型固定式填料，主要是蜂窝状填料、波纹板状填料、三维立体扇形片体填料等；分散式填料，主要有堆积式和悬浮式填料，如鲍尔环、阶梯环、空心球、悬浮粒子等；悬挂式填料，主要是软性填料、半软性填料、组合式填料、弹性立体填料等。

（2）按填料的弹性分类

可分为硬性、半软性、软性等。硬性填料包括玻璃钢、塑料等材料制成的蜂窝状填料、波纹板状填料、网状填料、环状填料以及粒状填料等。半软性即组合式填料，包括盾式填料和弹性立体填料。软性填料一般均用纤维长丝为原料。

（3）按填料的原料分类

可分为无机填料和有机填料。常见的无机填料有陶粒、焦炭、石英砂、活性炭、膨胀硅铝酸盐等，有机填料基本为高分子填料，有聚苯乙烯、聚氯乙烯、聚丙烯等。根据填料原料的来源，本书中又划分出废弃物填料单列章节论述。

（4）按填料密度分类

可分为上浮式填料和沉没式填料。无机高分子填料一般为沉没式填料，有机高分子填料一般为上浮式填料。

（5）按填料的形状分类

可分为蜂窝状、束状、筒状、列管状、波纹状、板状、网状、盾状、圆环辐射状、球状以及不规则粒状等。

（6）按填料的材质分类

可分为塑性填料、玻璃钢填料及纤维填料，包括砂、石、活性炭、塑料、玻璃钢、纤维等。

（7）其他分类

还可以分为自然形成和人工加工制成的两种填料。不过在上述的各种类型的填料中，除不规则粒状填料外，均为人工加工制成的填料，而不规则粒状填料中的陶粒也是人工加工制成的。不规则粒状填料中的其他填料，如碎石、焦炭、炉渣、硬果壳等，在被选作填料时也需用人工加以筛选。相对于已较为广泛应用的填料，本节中对新型填料单列章节加以论述。

2.5 定型固定式填料

（1）简介

定型固定式填料如图 2-1 所示，这种填料始用于 20 世纪 70 年代初，其材质有酚醛树脂加玻璃纤维布及固化剂、不饱和树脂加玻璃纤维布及固化剂、塑料等。固定式填料主要包括蜂窝状和波纹板状等硬性填料。

（2）特点

生物接触氧化池较多采用固定填料，经生产运行数据表明，应用固定式填料有如下的优点：

① 反应池中有较高的生物浓度和生物活性，可有效去除废水中的有机污染

图 2-1　定型固定式填料

物质，对 COD 的去除率可达到 85％～90％；

②　体积负荷相对于活性污泥法有所提高，处理时间短，可减少反应器容积；

③　与活性污泥法相比较，其动力效率提高 30％左右；

④　克服了活性污泥法中污泥膨胀的缺点，产泥量低；

⑤　使用寿命较长，一般为 5～8 年。

但该类填料对布水布气均匀性的要求很高，易发生脱膜困难，从而引起堵塞。使用中人们发现，当有机物浓度高时，蜂窝填料很容易堵塞，一旦发生堵塞，其处理效率急剧下降，严重的甚至毁坏构筑物。同时，此类填料均需安装在辅助支架上，造成安装更换诸多不便，使工程投资和运转费用相对提高。近年来此类产品很少采用，一些原有项目的改造也基本被其他填料所替代。

2.5.1　蜂窝状填料

蜂窝状填料的材质多为玻璃钢和塑料，这种填料具有一系列的特征，其中主要是：①比表面积大，从 $133m^2/m^3$ 到 $360m^2/m^3$（根据内切圆直径决定）；②孔隙率高，达 97％～98％；③质轻但强度高，堆积高度可达 4～5m；④管壁光滑无死角，衰老生物膜易于脱落等。

蜂窝状填料的缺点是：①当选定的蜂窝孔径与 BOD 负荷率不相适应，生物膜的生长与脱落失去平衡，填料易于堵塞；②当采用的曝气方式不适宜时，蜂窝管内的流速难于均一等。对此，应采取适当的对策：①选定的蜂窝孔径应与 BOD 负荷率相适应；②采取全面曝气方式；③采取充填措施，在两层之间留有 200～300mm 的间隙，每层高不超过 1.5m，使水流在层间再次分配，形成恒流与紊流，使水流得到均匀分布，并防止中下部填料因受压而变形。

蜂窝状填料主要有六角蜂窝填料和片状斜管填料两种形式。

2.5.1.1　六角蜂窝填料

（1）简介

六角蜂窝填料如图 2-2 所示，这种填料是经许多条直六角管组合成型的块体，有斜管和直管两种形式，材质有聚丙烯（PP）、聚氯乙烯（PVC）、乙丙共聚和玻璃钢（FRP）四种。斜管主要应用于沉淀和除砂作用。具有湿周大、水力半径小、处理效率高、占地面积小、层流状态好、颗粒沉降不受紊流干扰等特点。组装的主要优点有：韧性强、组装强度好、不变形、不脆裂、使用寿命长、抗老化期在原聚丙烯填料 3～5 年的基础上可延长 5～8 年的使用寿命，在给排水工程中应用广泛。

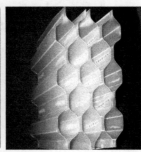

图 2-2　六角蜂窝填料

（2）主要性能参数

六角蜂窝填料主要性能参数见表 2-1。

表 2-1　六角蜂窝填料主要性能参数

项目参数	规格/mm	常规尺寸 /(mm×mm×mm)	片厚 /mm	比表面积 /(m²/m³)	孔隙率/%	密度 /(kg/m³)
玻璃钢	D25	1000×500×1000	0.5	236	94	95
	D30	1000×500×1000	0.5	169	95	75
	D40	1000×500×1000	0.5	148	96	61
	D50	1000×500×1000	0.5	119	97	50
	D60	1000×500×1000	0.5	99	97	42
聚丙烯	D25	1000×500×1000	0.5	200	95	46
	D35	1000×500×1000	0.5	140	96	32
	D50	1000×500×1000	0.6	100	97	27.5
	D80	1000×500×1000	0.8	62	93	22.8

（3）填料主要特点

斜管特点：①湿周大，水力半径小；②层流状态好，颗粒沉降不受絮流干扰；③当斜管管长为 1m 时，有效负荷按 3～5t/m² 时设计，V_0 控制在 2.5～3.0mm/s 范围内，出水水质最佳；④在取水口处采用蜂窝斜管，管长 2.0～3.0m 时，可在50～100kg/m³ 泥砂含量的高浊度中安全运行；⑤采用斜管沉淀池，其处理能力是平流式沉淀池的 3～5 倍，是加速澄清池和脉冲澄清池的 2～3 倍。

直管特点：①处理效率高于活性污泥法，一般水力负荷为 100～200m³/(m²·d)，有机负荷为 2000～5000g/m³，因此缩小了占地面积；②曝气强度低于活性污泥法，且不需污泥回流，故能降低动力消耗及简化管理；③污泥量少，减少了污泥脱水等后处理工作量；④产生的污泥沉降性好，有利于后段悬浮物的去除；⑤适应性强，能适应不同水质的范围大，对水质、水量突变的冲击负荷的忍耐力强，维持稳定的处理效果。

（4）主要用途

主要用于水厂沉淀池、污水处理池、加速沉淀池和澄清池的水处理，也可用于进水口除砂，一般工业和生活给水沉淀、污水沉淀、隔油以及尾矿浓缩处理等，既适用于新建工程，又适用于现有旧池的改造，均能取得良好的经济效益。采用六角蜂窝填料的沉淀池沉淀速度快，减少沉淀时间，提高产水量和净水效率，出水水质好，是水厂及污水处理工程挖潜改造的一种有效途径。其中直管主要用于生物滤池的高负荷生物滤池、塔式生物滤池、淹没式生物滤池（又称接触氧化池）以及生物转盘的微生物载体，可对工业有机废水和城市污水进行生化处理。

2.5.1.2 片状斜管填料

（1）简介

片状斜管填料如图 2-3 所示，是经多块塑料片瓦式组合成型的块体，材质是聚乙烯加聚丙烯共聚而成，简称乙丙共聚塑料蜂窝斜板。主要优点有：韧性强，组装强度好，不变形，不脆裂，使用寿命长，抗老化期长，原料聚乙烯、聚丙烯填料在 3～4 年的基础上可在水中延长到 8～10 年的使用寿命，通过近年的发展趋势，各地水厂选用斜管都在向乙丙共聚型填料发展。

图 2-3　片状斜管填料

（2）主要性能参数

主要性能参数见表 2-2。

表 2-2　片状斜管填料主要性能参数

孔径/mm	斜面×平面宽×平面长/(mm×mm×mm)	管材厚度/mm
$\phi35$	1000×500×1000	0.4
$\phi50$	1000×500×1000	0.5
$\phi80$	1000×500×1000	0.8

（3）主要用途

斜管主要用于各种沉淀和除砂作用，是目前在给水排水工程中采用最广泛而且成熟的一项水处理装置。它具有适用范围广，处理效果高，占地面积小等优点。适用进水口除砂的一般工业和生活给水沉淀、隔油以及尾矿浓缩等处理，既适用于新建工程又适用于现有旧池的改造，均能取得良好的经济效益。

2.5.2 波纹板状填料

（1）简介

波纹板状填料如图2-4所示，是规整填料的一种。它是由若干彼此平行，垂直排列，表面有沟纹的孔板片组成，波纹与塔轴方向成一定夹角，相邻板片波纹方向相反，使板片间形成交叉三角形通道，波纹板状填料按材质成分可分为金属、塑料及陶瓷等。波纹板片上有小孔，根据工艺设计的需要，也可以不设小孔。

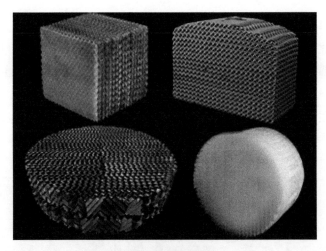

图 2-4　波纹板状填料

（2）特点

① 填料由板片组成，板片有较大波峰相错排列，板片排列整齐，因此孔隙大，气体通过阻力小、通量大。

② 填料表面润湿率高，无沟流现象，传质效率高，持液量少。气液两相在填料中不断呈 Z 形运动，混合均匀，气液接触充分，效率高，抗污染能力强。

③ 孔板波纹填料除用金属和塑料制造外，还可以用陶瓷制造，以适应耐腐蚀、耐高温等特殊要求。

④ 结构简单，便于运输、安装；可单片保存，现场黏合；质轻，防腐性能好。

⑤ 其主要缺点是仍难以得到均匀的流速。

（3）主要用途

由上海材料研究所研制的 C15 材料制成的网孔板波纹填料，其具有很好的耐腐蚀性能，分离效果好，并且每立方米材料与压延孔板波纹填料相比质量减少了30%，并通过其他实践证明网孔板波纹填料可以根据不同的使用场合，采用相适应的材质（如钛、铜、铝、316L、C15 等），广泛用于石油化工、化工、农药、精细化工等行业，取得高效分离的优良效果。

唐万金等介绍的金属孔板波纹规整填料及新型塔内件在铜洗塔中的应用中，虽然一次性投资较大，但从扩大生产能力、节省操作费用、降低生产成本、提高经济效益来说，是具有明显优势的。这一技术尤其适合于老塔的挖潜扩能改造和新设计塔的节能降耗，正因为其经济效益和社会效益显著，所以高效孔板波纹填料以及新型塔内件应用于铜洗塔是目前合成氨生产中所采取的一条重要技术改造措施。

2.5.2.1 金属波纹板状填料

金属波纹板状填料是瑞士苏尔寿公司 20 世纪 70 年代后期，继金属丝网波纹填料后开发成功的一种重要新型通用规整填料，称为麦勒派克（Mellapak）填料。该填料保持金属丝网波纹填料的几何规则结构特点，改用表面有沟纹的孔板制成，其性能介于金属丝网波纹填料与散堆填料之间。

金属波纹板状填料是由若干波纹平行且垂直排列的金属波纹片组成，波纹片上开有小孔（或根据需要不开孔），波纹顶角约 90°，波纹形成的通道与垂直方向成 45° 或 30° 角，相邻两波纹片流道成 90°，上下两盘波纹填料旋转 90° 叠放。金属波纹填料薄片上的小孔可以粗分配薄片上的液体，加强横向混合；薄片上加沟纹起到细分液体的作用，增强了液体均布和填料润湿功能，提高传质效率。金属波纹板状填料具有通量大、阻力小、效率高、造价便宜、抗污染能力较强等优点。

金属波纹板状填料分为金属丝网填料、金属孔板波纹填料、金属网孔波纹填料和压延（刺）孔板波纹填料。

（1）金属丝网填料

① 简介　金属丝网填料如图 2-5 所示，是世界各国应用比较广泛的高效填料，其主要优点是：a. 理论板数高，通量大，压力降低；b. 低负荷性能好，理论板数随气体负荷的降低而增加，几乎没有低负荷极限；c. 操作弹性大；d. 放大效应不明显；e. 能够满足精密、大型、高真空精馏装置的要求。为难分离物系、热敏性物系及高纯度产品的精馏分离提供了有利的条件。

图 2-5　金属丝网填料

② 主要性能参数　见表 2-3。

表 2-3　金属丝网填料主要性能参数

型号	倾角/(°)	理论板数/(个/m)	峰高/mm	水力直径/mm	比表面积/(m²/m³)	孔隙率/%
CY-700	45	8～10	4.3	5	700	90
BX-500	30	4～5	6.3	7.5	500	95

(2) 金属孔板波纹填料

① 简介　金属孔板波纹填料如图 2-6 所示，这种填料是在金属薄板表面冲孔、轧制小纹、大波纹，最后组装而成的规整填料。该填料保持了金属丝网波纹填料结构特点，改用表面有沟纹的孔板制成，增加了液体的均布和填料润湿性能，提高了传质效率。每盘单元高度为 50～200mm，直径超过 1.5m，填料制成分块形式。金属孔板波纹填料分离能力类似于金属丝网波纹填料，但抗堵能力比金属丝网波纹填料强。

图 2-6　金属孔板波纹填料

金属孔板波纹填料具有阻力小、气液分布均匀、效率高、通量大、抗堵能力强的优点，可应用于负压、常压和加压操作，在精馏、吸收、萃取等单元操作中广泛应用。用金属孔板波纹填料改造板式塔效果尤为明显。根据填料型号，最小塔径为 80～200mm，最大塔径达 13m，液体喷淋密度为 0.2～200m³/(m²·h)，压力范围可从真空到高压。金属孔板波纹填料是适用于化工、化肥、炼油、石油化工、天然气等工业的通用性高效规整填料。

② 主要性能参数　见表 2-4。

表 2-4　金属孔板波纹填料主要性能参数

填料型号	理论板数块 /m	比表面积 / (m²/m³)	孔隙率 /%	压力降 / (MPa/m)	密度 / (kg/m³)	液体负荷 / (m³/h)	最大 F 因子 / [m/s· (kg/m³)$^{0.5}$]
JKB-125X	0.8～0.9	125	98.5	1.4×10^{-4}	74～100	0.2～100	3.5
JKB-125Y	1.0～1.2	125	98.5	2.0×10^{-4}	74～100	0.2～100	3.0
JKB-250X	1.6～2.0	250	97	1.8×10^{-4}	119～198	0.2～100	2.8
JKB-250Y	2.0～3.0	250	97	3.0×10^{-4}	119～198	0.2～100	2.6
JKB-350X	2.3～2.8	350	95	1.3×10^{-4}	139～277	0.2～100	2.2
JKB-350Y	3.5～4.0	350	95	2.0×10^{-4}	139～277	0.2～100	2.0
JKB-500X	2.8～3.2	500	93	1.8×10^{-4}	198～298	0.2～100	2.0
JKB-500Y	4.0～4.5	500	93	3.0×10^{-4}	198～298	0.2～100	1.8

不同厂家生产的填料型号命名、型号多寡、参数、效能等略有差异。除表 2-4 所示，有厂家可对填料的开孔率和流道的倾斜角度实施调整，以满足不同的需求。

（3）金属网孔波纹填料

① 简介　金属网孔波纹填料也称板网波纹填料，如图 2-7 所示，是用金属薄板冲压、拉伸成特定的压延网片，表面成规则的菱形网孔，保持丝网波纹填料的几何规则结构冲压成波纹片，再组成盘状波纹规整填料，按其波纹峰高与塔轴线倾角分成 SW-45 和 SW-30 两种型号。随着技术发展，中国、德国、瑞士以及美国都有不同研究或工业应用，现阶段有国内厂家出产 SW-1 和 SW-2 型不锈钢网孔波纹填料，对应的波纹峰高与塔轴线倾角分别是 45°和 30°。

网孔波纹填料传质规律接近丝网波纹填料，每米填料的理论板数高于孔板波纹填料。由于网板可用各种金属材料加工，选材面较丝网填料广，因而耐腐蚀性能好，且造价比较低。在我国，网孔（板网）波纹填料的工业应用已见成效。

图 2-7　金属网孔波纹填料

② 主要性能参数　见表 2-5。

表 2-5　金属网孔波纹填料主要性能参数

型号	倾角/(°)	理论板数/(个/m)	峰高/mm	水力直径/mm	比表面积/(m²/m³)	孔隙率/%
SW-45	45	6～8	4.5	5.7	650	91.6
SW-30	30	4～5	6.5	9	450	95.5
SW-1	45	6～8	4.5	5.7	650	92
SW-2	30	4～5	6.5	9	450	96

（4）压延（刺）孔板波纹填料

压延（刺）孔板波纹填料如图 2-8 所示。我国于 1977 年开发、研制成功了具有压延（刺）孔板的波纹填料。它以薄金属板材为原料，与金属丝网波纹填料的差别在于用金属板片代替金属网。在金属板上碾压出密度很高的微细刺孔，每平方厘米有 70 个带刺微细小孔，然后把多刺孔板压制成波纹板片。它与金属板波纹填料的区别主要是没有在金属板片上冲制小孔和压制纹理，而是碾出高分布密度的微细刺孔。其成盘、装塔要求等均与网波纹、孔板波纹填料相同。

图 2-8　压延（刺）孔板波纹填料

金属压延（刺）孔板波纹填料由于表面特殊的刺微孔结构，增强了填料的毛细作用，使填料的润湿性增高，其分离能力类似于网状波纹填料，但抗堵能力比网状波纹填料强。主要特点是流量较大时基本保持了金属丝网波纹填料的优良分离功能，又省去了拉丝编网的复杂工序，降低了填料造价。在一般化工、石油化工、化肥、环保等领域有着广泛的应用前景。

2.5.2.2　塑料波纹板状填料

（1）简介

塑料波纹板状填料如图 2-9 所示，它主要有聚丙烯（PP），聚偏氟乙烯（PVDE），聚氯乙烯（PVC）等。聚丙烯可耐温 110℃，聚偏氟乙烯可操作到

150℃，主要优点是耐腐蚀、质轻、价廉、阻力小、效率高，类似于金属孔板波纹填料。

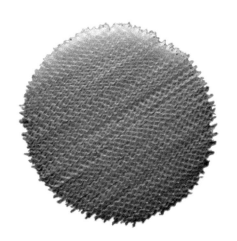

图 2-9　塑料波纹板状填料

塑料波纹板状填料与金属波纹板状填料结构相似，是由彼此平行、交叉后垂直排列的波纹板片组成盘形的规整填料。填料板片上可开有小孔以提高分离能力；若要求不高，则可不开小孔，以提高板片刚度。组成盘状的填料在塔中上、下相邻的两盘应交错90°。未经处理的塑料一般有憎水性能，必要时可通过物理、化学等方法来改善塑料的润湿性能。

塑料波纹板状填料的基本特性参数主要取决于填料板片的波纹峰高，而决定波纹形状的主要参数有倾角、波距、板厚等，其原理与金属波纹板状填料相似。

（2）主要性能参数

塑料波纹板状填料主要性能参数见表 2-6。

表 2-6　塑料波纹板状填料主要性能参数

型　号	理论板数 /(个/m)	比表面积 /(m²/m³)	孔隙率 /%	压力降 /(MPa/m)	堆积密度 /(kg/m³)	最大 F 因子 /[m/s·(kg/m³)⁰·⁵]	液体负荷 /(m³/h)
SB-125Y	1～2	125	0.985	2×10^{-4}	37.5	3	0.20～100
SB-250Y	2～2.5	250	0.97	3×10^{-4}	75	2.6	0.20～100
SB-350Y	3.5～4	350	0.95	2×10^{-4}	105	2.0	0.20～100
SB-500Y	4～4.5	500	0.93	3×10^{-4}	150	1.8	0.20～100
SB-125X	0.8～0.9	125	0.985	1.4×10^{-4}	37.5	3.5	0.20～100
SB-250X	1.5～2	250	0.97	1.8×10^{-4}	75	2.8	0.20～100
SB-350X	2.3～2.8	350	0.985	1.3×10^{-4}	105	2.2	0.20～100
SB-500X	2.8～3.2	0.93	0.93	1.8×10^{-4}	150	2.0	0.20～100

2.5.2.3　陶瓷波纹板状填料

（1）简介

陶瓷波纹板状填料如图 2-10 所示，是由许多具有相同几何形状的波纹片单元体相互平行、叠加组成，其应用外形为立方体单元，多见为圆柱体单元。因波纹填料的分离效率为散装填料的几倍到几十倍，因而波纹填料又为高效填料。它与板式塔散堆填料相比具有效率高、降压低、处理量大、持液量小、放大效应不明显、操作弹性大等一系列优点。并且其具有良好的亲水性能，表面可形成极薄的液膜湍动及气流的倾斜曲折通道，能促进气流但又不阻挡气流，使陶瓷填料能与金属填料相匹敌，而其耐腐蚀、耐高温性能让金属填料无法媲美。

图 2-10 陶瓷波纹板状填料

（2）特点

陶瓷波纹填料与板式塔、散堆填料相比，具有以下优异的性能。

① 流通量大。新塔设计可缩小直径，老塔改造可大幅度增加处理量。

② 分离效率高。较散堆填料有大得多的比表面积。

③ 压降低。可节约大量能源。

④ 操作弹性大，持液量小，放大效应不明显。

⑤ 适用于对阻力降和理论板数有严格要求的腐蚀性混合物的精馏分离。真空乃至加压体系的操作均可使用。

陶瓷波纹板状填料不仅具有波纹填料优良的综合性能，还具有陶瓷的耐酸、碱腐蚀性和良好的表面润湿性能，又耐高温和低温，适用于较强腐蚀性物系的物料分离。陶瓷的造价也比较便宜。陶瓷波纹板状填料是由许多具有相同几何形状的波纹片单元体相互平行叠加组成，其应用外形为立方体单元和圆柱体单元等。其表面分布均匀的孔板波纹开孔率为 $5\%\sim10\%$，更多地增加了气液的纵横向混合。

值得注意的是，在处理含有大量无机酸和碱的水时，该填料应用受限制或不宜应用，此外，尚有重量大、装拆清洗不便等不足之处。

2.5.3 三维立体扇形片体填料

（1）简介

三维立体扇形片体填料如图 2-11 所示，主要应用于生物转盘，盘片材质常见有聚丙烯。盘片是由 n 个角度为 $360°/n$（n 为偶数）的扇形片体组合而成的整圆体，扇形片体包括盘片边、连接盘片边与中心的盘片支撑件和供生物膜生长的网状结构，盘片的支撑件与盘片边的连接处和盘片边的中间处均设有盘片固定件，在盘片支撑件的中部设有固定孔。盘片网状结构如图 2-12 所示，网状结构包括垂直交叉的圆柱筋、交叉形成的方格孔和圆柱筋形成平面相垂直的突起，突起设置在圆柱筋交叉处。盘片固定件和固定孔均采用一面为突起内环，另外一面为下凹内环的形式，盘片在连接时，其中一个盘片的凸起内环卡接在另一盘片的下凹内环中扣合固定。

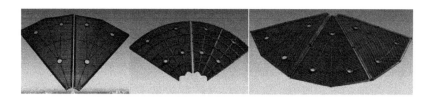

图 2-11　三维立体扇形片体

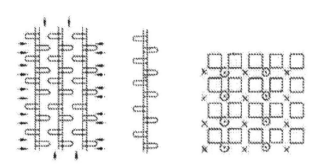

图 2-12　盘片网状结构示意

（2）主要性能参数（表 2-7）

表 2-7　三维立体扇形片体性能参数

项目	参数	项目	参数
圆柱筋直径	2～6mm	突起半球的总长	5～15mm
方格孔边长	5～12mm	材质	聚丙烯

（3）盘片的特点

① 具有相对较好的微生物富集效果；

② 处理单位污水占用较小的空间，占地面积较小；

③ 对驱动电机功率要求较低，能耗较低；

④ 没有噪声，臭味较少，有较好的实用性。

（4）主要用途

主要用于制作生物转盘来进行水处理，现已广泛应用于各种生活污水和工业污水的处理。关于生物转盘的介绍详见第四章。

2.6　分散式填料

分散式填料包括堆积式、悬浮式填料，其种类较多。这种填料的优点是：①无需填料的安装工作，应用时只需放置于处理装置中即可，使用方便，且更换简单，因此减少了安装和运行操作管理的工作量，是今后填料的发展趋势；②表面积较大，微生物挂膜快，生物膜易脱落；③抗酸碱、耐老化、不受水流影响。

2.6.1 分散堆积式填料

目前在水处理中，应用最广泛的分散堆积式填料主要包括天然沸石、陶粒、活性炭等。

2.6.1.1 天然沸石

（1）简介

天然沸石如图 2-13 所示。天然沸石是沸石族矿物的总称，在地壳中分布广泛，是一种含水的碱金属或碱土金属的含水架状结构的多孔硅铝酸盐。由于其巨大的比表面积（400～800m²/g 沸石）、较高的化学和生物稳定性、良好的吸附性能和交换性能，是一种极性吸附剂，可吸附有极性的分子和细菌，并对细菌有富集作用，因此天然沸石是一种理想的生物载体。沸石具有成本低、易开发、无毒副作用、再生方法简单、水处理效果好、无二次污染等特点。

图 2-13　天然沸石

（2）主要性能参数（表 2-8）

表 2-8　天然沸石主要性能参数

分析项目	检测数据		分析项目	检测数据
密度	$1.92g/cm^3$		SiO_2	68%～70%
容重	$1.28g/cm^3$		Al_2O_3	13%～14%
磨损率	≤0.8%		Fe_2O_3	1%～1.8%
破碎率	≤1.0%	成分	CaO	1.8%～2.2%
孔隙率	≥48%		MgO	0.9%～1.4%
含泥量	≤1.0%		K_2O	1.6%～3.9%
水分	≤1.8%		Na_2O	0.6%～1.6%

（3）主要用途

李德生等研究表明，利用生物沸石作为填料，对沸石在一定条件下进行微生物培养，一般 2～3 周即可实现其生物膜功能，沸石生物膜是一种催化生物膜，它可以改进沸石的水处理特性，使生物、沸石共同起作用，用它与混凝沉淀相结合，既可用于去除水中 NO_3^--N、NO_2^--N、有机物、臭味，改善色度，又可用于去除水中重金属离子等。

2.6.1.2 陶粒

我国对厌氧生物滤池填料的研究以陶粒为最多，因为陶粒作为填料的一种，不仅材料低廉易得，而且显示出优良特性，特别适合我国的国情。陶粒是由黏土或泥岩、页岩、煤矸石、粉煤灰等作为主要原料，经加工成粒或粉磨成球，再烧成的人造轻骨料。陶粒是外部为铁褐色或棕色的坚硬外壳，表面有一层隔水保气的釉层，内部具有封闭式微孔结构的多孔陶质粒状物。陶粒比表面积较大，化学和热稳定性好，具有较好的吸附性能，而且易于再生，是一种廉价的吸附剂。由于陶粒内部的微孔多孔结构，使陶粒具有容重小、强度高、保温隔声效果好、防火、抗冻、耐化学腐蚀、耐细菌腐蚀、抗震性好及施工适应性强等优良性能。

近年来，陶粒作为废水生物处理填料得到广泛应用。填料表面的粗糙度和内部孔隙率会影响细菌增殖的速度，粗糙多孔的表面有利于启动阶段生物膜的形成，同时也使布水均匀，流态稳定。生物陶粒比表面积较大，对废水处理效果较好，氨氮去除率最高可达 90% 以上。通过扫描电镜对陶粒微观结构观察可知，新鲜陶粒表面孔隙多、粗糙度高，有利于水流的重新分布，减少水流对生物膜的剪切力，促进微生物在填料表面的固着繁殖。有人采用纳米材料改进内部具有多孔结构的陶粒，获得高粗糙度和高比表面积的填料，从而提高细菌的增殖速度和生物膜的形成速度。因此，纳米改性陶粒解决了废水生物处理中反应器挂膜启动时间长的困难。

陶粒按形状类型不同，分为普通型、圆球型、碎石型；按主要原料不同，分为黏土陶粒、页岩陶粒、粉煤灰陶粒、泥岩陶粒、煤矸石陶粒、垃圾陶粒、污泥陶粒等。

(1) 粉煤灰陶粒

① 简介　粉煤灰陶粒如图 2-14 所示，它是以优质黏土、粉煤灰为主要原料，掺加适量黏结剂或外加剂成球，经焙烧或养护而制得的一种人造轻骨料。它一般呈球状，内部呈蜂窝状结构，堆积密度不大于 $1100 kg/m^3$，粒径在 $5\sim20 mm$ 之间，表皮粗糙坚硬。粉煤灰陶粒具有体轻、高强、热导率低、节能环保和吸水率低等优点，因此成为保温隔热、抗震、防火、防潮、吸声降噪的优良材料。陶粒作为滤料，具有孔隙率高、比面积大、化学性能稳定、机械强度高、过滤水质好、不含有害物质、渗透能力强、滤速高（$15\sim20 m/h$）、产水量高等特点，可用于自来水过滤、城镇污水处理以及石油、化工行业作为过滤介质。

图 2-14　粉煤灰陶粒

② 主要性能参数　粒径范围：8～24mm，8～16mm，4～8mm。

③ 主要用途　采用电厂的粉煤灰为主要原料制备多孔陶粒，分别将其用作水处理中的微生物载体和吸附剂，实验结果表明：用粉煤灰多孔陶粒作载体时，大约 1 个月的时候，COD、氨氮这两项指标的出水基本稳定，它们的值分别为 50.6mg/L，0.516mg/L；去除率为 94.6%，98.9%，挂膜已经稳定。

(2) 纳米改性陶粒

纳米改性陶粒如图 2-15 所示，目前使用的填料大多数表面能较低，在使用过程中，当液体流经其表面时不容易铺展形成薄膜，而是形成分散的液珠或细小沟流，使得填料个体下部难以被有效地润湿，从而在很大程度上影响了传质效率。纳米粉末的制备、纳米复合体的合成是纳米技术的重要发展领域，具有广泛的发展前景，对高性能填料的研制具有重要的指导意义。合成新型的纳米陶粒是水处理填料用陶粒的一个新的尝试，它对传统陶粒比表面积小、难挂膜、生物亲和力低、易堵塞等缺点有革命性的改变。在今后的研制中，通过对原料配比、比表面积、孔隙尺寸及内部结构的综合考虑，不断优化制备工艺，使其朝增大孔隙率、减少压降、增大比表面积、改善润湿性能，功能多样化的方向发展，不断提高填料的性能，并促进水处理工艺特别是生物膜法处理工艺的发展。

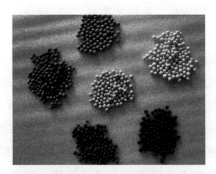

图 2-15　纳米改性陶粒

对纳米改性陶粒进行理化性能检测和电镜微观结构观察，并在曝气生物滤池（BAF）中进行了试验，发现其与国内的其他滤料相比，具有挂膜快，生物亲和性好，耐冲击负荷等优点，适合作为微生物载体。

2.6.1.3 活性炭

（1）简介

活性炭如图 2-16 所示，它是以果壳和木屑为原料，经特殊生产工艺精制而成，具有比表面积大，吸附能力强、纯度高、滤速快、质量稳定等特点。

图 2-16　活性炭

活性炭-生物法是将活性炭吸附和生物氧化结合的一种活性污泥工艺，活性炭投加曝气池后能强化活性污泥的净化功能，提高有机物的去除效果，改善出水水质。汪艳霞等研究表明具有吸附能力的活性炭表面比一般填料表面更容易生成生物膜，活性炭极大地改善了填料表面的生物学性能。练建军等选取了 5 种含活性炭比例不同的填料以及一种不含活性炭的参照填料，分别从亲水性、COD 与 NH_4^+-N 的去除、微生物量以及微生物种类方面对各填料在相同的运行条件下进行了比较研究。实验结果表明，含活性炭的填料在亲水性能、挂膜速度，生物量浓度等方面比不含有活性炭的填料有明显的优势。在含活性炭的填料中，25％的填料挂膜快，处理效果稳定，受外界环境影响较小。

（2）性能参数

煤质柱状活性炭主要技术参数：碘值≥850mg/g；强度≥90％；比表面积 500～900m²/g；水分≤10％；充填密度 0.45～0.55g/cm³。

（3）主要用途

废水生物处理中难以去除的有机物，可以采用活性炭的强吸附性去除，吸附有利于延长被吸附有机物生物降解反应的时间。活性炭-生物法处理废水能提高废水的综合处理效果，而且运行成本低。

活性炭-生物法可用于农药废水、合成化工废水、医药中间体废水的处理，能有效去除废水中的有机物、NH_4^+-N 等有害物质。Chitra 等发现在二次生物废水处理中使用活性炭可大大提高废水中溶解性有机物的去除效果，其净化机理为：

① 活性炭的巨大比表面积和吸附作用将有机物和溶解氧浓缩在活性炭的表面和周围，为微生物的代谢活动营造了良好的微环境，加快了有机物的降解过程；

② 通常情况下不能被生物降解的有机物被活性炭吸附后，增加了与微生物的接触时间，在传统的活性污泥法中接触时间即为水力停留时间，而在活性炭-

生物法中，一旦被吸附，其接触时间就相当于系统的泥龄，接触时间长，必然提供更多的生物降解机会。

2.6.1.4　粉煤灰固定化絮凝剂颗粒填料

（1）简介

粉煤灰固定化絮凝剂颗粒填料如图 2-17 所示，这种填料以粉煤灰为主要原料，经固相反应聚合成集絮凝、吸附、氧化于一体的多微孔材料，其中的絮凝、氧化组分夹聚在多微孔固态材料中。粉煤灰固定化絮凝剂颗粒填充于 BAF 中处理印染废水，既利用了填料的絮凝、吸附、氧化作用，又利用了填料表面微生物的降解作用。将水泥、沙子、粉煤灰和聚合氯化铝混匀，然后加入 3% 的聚丙烯酰胺水溶液，混匀，压制成模后，用微波炉间断加热，然后用水滋养，最后制成多孔的固定化絮凝剂备用。制成的颗粒呈灰白色，表面能看见很多微孔。

图 2-17　粉煤灰固定化絮凝剂颗粒填料

（2）主要性能参数（表 2-9）

表 2-9　粉煤灰固定化絮凝剂颗粒填料主要性能参数

物理特性	粒径 /mm	表观密度 /(g/cm³)	堆积密度 /(g/cm³)	比表面积 /(m²/g)	内部孔隙率/%	外部孔隙率/%	破损率/%
数值	3～10	1.65	0.82	5.3	31.4	43.1	<1

（3）主要用途

此种填料对印染废水有较好的处理效果。兰善红等使印染废水经过水解后进入以粉煤灰固定化絮凝剂颗粒为填料的 BAF 池中进行处理，出水能达到印染废水排放标准的二级标准。

2.6.1.5　牡蛎壳填料

（1）简介

牡蛎壳填料如图 2-18 所示，其表面粗糙，虽非球体，但孔隙率较大，具有一定的比表面积且不易造成堵塞；牡蛎壳棱柱层的大量微孔使其具有较强的吸附能力。牡蛎壳主要成分是氧化钙，具有一定的硬度；牡蛎壳密度较大，可能在反冲洗时难呈悬浮状态，但生物、化学性质稳定；由于牡蛎壳是

图 2-18　牡蛎壳填料

作为一种废弃物来处理，其价格低廉。因此，牡蛎壳符合上述的多项填料选择原

则，具有一定的应用可行性。

（2）性能参数

从主要物理结构分析，牡蛎壳由角质层、棱柱层、珍珠层组成，其中棱柱层是牡蛎壳的主要构成部分。棱柱层呈叶片状结构，含大量 $2\sim10\mu m$ 微孔。从主要物质成分分析，牡蛎壳由矿物质和蛋白多糖等有机物组成，矿物质以钙元素为主，钙含量为 $39.78\%\pm0.23\%$，另有钠、钡、铜、铁、镁、锰、镍、银等多种无机元素。

（3）主要用途

适用于高浓度含磷废水的去除，水力停留时间（HRT）为 12h 时磷去除率达到了 $70\%\sim80\%$。牡蛎壳主要是通过生物诱导的化学沉淀来实现磷的去除，水中的 pH 值越小，牡蛎壳所释放的 Ca^{2+} 就越多，对磷的去除效果就越明显。

2.6.2 分散悬浮式填料

（1）简介

图 2-19 给出了多种分散悬浮式填料，悬浮式填料以塑料和纤维材质为主，形状多种多样，如空心球、阶梯环、拉西环、鲍尔环和悬浮粒子等。

（2）特点

这些填料在材质和形状方面可能相差较大，但也有很多共同的特点。

① 形状为立体状或颗粒状，一般形状规则，孔隙率大，比表面积大。

② 相对密度接近于水，或稍大于 1，或稍小于 1。长满生物膜以后，在反应器中可以随水流移动。一般在曝气池中移动的动力来源于曝气，在缺氧厌氧反应器中移动的动力来源于机械搅拌。

图 2-19　多种分散悬浮式填料

③ 填料一般用聚乙烯、聚丙烯、聚氨酯等特制塑料或树脂制成，为增加微生物附着性，有的填料表面经过特殊处理，微生物非常易于附着生长。

④ 不结团、不堵塞，老化的生物膜靠水力冲刷、曝气搅动等作用自动脱落。

⑤ 传质效率高，无须增加太多额外能耗。

该填料的优点是生化装置处理废水时，剩余污泥产量低，难降解物质去除效果好，除磷脱氮的效率高而且兼具截流悬浮物的作用。无需固定和悬挂，只需将之放置于处理装置之中，使用方便，更换简单，因此减少了安装及运行操作管理的工作量，且形式可以多变，发展空间与潜力大。

缺点是对设计和调试的要求高，不易掌握。在运行当中如设计或调试出现问题会使填料上面长满了微生物，密度大于水时就会沉到水下，将会出现有沉底、死角等缺陷，容易发生堆积，严重影响处理效果。而且悬浮填料是运动的、碰撞的，容易损耗，该填料本身价格昂贵，造成成本的增加。另外可能对微生物有毒性。

（3）主要用途

悬浮填料使用方便，无须构建支架，能耗低，是一种很有发展前途的填料。陆天友等的研究表明，C/N 质量比对悬浮填料生物反应器脱氮效果有很大影响，实验得到的最佳 C/N 质量比为 12：1，TN 去除率平均为 85%。孔秀琴等的研究表明，在间歇式活性污泥（SBR）反应池中投加填充率 30% 的悬浮填料进行脱氮除磷时，COD 的去除率可达 95.12%，NH_4^+-N 的去除率在 95% 以上，TP 的去除率达 75%。

2.6.2.1 球形填料

球形悬浮填料，又叫多孔旋转球形悬浮填料，该填料由聚丙烯材料注塑而成，直径不一，在球体内设多个规律或不规律的空间或小室，使其在水中能保持

图 2-20　多面空心球

动态平衡。这种填料具有生物附着力强、比表面积大、孔隙率高、化学和生物稳定性好、经久耐用、不溶出有害物、不引起二次污染、防紫外线、抗老化、亲水性能强等特点。这种填料在使用过程中，微生物易生成、易更换、耐酸碱、抗老化、不受水流影响、使用寿命长，剩余污泥少，安装方便，便于充填，它形式多样，具体如下所述。

（1）多面空心球

① 简介　多面空心球如图 2-20 所示，它由聚丙烯注塑成型。多面空心球中部沿整个周长有一条加固环，环上、下部各有 12 条球瓣，沿中心轴呈放射形布置。该球具有气速高、叶片大、阻力小、比表面积大、操作弹性大等特点。可以充分解决气液交换，广泛应用于除氟、除氧气、除二氧化碳的接触反应器。还有一种类似的产品，即双星球形填料。

② 主要技术参数　见表 2-10。

表 2-10　多面空心球主要技术参数

规格/mm	比表面积/(m²/m³)	堆积数量/(个/m³)	堆积密度/(kg/m³)
25	500	85000	210
38	300	22800	100
50	200	11500	95
76	—	3198	75

③ 主要用途 适用于污水处理厂接触氧化池填料。

图 2-21 星球填料

（2）星球填料

① 简介 星球填料如图 2-21 所示，它是由聚丙烯（PP）、聚乙烯（PE）、氯化聚氯乙烯（CPVC）、聚偏氟乙烯（PVDF）等制成的两个半球合成一球形，比其他球形填料孔隙率大。

② 主要性能参数 堆积密度 58～60kg/m³；比表面积 136～155m²/m³；数量 1480 个/m³；有 ϕ100mm、ϕ76mm、ϕ50mm、ϕ25mm 四种规格。

③ 主要用途 适用于污水厂污水处理和工厂废气处理。

（3）瓜片式球形悬浮填料

① 简介 瓜片式球形悬浮填料如图 2-22 所示，该填料表面有拉膜，内芯为螺纹，加大了比表面积，又能有效切割气泡，提高了氧的利用率，挂膜快且多，处理效果好，是处理污水理想的悬浮填料。

图 2-22 瓜片式球形悬浮填料

② 主要性能参数 见表 2-11。

表 2-11 瓜片式球形悬浮填料主要性能参数

规格/mm	数量/(个/m³)	比表面积/(m²/m³)	材料相对密度	单个质量/g
ϕ150	350	380	0.92	65

（4）纤维球形悬浮填料

① 简介 纤维球形悬浮填料如图 2-23 所示，其内芯结构是将塑料圆片压扣改成双圈大塑料环，将醛化纤维或涤纶丝压在环的环圈上，使纤维束均匀分布；内圈是雪花状塑料枝条，既能挂膜，又能有效切割气泡，提高氧的转移速率和利用率。使水气生物膜得到充分交换，使水中的有机物得到高效处理。

图 2-23 纤维球形悬浮填料

② 主要性能参数　见表 2-12。

表 2-12　纤维球形悬浮填料主要性能参数

规格/mm	数量/(个/m³)	比表面积/(m²/m³)	材料相对密度	单个质量/g
ϕ150	350	380	0.92	38

（5）立体弹性球形悬浮填料

① 简介　立体弹性球形悬浮填料如图 2-24 所示，弹性丝条在球体骨架内成主体均匀排列辐射状态，使气、水、生物膜得到充分混掺接触交换，生物膜不仅能均匀地生长在每一根丝条上，保持良好的活性和孔隙可变性，而且在运行过程中球体与球体间的气体形成自由相互碰撞，并具有新陈代谢良好，不会结成团，系统切割能力强，空间体积利用率大，无死区等特点，处理效果好，是生物法处理污水比较理想的填料。

图 2-24　立体弹性球形悬浮填料

② 主要性能参数　见表 2-13。

表 2-13　立体弹性球形悬浮填料主要性能参数

规格/mm	数量/(个/m³)	比表面积/(m²/m³)	材料相对密度	单个质量/g
ϕ150	350	380	0.92	36

（6）蛇皮丝球形悬浮填料

① 简介　蛇皮丝球形悬浮填料如图 2-25 所示，其内部填入一团塑料丝或塑料条，比表面积大，挂膜快且多，处理效果好。

图 2-25　蛇皮丝球形悬浮填料

② 主要性能参数　见表 2-14。

表 2-14　蛇皮丝球形悬浮填料主要性能参数

规格/mm	数量/(个/m³)	比表面积/(m²/m³)	材料相对密度	单个质量/g
$\phi 70$	1000	700	0.92	13
$\phi 100$	1000	700	0.92	23
$\phi 80$	2000	800	0.92	13

（7）纤维球球形悬浮填料

① 简介　纤维球球形悬浮填料如图 2-26 所示，其由纤维丝结扎而成，具有耐酸碱，弹性好，可压缩，孔隙率大，既能挂膜又具有较强的截污能力等特点。对有机物去除率高，是废水生化处理的理想材料。

图 2-26　纤维球球形悬浮填料

② 主要性能参数　见表 2-15。

表 2-15　纤维球球形悬浮填料主要性能参数

规格/mm	数量/(个/m³)	比表面积/(m²/m³)	材料相对密度	单个质量/g
$\phi 80$	2000	800	0.92	28

（8）海绵球形悬浮填料

① 简介　海绵球形悬浮填料如图 2-27 所示，其填料内芯由小海绵块组成，柔性，可压缩，孔隙率大，既能挂膜又具有较强的截污能力。

图 2-27　海绵球形悬浮填料

② 主要性能参数　见表 2-16。

表 2-16　海绵球形悬浮填料主要性能参数

规格/mm	数量/(个/m³)	比表面积/(m²/m³)	材料相对密度	单个质量/g
$\phi 80$	2000	800	0.92	12

（9）多孔球形悬浮填料

① 简介　多孔球形悬浮填料如图 2-28 所示，这种填料是针对国内污水处理生物膜法采用的多种填料中开发的最新系列产品。该填料由聚乙烯或聚丙烯材料注塑而成，分内外双层球体，外部为中空鱼网状球体，内部为转型球体。在使用过程中，生物膜易生成，易更换，耐酸碱，抗老化，不受水流影响，使用寿命长，剩余污泥极少，安装方便。广泛适用于生活污水、石油化工、轻工造纸、食品工业、酿酒、制糖、纺织、印染、制革、制药等工业废水处理。

② 主要性能参数　见表 2-17。

图 2-28　多孔球形悬浮填料

表 2-17　多孔球形悬浮填料主要性能参数

结构形式	规格/mm	耐酸碱性	连续耐热/℃	脆化温度/℃	比表面积/(m²/m³)	孔隙率/%	材料相对密度	数量/(个/m³)
双层球形	150	稳定	80～90	−10	380	≥97	0.92	350
球形填料	100	稳定	80～90	−10	700	≥96	0.92	1000
球形填料	80	稳定	80～90	−10	800	≥95	0.92	2000

（10）生物流离球

① 简介　生物流离球如图 2-29 所示。"流离"现象是一种自然现象。流体在流动中总存在着流速快和流速慢的场所，固体物和有机物胶体在流体的流动中，总是由流速快的场所向流速慢的场所集中聚集，这种现象称之为"流离"。"流离"生化技术（XZFSBBR）是近些年产生的一种有机废水处理新技术。作为流离生化处理技术核心的生物流离球，由特殊的多孔矿物质装在塑料外壳内组成。

图 2-29　生物流离球

生物流离球一般由耐腐蚀、具有较好机械强度和韧性的塑料多孔外球和内部装填经特殊处理的粒状填料组成，使用时不需填料支撑架直接放入反应池使用，节省工程施工时间、工程费用。由于每个流离球内装有经特殊处理的接触表面积很大的粒状填料，因此单位比表面积大。流离生化池不产生剩余生物污泥，污水经过无数次流离作用，固形物和有机物胶体与水分离，污水在流离生化池中停留几小时，而杂质停留几日或几周，从而被培养的微生物生化分解，变成 H_2O、CO_2、N_2。只要初沉池把不溶解无机质去除后，就无污泥产生，达到多种水处理效果，同时构成了流离生化技术。

应用生物流离球技术的优点可概括为：a. 突破了传统的处理方法；b. 施工简单，管理方便，基本可实现无人管理；c. 填料与水平面所成的角度越小，再分配水流能力越强，微生物与污染物接触充分，溶解性 COD 去除率高达 $60\% \sim 70\%$；d. 易挂膜，脱落快；e. 无需活性污泥培菌，可自行挂膜，微生物生长快，故启动时间短；f. 占地面积小，无沉淀及污泥处理系统，投资省，运行费用很低，自动化程度高；g. 使用寿命可达几十年之久；h. 适用于有机废水、污水处理装置；i. 由于产生的污泥量少，不但简化了处理流程，同时又将污泥的二次污染减少到了最低程度。

② 主要性能参数　生物负载量在 35g/L 以上。

③ 主要用途　生物流离球以其负荷高、抗冲击性强、处理效果好、占地面积小、操作管理简单、剩余污泥少等优点，广泛地应用于生活污水及工业废水、生物除臭等领域。

(11) 高效纤维球填料

① 简介　高效纤维球填料如图

图 2-30　高效纤维球填料

2-30 所示，这种填料是用优质涤纶纤维丝扎结而成，具有载污容量大、过滤效果好、可再生等优点，适用于各种水质的深度处理和精细过滤。

② 主要性能参数　见表 2-18。

表 2-18　高效纤维球填料主要性能参数

分析项目	测试数据	分析项目	测试数据
密度	$1.38g/cm^3$	截污量	$6 \sim 10kg/m^3$
充填密度	$75 \sim 85kg/m^3$	球径	$30 \sim 40mm, 40 \sim 50mm$
滤速	$20 \sim 85m/h$	球体外观	白色球状、椭圆状
孔隙率	$92\% \sim 96\%$	比表面积	$3000m^2/m^3$

(12) SNP 悬浮型生物填料

① 简介　SNP 悬浮型生物填料如图 2-31 所示，这种填料是原桑德环保产业集团专为污水处理而精心研制的专利产品（专利号：ZL93217017·X，授权公告号：CN2188093Y），自推向市场以来，赢得了客户的广泛赞誉，其优越的性能确

立了其领先的市场地位。

图 2-31　SNP 悬浮型生物填料

SNP 悬浮型生物填料采用特制塑料和树脂制成，结构科学、新颖。它是由纤维丝球体、网格外壳和通心多孔柱体组成的球形填料。该填料既克服了现有软性、半软性填料需要固定安装、维护管理困难，软性填料易结球、堵塞，半软性填料挂膜较差等缺点，又克服了石英砂、陶粒等载体动力消耗高、比表面积小的不足。具有独特设计的好氧、兼氧、厌氧功能区，能全效发挥其处理污水的能力，产泥量少，约为活性污泥系统的 80%；比表面积大，能附着更多的活性生物；适当的孔隙率，能保证其新陈代谢的顺畅。其密度接近水的密度，在水中曝气能处于活跃的流态，传质效率高。

SNP 填料可作为接触氧化、厌氧或好氧流化床与膨胀床及生物滤池的生物载体，直接投加于普通活性污泥处理系统中时，可在不改变原系统所有运行条件的情况下，大大提高原系统的处理能力和效率，并获得良好的脱氮、除磷功效。SNP 填料已成功地应用于生活污水与焦化、制药、印染、食品、饮料和制革等废水处理。

② 主要性能参数　比表面积大（800m²/m³），密度接近 1g/cm³。

（13）KP-珠填料

① 简介　KP-珠填料如图 2-32 所示，其主要成分为光硬化聚氨酯树脂，这种物质是聚乙二醇经过特殊工艺制成的。微生物能够大量附着在填料表面上，填料的机械强度大，能够在高搅拌速率下运行；化学稳定，不易分解；填料的形状为球形，磨损率低；填料能够长期保存；适用于深度废水处理；填料表面的亲水性、表面电荷能够使大量微生物附着在填料表面。

图 2-32　KP-珠填料

② 主要性能参数　KP-珠的粒径范围是 3.4～5.5mm（标准 4.2mm），粒径在 4.2mm ±0.1mm 的 KP-珠占总产品的 97% 以上；填料的相对密度在 1.004～1.070（标准 1.02）范围内，接近于水。

③ 主要用途　KP-珠悬浮填料已经在日本应用，主要用于工业及生活污水的处理中。目前已有 20 个以上成功案例，约有 4000m³ 的

KP-珠悬浮填料投入使用。这种工艺可用于工业废水处理、生活污水处理，甚至还可以用于垃圾填埋场渗滤液的处理。

2.6.2.2 环形填料

（1）拉西环

① 简介 拉西环填料如图 2-33 所示，拉西环填料于 1914 年由拉西（F. Rashching）发明，为外径与高度相等的圆环。拉西环填料常见由陶瓷、金属和塑料材质做成，结构简单，制造容易，价格较低。但拉西环填料的气液分布较差，传质效率低，阻力大，通量小，目前工业上已较少应用。

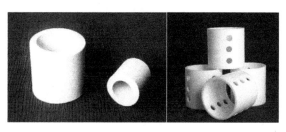

图 2-33 拉西环

② 主要性能参数 见表 2-19。

表 2-19 拉西环主要性能参数

规格/(mm×mm×mm)	比表面积/(m²/m³)	孔隙率/%	堆积密度/(kg/m³)	堆积数量/(个/m³)
25×25×2.5	190	78	505	49000
50×50×5	93	81	407	6000

（2）十字隔板环

① 简介 十字隔板环如图 2-34 所示，它是对拉西环的改进，在类似的环内添加隔板方式，扩大了比表面积，同时增加瓷质填料的抗压强度，通常用于整砌式作第一层支撑小填料用，压降相对较低，沟流和壁流较少。一般用陶瓷做成。

图 2-34 十字隔板环

② 主要性能参数 见表 2-20。

表 2-20 十字隔板环主要性能参数

规格/mm	直径×高度×壁厚/(mm×mm×mm)	比表面积/(m²/m³)	孔隙率/%	堆积密度/(kg/m³)	堆积数量/(个/m³)	干填料因子/m⁻¹
φ50	50×50×5	135	50	520	5600	1080
φ80	80×80×8	120	53	780	2100~2500	806
φ100	100×100×10	110	56	750	900~1000	626
φ150	150×150×15	60	58	680	270~300	308

（3）鲍尔环

① 简介　鲍尔环填料如图 2-35 所示，鲍尔环也是对拉西环的改进，在拉西环的侧壁上开出两排长方形的窗孔，被切开的环壁的一侧仍与壁面相连，另一侧向环内弯曲，形成内伸的舌叶，各舌叶的侧边在环中心相搭。鲍尔环由于环壁开孔，大大提高了环内空间及环内表面的利用率，气流阻力小，液体分布均匀。与拉西环相比，鲍尔环的气体通量可增加 50％以上，传质效率提高 30％左右，处理量可增大 50％以上，而压降减少 50％。鲍尔环是一种应用较广的填料。

图 2-35　鲍尔环

② 主要性能参数　见表 2-21。

表 2-21　鲍尔环主要性能参数

规格 $d \times H \times d$ /(mm×mm×mm)	堆积密度 /(kg/m³)	比表面积 /(m²/m³)	孔隙率 /%	干填料因子 /m⁻¹	堆积数量 /(个/m³)
金属鲍尔环（1Cr18Ni9Ti、0Cr18Ni9、304 材质、铝合金等）					
16×16×0.8	216	240	94	300	143000
25×25×0.8	427	219	94	250	56900
38×38×0.8	365	130	94	150	13000
50×50×1.0	390	112	95	130	6500
76×76×1.2	313	70	95	80	1860
塑料鲍尔环（PP R-PP CPVC PVDF PFA）					
16×16×0.8	141	287	91	250	112000
25×25×0.8	100	194	89	294	63500
38×38×0.8	98	155	89	220	15700
50×50×1.0	87	112	90	146	7000
76×76×1.2	71	73	92	90	1930
瓷质鲍尔环					
25×20×3	680	260	78		50000
50×40×5	630	135	74		6500
80×80×8	610	110	70		1900

（4）阶梯环

① 简介　阶梯环填料如图 2-36 所示，它是对鲍尔环的改进，与鲍尔环相比，阶梯环高度减少了一半并在一端增加了一个锥形翻边。由于高径比减少，使得气体绕填料外壁的平均路径大为缩短，减少了气体通过填料层的阻力。锥形翻边不仅增加了填料的机械强度，而且使填料之间由线接触为主变成点接触为主，这样不但增加了填料间的空隙，同时成为液体沿填料表面流动的汇集分散点，可以促进液膜的表面更

图 2-36　阶梯环

新，有利于传质效率的提高。阶梯环的综合性能优于鲍尔环，成为目前所使用的环形填料中最为优良的一种。

该环的一端为 1/2 高的鲍尔环，另一端为 1/5 填料高的喇叭口，中心有两层十字形的翅片，上下两层翅片交错成 45°，具有通气量大、降压小、效率高等特点，可在压力低于 0.1mmHg（1mmHg＝133.322Pa）中工作使用，抗污性能好，广泛适用于酸雾净化塔、二氧化碳脱气塔、合成反应塔等。

② 主要性能参数　见表 2-22。

表 2-22　阶梯环主要性能参数

规格/(mm×mm)	比表面积/(m²/m³)	堆积容积/(万只/m³)
12.5×φ25	228	8.18
25×φ50	118	1.074

（5）矩鞍环

① 简介　矩鞍环如图 2-37 所示，它是对弧鞍形环的改进，主要区别在于将一对弧形面改为矩形面，且内外曲率半径不同，从而避免了容易叠套的缺陷，使床层孔隙率均匀，改善了液体分布性能，与拉西环相比液泛点高、压降和传质单元高度较低。

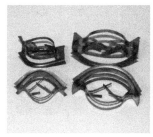

图 2-37　矩鞍环填料

② 主要性能参数　见表 2-23。

表 2-23　矩鞍环主要性能参数

规格 /(mm×mm×mm)	堆积密度/(kg/m³)	比表面积/(m²/m³)	孔隙率/%	干填料因子 /m⁻¹	堆积数量 /(个/m³)
IMTP 金属矩鞍环(1Cr18Ni9Ti、0Cr18Ni9、304 材质、铝合金等)					
25×20×0.5	400	185	96	210	131160
38×30×0.7	365	112	96	127	24680
50×40×1.0	291	75	96	85	10400
76×60×1.2	244	57	97	63	3320
塑料矩鞍环(PP R-PP CPVC PVDF PFA)					
16×16×0.8	141	287	91	250	112000
25×25×0.8	100	194	89	294	63500
38×38×0.8	98	155	89	220	15700
50×50×1.0	87	112	90	146	7000
76×76×1.2	71	73	92	90	1930
瓷质矩鞍环					
16×12×2	710	450	70	1311	382000
25×19×3	610	250	74	617	84000
38×30×4	590	164	75	389	25000
50×40×5	560	142	76	323	9300
76×57×9	520	92	78	194	1800

（6）塑料花环填料

① 简介　塑料花环填料如图 2-38 所示，是由美国 Teller. A. J. 1954 年介绍的一种填料，国内通称为泰勒花环。这种填料的主要特点是填料的孔隙率大，不易被堵塞，还有通量大、阻力小等优点，由于这种填料的间隙处有较高的滞液量，可使塔内液体停留时间较长，从而增加了气液的接触时间，提高了优质效率，故原冶金工业部首先研究并引进美国填料公司的塑料花环，为冶金工业专用推广填料。

图 2-38　塑料花环填料

将塑料细条弯成一定直径的螺旋圈，然后盘成花环状在外圆环围之以增加环的刚性。与拉西环相比，其压降和传质单元高度较低，泛点高，堆积密度非常小。

② 主要性能参数　见表2-24。

表2-24　塑料花环填料主要性能参数

规格/(mm×mm)	支厚数/(mm×mm)	堆积密度/(kg/m³)	比表面积/(m²/m³)	孔隙率/%	干填料因子/m⁻¹	堆积数量/(个/m³)
25×9	1.5×2	90	350	92	300	180000
51×19	3×3	63	219	92	250	52000
73×28	3×4	61	150	93	150	12800
95×37	3×6	58	112	95	130	6500
145×48	3×8	55	70	95	80	1860

（7）海尔环

① 简介　海尔环如图2-39所示，它以皇冠形为主体，但改翅片板为锥体开孔圆筒，从而结合了鞍与开孔环形填料的优点，适用于气体吸收、洗涤及化肥生产。由PP、PE、PVDF材料制成。

② 主要性能参数　见表2-25。

图2-39　海尔环

表2-25　海尔环主要性能参数

规格/(mm×mm×mm)	堆积密度/(kg/m³)	比表面积/(m²/m³)	孔隙率/%	干填料因子/m⁻¹	堆积数量/(个/m³)
38×30×1.0	70	250	89	230	17000
56×50×1.5	60	107	92	131	8000
90×80×1.8	52	92	93	83	1800

（8）高流环

① 简介　高流环如图2-40所示，是在鲍尔环结构的基础上开发的网格状开孔塔填料，开孔率大于50%，床层空隙率高于相同规格的鲍尔环，因此，它具有更高的流体通量。而且每米压降比鲍尔环低45%。该填料特点为生产能力高、压降低，适合于热敏性物系的分离。

图2-40　高流环

② 主要性能参数　见表2-26。

表 2-26　高流环主要性能参数

规格 /(mm×mm×mm)	堆积密度 /(kg/m³)	比表面积 /(m²/m³)	孔隙率/%	干填料因子 /m⁻¹	堆积数量 /(个/m³)
38×38×1.3	70	214	89	230	15500
56×50×1.5	60	110	92	131	6500
25×25×1.0	52	125	93	83	53000

（9）自旋传质填料

① 简介　自旋传质填料如图 2-41 所示。填料材质为聚丙烯塑料，叶片与内环成竖直状连接，与外环成水平状连接，每一叶片从内环一端到外环一端向相同方向旋转 90°，类似风扇叶片，呈辐射形状。安装时将填料竖直叠放，中心穿过一轴，每个填料之间间隔为 15mm，使填料适当固定。叶片可同向，也可异向，视需要而定。由于叶片始终处于旋转运动状态，与混合液形成剪切，因此叶片间不会产生污泥淤积。

图 2-41　自旋传质填料

自旋传质填料本身轻质、无毒、无溶出现象，而且填料耐磨、耐压、耐腐蚀，力学性能好，表面经过打磨粗糙易挂膜，对微生物有很大的吸附能力，有助于提高生物膜反应器的生物量。填料结构合理，可以形成较大的比表面积，螺旋叶片中间的间隙能够避免填料的堵塞，易于生物膜的正常脱落与更新。而且填料的独特构型可以使其在气流和液流的带动下旋转，对反应混合液进行无规则搅拌和扰动。由于塑料填料的密度略小于水，可以漂浮于水中，因此即使气流和液流不强，填料也可以旋转。这样，由于填料的形状和不规则的表面，在气流和液流通过时改变了气流和液流的流动状态，填料发生旋转的同时，在其周围就形成了紊流程度非常高的旋转气流和液流，可以极大地提高气、液、固三相之间的传质作用。

② 主要性能参数　外环直径 110mm，高 10mm，壁厚 3mm；内环直径 15mm，高 20mm，壁厚 3mm；内、外环之间为 20 片叶片，叶片长 45mm，宽 15mm，厚 0.8mm；反应器内填料比表面积 237.6m²/m³。

（10）共轭环

① 简介　共轭环如图 2-42 所示，共轭环结合了环形和鞍形填料的优点，采用共轭曲线肋片结构、两端外卷边及合适的长径比设计，填料间或填料与塔壁间

均为点接触，不会产生叠套。孔隙均匀，阻力小，乱堆时取定向排列，有较好的流体力学和传质性能。可用塑料、金属和陶瓷做成。

图 2-42　共轭环

② 主要性能参数　见表 2-27。

表 2-27　共轭环主要性能参数

规　格	直径×高×厚 /(mm×mm×mm)	比表面积 /(m²/m³)	孔隙率/%	堆积密度 /(kg/m³)	堆积数量 /(个/m³)	干填料因子 /m⁻¹
φ25-Ⅰ	25×25×1.0	185	95	96	74000	216
φ38-Ⅰ	40×34×1.5	130	93	61	18650	162
φ38-Ⅱ	37×37×1.5	142	91	80	16320	188
φ50-Ⅱ	50×40×1.5	104	80	66	9500	164
φ76	76×76×2.5	81	95	81	3980	94

（11）叶环填料

① 简介　叶环填料如图 2-43 所示，是由胡自斌于 2000 年发明的专利产品。叶环分为聚丙烯叶环、增强聚丙烯叶环和不锈钢叶环三种类型。叶环填料包括中心环、外环和至少一个内环，中心环、内环和外环同心设置，在中心环与外环之间的每一个环体内间隔交错设置有叶片。由于将环体设置成多层开窗敞开、叶片在环体错开环绕并与环体错开相搭接，使填料环壁开窗、表面

图 2-43　叶环填料

全部敞开，提高了环内空间和环内表面利用率，叶环填料高径比下降，使得气体绕填料外壁的路径大为缩短，液体在填料表面两侧均匀流动，增加了气液流动量，同时填料堆积时不会套叠，使填料之间的线接触变为点接触，液体流动更均匀分散，加快了液膜表面更新，从而提高了气液传质效率。

② 主要性能参数　见表 2-28～表 2-30。

表 2-28　聚丙烯叶环主要性能参数

规格/mm	外径×高×厚 /(mm×mm×mm)	堆积数量 /(个/m³)	堆积密度 /(kg/m³)	比表面积 /(m²/m³)	孔隙率 /%	干填料因子 /m⁻¹
DN25	25×9×1	145800	156	228	93	289
DN38	38×12×1.2	46000	94	145	93	175
DN50	50×17×1.5	21500	91	128	93.5	156

表 2-29　增强聚丙烯叶环主要性能参数

规格/mm	外径×高×厚 /(mm×mm×mm)	堆积数量 /(个/m³)	堆积密度 /(kg/m³)	比表面积 /(m²/m³)	孔隙率 /%	干填料因子 /m⁻¹
$DN25$	$25×9×1$	145800	212	228	93	289
$DN38$	$38×12×1.2$	46000	122	145	93	175
$DN50$	$50×17×1.5$	21500	118	128	93.5	156

表 2-30　不锈钢叶环主要性能参数

规格/mm	外径×高×厚 /(mm×mm×mm)	堆积数量 /(个/m³)	堆积密度 /(kg/m³)	比表面积 /(m²/m³)	孔隙率 /%	干填料因子 /m⁻¹
$DN25$	$25×9×0.5$	150000	418	228	93.6	289
$DN38$	$38×12×0.7$	48000	390	150	95	175
$DN50$	$50×17×0.8$	22500	275	125	96.5	156

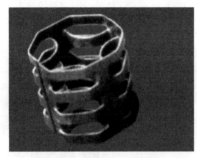

图 2-44　八四内弧环填料

（12）八四内弧环填料

① 简介　八四内弧环填料如图 2-44 所示，它有合理的几何对称性，构造均匀性好，孔隙率高，八弧圈与四弧圈顺轴向交替安排，各弧段沿径向环内折进，从而使填料表面连续而不断开，且在空间均匀分布，与鲍尔环相比，通量可提高 15%～30%，压降减小 20%～30%。一般由金属、塑料做成。

② 主要性能参数　见表 2-31。

表 2-31　八四内弧环填料主要性能参数

规格/mm	直径×高×厚 /(mm×mm×mm)	比表面积 /(m²/m³)	孔隙率 /%	堆积密度 /(kg/m³)	堆积数量 /(个/m³)	干填料因子 /m⁻¹
$\phi25$	$25×25×0.6$	250	93	420	59200	310
$\phi38$	$38×38×0.6$	138	95	296	14000	163
$\phi50$	$50×50×0.8$	121	95	350	7000	144
$\phi76$	$76×76×1.0$	75	95	280	1950	86

（13）新型 BioM 微生物载体填料

① 简介　新型 BioM 微生物载体填料如图 2-45 所示，属国内首创、国际领先，是一种新型悬浮填料，它采用生物酶的促进配方将高分子材料进行改性，提高了酶的生物催化作用，具有较大的比表面积，易挂膜不易脱落，亲水性好，生物活性高，处理效果好等优点。

此填料为一种新型悬浮填料，表面亲水性强，微生物附着力好、不易脱落；生物膜活性高；配方中含有对生物酶的增强性成分，促进生物酶的催化作用，显著提高微生物对水中污染物的分解能力；具有高效的脱氮除磷功能，以生活污水为例，氨去除率为 98%～99.9%，氮去降率为 80%～85%，磷去除率为 70%～80%；长时间运转无污泥膨胀和污泥堵塞现象；载体上的微生物形成较长的食物链，所以污泥沉淀性能好，污泥产量少，比原有活性污泥法产生量少 40%～80%；可直接投加在好氧池、

图 2-45 新型 BioM 微生物载体填料

厌氧池、缺氧池，可使用 30 年以上，无需更换。不受池体形状的限制，各种池型均可使用，载体在反应池内与水流充分流化混合，使得整个池容充分利用，无堵塞死角。

② 性能参数 湿密度接近于水，挂膜前为 0.96～0.98kg/L，挂膜后约等于 1kg/L，外表面膜的厚度维持在 10～200μm、内表面膜的厚度随负荷而变化；最大 BOD 负荷为 10kg/(m³·d)，混合液体污泥浓度为 8000～20000mg/L。

③ 主要用途 对现有污水处理厂进行扩容和技术改造时，不用改动基建设施，只需在现有的生化反应池中加入 BioM 微生物膜载体，即可扩大污水处理能力，提高处理效率，降低运行成本。该技术是对现有污水处理厂进行扩容和提高出水水质的最简单、最经济、最有效的技术。

2.6.2.3 立方体填料

(1) 空间立体网状填料

① 简介 空间立体网状填料如图 2-46 所示，空间立体网状填料的主体是由多根弯曲交错缠绕，互相黏结的丝条所形成的疏密有序的空间立体柱状结构，填料的侧面为竹节状，其横截面为网格状，各网格中间空洞部分构成通道，竖向对应的各网格交叉点间设有起加固作用的粗丝条。产品原料主料为聚丙烯、聚乙烯、聚氯乙烯、ABS 树脂等工程塑料的一种或多种，一般情况下亦添加一些辅料来提高其性能。丝条表面一般经过粗糙处理。

图 2-46 空间立体网状填料

② 主要特征 包括：a. 立体网状结构，孔隙率大，比表面积大；b. 微生物易附着生长，载量大；c. 填料结构使水流呈三维流动，传质条件好，氧的利用率高；d. 不堵塞，不结团，适合各种曝气方式；e. 轻质坚韧，长期使用不变形；f. 物理化学性质稳定；g. 成本低廉，价格便宜。

③ 主要用途　用于各种生化法污水处理工艺，起到生物载体作用。

（2）PPC 高效生物载体

PPC 高效生物载体是由高分子材料复合而成，简称 PPC 载体。PPC 载体具有独特的墙体结构，是为微生物提供附着生长空间的微生物固定化载体，具体内容在 2.9.1 中详述。

2.6.2.4　颗粒填料

（1）稻壳填料

① 简介　稻壳填料如图 2-47 所示，稻壳是我国一种产量巨大的农业废弃物，含有大量的粗纤维、木质素、矿物质等，具有良好的韧性、大量的毛细孔结构和细小孔隙，质地粗糙，有较大的比表面积，易于微生物的附着，耐降解，是一种良好的固定化载体。近年来出现了将稻壳作为一种新型填料的研究，晏峰通过研究得出：以稻壳为填料的曝气生物滤池具有较强的脱氮能力。

图 2-47　稻壳填料

相对于很多片状、块状的滤料来说，稻壳船状的外形并不会对生物滤池的水力性能造成不良影响。稻壳的质地较软，具有良好的韧性，因此稻壳之间在生物滤池中的碰撞不会导致其破裂，从而使得稻壳在曝气生物滤池中具有一定的抗击水气搅动及碰撞的能力。稻壳表面具有大量的毛细孔结构和细小孔隙，质地粗糙，有较大的比表面积，易于微生物的附着，是一种良好的固定化载体。

稻壳中含有多糖、粗脂肪以及粗蛋白等营养物质，能够为微生物提供养分，便于微生物的附着，这十分有利于滤池启动时间的缩短、改变运行工况后生物膜的适应，以及反冲洗后滤池的恢复。随着微生物的降解，稻壳中的部分营养物质逐渐溶出并为微生物所摄食，对于微生物来说，这种降解和摄食效果是很显著的。同时对于稻壳来说，降解作用并不会导致稻壳物理结构的瓦解，因为稻壳的主体是由粗纤维、半纤维素等构成的，这些物质耐生物降解能力强，从而能够在一定时间内维持稻壳的物理外形及机械强度。曝气生物滤池运行一段时间，可能半年或者更长时间后，由于微生物的降解作用，稻壳的强度逐渐降低，此时可以通过更换新鲜稻壳来解决问题。

另外，稻壳表面的亲水性以及带有的正电荷有利于微生物固着生长。稻壳不同于陶粒或者瓷粒滤料，它在生物滤池中的填充密度可以根据情况进行调节，具有较强的灵活性，这有利于生物滤池的运行控制经济性。这可能是稻壳用作生物滤池填料最大的优点。我国稻壳资源丰富，其量大价廉，若能将其有效地用于有关污水处理工艺中，对开发农业废弃物的应用，减轻和消除水体污染具有实际的应用价值。

② 性能参数　一般稻壳内含粗纤维 30%～45%，木质素 21%～26%，蛋白质 2.5%～3%，多缩戊糖 16%～22%，含有钙、磷等多种矿质元素。

③ 主要用途　稻壳填料有较强的同步除碳和脱氮能力。

（2）AMC 高效生物载体

AMC 高效生物载体是一种新型填料，具有一定的高生物亲和性，在 2.9.2 中详述。

（3）包埋菌填料

包埋菌是人为地将特定的微生物封闭在高分子网络载体内，减少微生物的流失，提高载体中微生物密度，故而能加快反应速度，便于水处理过程的控制、微生物种群的筛选以及处理过程稳定性的提高。本书根据一些学者们的研究内容进行了现阶段包埋菌与水处理相关内容的整编，具体内容详见 2.9.3 章节。

2.7 悬挂式填料

悬挂式填料如图 2-48 所示，这种填料产生于 20 世纪 80 年代初，至今仍在不断发展之中，目前在水处理领域应用最为广泛。这类填料经过逐步的改进完善，使用寿命高的可达 5～10 年，且造价适中，在当前市场上最具竞争力。悬挂式填料包括软性填料、半软性填料、组合填料和弹性填料。

悬挂式填料的特点为：

① 该填料材质一般选用改性 PVC 材料，亲水性好，能使水在填料表面形成水膜，增大了和空气的接触面积，使气水热量交换更充分。

② 悬挂式填料的安装比传统填料更方便，还减少了填料黏结剂对空气的污染和人体伤害（黏结剂的主要成分是二氧乙烷），而且在使用过程中清洗更方便，更彻底。

图 2-48　悬挂式填料

悬挂式填料主要用于接触氧化法的污水处理过程。

2.7.1　软性填料

（1）简介

软性填料如图 2-49 所示，这种填料主要以软性纤维填料为代表。是 20 世纪 80 年代初我国自行开发的填料。软性纤维填料是一种生物接触氧化法和厌氧发酵法处理废水的生物载体。它的基本结构是在一根中心绳索上系扎软性纤维束，在安装时需要固定在辅助支架上。

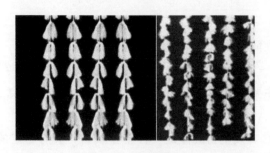

图 2-49 软性填料

软性填料的孔隙可变性避免了堵塞现象；纤维丝的数量很多，从而具有巨大的理论比表面积（2470m²/m³），而且有质量轻、物理化学性能稳定、挂膜容易、造价低、运费省、组装方便等特点，从而在一定程度上克服了蜂窝填料的某些弊端。软性填料一般在使用 1 年后就会出现纤维束结团的现象。随着时间的推移，结团现象将越来越严重，产生老化快、容易打结、挂膜不均匀等问题。近来对软性填料研究表明：软性纤维填料在水中处于漂浮状态，对气水混合流体的碰撞和切割很微弱，不足以把大气泡切割为小气泡，影响了氧的转移速率。

纳丽萍等研究表明软性纤维填料对人工培植模拟生活污水中有机物及氨氮的去除效果较好，在 HRT 达 12h 时，出水 COD 平均值仅为 56mg/L，COD 平均去除率为 84.4%，出水氨氮平均值为 14.6mg/L，氨氮平均去除率为 53%，出水可达《污水综合排放标准》（GB 8798—1996）中的一级标准。

（2）主要性能参数（表 2-32）

表 2-32　软性填料主要性能参数

型　　号	纤维束长度/mm	纤维束间距/mm	纤维丝量/(根/束)	纤维束密度/(束/m³)	理论比表面积/(m²/m³)	堆积密度/(kg/m³)	挂膜质量/(kg/m³)	正常负荷/(kg COD/m³)	冲击负荷/(kg COD/m³)
R-120-120(D-1)	120	120	8100	578	1235	1.6	290	1.5～2	>5
R-120-60(D-2)	120	60	8100	1157	2474	2.5	580	2～3	>5
R-120-40(D-3)	120	40	8100	1735	3700	3.3	870	3～3.5	>5

（3）特点及用途

软性填料采用纺搓的纤维绳串连有纤维丝均匀分布的塑料圆片，组成一定长度的单元纤维束，改变和克服了原来的中心绳散丝打结，抗拉力不均匀，运转时易断，纤维丝在水中难以横向展开、分布不匀、偏向，生物膜结团，实际比表面积低，使用寿命短等弊病。软性填料具有比表面积大、利用率高、孔隙可变、不堵塞、适用范围广、造价低、运费少等优点，已经广泛地用于印染、丝绸、毛纺、食品、制药、石油化工、造纸、麻纺、医院等废水处理中。

2.7.2 半软性填料

(1) 简介

半软性填料如图 2-50 所示，这种填料发明于 20 世纪 80 年代中期，采用耐酸、耐碱、耐老化性能较好的低密度聚乙烯为原料，由"填料单片""塑料套管""中心绳"三部分组成，填料单片经注塑而成，呈由中心孔向外放射状针刺样的结构，中心绳依次穿过各单片的中心孔及借以固定片距的塑料套管，串联成需要长度。

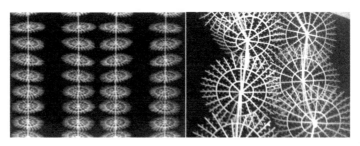

图 2-50 半软性填料

半软性填料既具有一定的刚性，也有一定的柔性，能保持一定的形状。解决了软性填料缠结和断丝的问题。其枝条分布均匀，安装后没有短流区，使用寿命可达 5～10 年。对于鼓风曝气中的大气泡供气而言，它具有多层次反复切割气泡的作用，从而提高了氧的转移率。同时具有节能、不易堵塞、耐腐蚀、耐老化、安装方便等特点，可广泛应用于工业有机废水及生活污水的处理中。但其仍存在理论比表面积较小，造价较软性填料高，表面光滑，微生物附着性能相对较差的缺点。

(2) 主要性能参数 (表 2-33)

表 2-33 半软性填料主要性能参数

型号	单片尺寸/mm	单片质量/g	堆积密度/(kg/m³)	孔隙率/%	比表面积/(m²/m³)
LF-150-40	150	4.8～5.2	6.2～6.7	>96	12012
LF-150-60	150	4.8～5.2	4.6～5.0	>96	8743
LF-150-80	150	4.8～5.2	3.6～3.9	>96	6449

(3) 适用范围

广泛适用于生活污水、石油化工、轻工造纸、食品工业、酿酒、制糖、纺织、印染、制革、制药等工业废水处理。与接触氧化塔、氧化池、氧化槽等设备配套应用，是一种生物接触氧化法和厌氧发酵法处理废水的生物载体。

2.7.3 组合式填料

组合式填料如图 2-51 所示，其在一定程度上发挥了半软性和软性填料的优点，适合可生化性较差及浓度较低的废水。其结构是将塑料圆片压扣改成双圈大塑料环，将醛化纤维或涤纶丝压在环的环圈上，使纤维束均匀分布；内圈是雪花状塑料枝条，既能挂膜，又能有效切割气泡，提高氧的转移速率和利用率，使水气生物膜得到充分交换，使水中的有机物得到高效处理。组合式填料改变和克服了软性填料的中心散丝打结，抗拉力不均匀，运转时易断，纤维丝在水中难以横向展开、分布不匀、偏向，生物膜结团，实际比表面积低，使用寿命短等弊端。

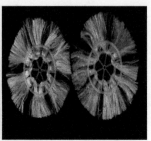

图 2-51　组合式填料

随着水处理水平的不断进步，组合式填料的种类也不断增加。其适用于印染、造纸、制药、毛纺、地毯、棉纺、丝绸、化工、石油等工业废水和生活污水的好氧处理；还适用于麻纺、酒精、制糖、造纸、食品发酵等高浓度废水的厌氧处理。其优点是易结膜，无堵塞现象，成膜时间是其他填料的一半，在 18～30℃ 条件下配比一定的成膜营养、菌种、气水比后，6～7 天就能达到满负荷运行标准。

（1）盾形填料

① 简介　盾形填料如图 2-52 所示，是我国自行开发的，周池谷在 1987 年申请盾式组合填料专利，在填料中央设计半软性部件支撑着外围的软性纤维束，其平面有如盾形，故又称盾式填料。它是由纤维束和中心绳组成，而纤维束由纤维和支架组成，支架用塑料制成，中留孔洞，可通水气。中心绳中间嵌套塑料管，用以固定距离及支承纤维束。

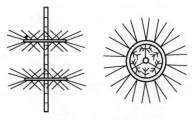

图 2-52　盾形填料

盾环填料的特点是利用了软性纤维填料中醛化维纶纤维具有耐酸碱、耐老化、耐生物降解的化学性能和比表面积大、质量轻、生物膜附着性能好等物理特征，又发挥了半软性填料的不结团、气水再分布能力强、氧传质效率高的优点。其比表面积 1000～2500m^2/m^3，孔隙率 98%～99%，在正常水力负荷条件下 COD 去除率 70%～85%，BOD$_5$ 去除率达 80%～90%，盾式纤维填料反应器的最大负荷达 8.0kg COD/（m^3·d），相应最小水力停留时间为 5.1h，COD 去除率在 85%以上；在 COD 去除率 90%条件下，反应器负荷为 7kg COD/（m^3·d）。

② 主要性能参数　比表面积可达 2500m^2/m^3，孔隙率为 98%～99%。

（2）笼式填料

① 简介　笼式填料是国内外一种新颖的填料，如图 2-53 所示，这种填料由带有八枚具气泡再切割和气水再分布作用的"刀片"及中心涡流室组成的笼体和镶嵌在笼体上的纤维束组合而成，其填料单元的具体结构如图 2-53 所示。其理论比表面积与软性填料相接近，造价与组合式填料相近，介于软性填料与半软性填料之间。

图 2-53　笼式填料

笼式纤维填料由硬性骨架（简称笼架）、软性纤维束及中心绳组成。笼架以中空轴心沿放射状分布的八个塑料薄片形成回流室。在笼架赤道线上挂有 4 组醛化维纶丝，为一个填料单元，各填料单元又以中心绳依次穿越其中空轴心而串联成需要长度。

气水混合液进入填料回流室，产生涡流，有利于气水再分布及提高氧的转移。硬性的笼架与外围之微生物附着性能好、易挂膜、不堵塞、比表面积大的软性纤维相结合，提高了填料的总体结构水平，使微生物栖息代谢环境得到改善，有效地提高了有机容积负荷与处理效果。

② 主要性能参数　见表 2-34。

表 2-34　笼式填料主要性能参数

项　目	单　位	参　数	项　目	单　位	参　数
笼架直径	mm	55	填料密度	个/m³	592
笼架高度	mm	75	理论比表面积	m²/m³	1900
填料直径	mm	150	正常负荷	kg COD/m³	3.0～3.5
单位质量	g/只	15～17	冲击负荷	kg COD/m³	>5
单位纤维质量	g/只	2.0			

（3）组合式多孔环填料

① 简介　组合式多孔环填料如图 2-54 所示，这种填料塑料环片四周均置 40 个方孔，八束醛化丝均匀分布在四周，每束丝串通 4 个方形孔，在强大的曝气湍急的水气流的情况下为较理想的填料。

图 2-54　组合式多孔环填料

② 主要性能参数　见表 2-35。

表 2-35　组合式多孔环填料主要性能参数

型　　号	塑料环片直径/mm	单片填料直径/mm	单片间距/mm	池内布置间距/(片/m³)	填料密度/(片/m³)	理论比表面积/(m²/m³)	堆积密度/(kg/m³)	挂膜后基本质量/(kg/m³)	正常负荷/(kg COD/m³)	冲击负荷/(kg COD/m³)
ZV-150-60	75	150	60	150	约 740	2600	约 4.5	约 600	3~3.5	>5
ZV-150-80	75	150	80	150	约 555	2000	约 3.5	约 450	2.5~3	>5
ZV-150-100	75	150	100	150	约 444	1600	约 2.8	约 360	2~2.5	>5

（4）挂帘式高效组合填料

① 简介　挂帘式高效组合填料如图 2-55 所示，其采用改良的高效生物载体作为基材，用塑料卡作为固定件，用塑料短管作为分隔保证载体间距，用尼龙绳穿连而成。改良的高效生物载体具有超大的比表面积，同时在载体的一侧表面设置一层皮面增加载体的韧性，穿连过程保持皮面向上，载体条在上升水流冲击下发生震颤，增加载体内部的传质和老化的生物膜脱落逃离。在水平流冲击下载体条可以以中心绳为轴发生转动，也是加快传质和生物膜脱落的进程。

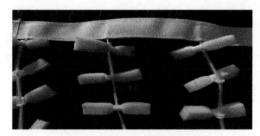

图 2-55　挂帘式高效组合填料

挂帘式高效组合填料的载体间净距有两种：一种是 70mm，应用于河道治理和黑臭水体整治；另一间距是 35mm，应用于各种污水处理。

② 性能特点　见表 2-36。

表 2-36　挂帘式高效组合填料特点

项目	内容
亲水性	只需几秒润湿，几乎瞬间与水亲和
粗糙度和孔隙	增加了载体与微生物接触的有效面积；可以保护固定微生物免受过强水力剪切作用；98%的连通性大尺寸气孔使反应器中气、水、固相之间的传质更有效率且不易堵塞
表面电荷	在正常生长环境下，微生物表面带有负电荷，通过一定的表面改良技术使载体表面具有正电性，这将使微生物在载体表面附着、固定过程更易进行
遇水膨胀性能	干状载体遇水后迅速膨胀从而增大孔隙及比表面积，增加传质的通透性和承载的生物量

项目	内容
较好的机械强度	较好的机械强度可适应频繁的水力剪切，保证产品的使用寿命
结构设计	以凝胶为主材构成的支撑膜具有良好的弹性，在水力剪切和重力的共同作用下使载体发生震颤，从而使传质更彻底，加快老化生物膜的脱落确保载体上生物膜的活性

③ 主要参数　见表 2-37。

表 2-37　挂帘式高效组合填料参数

项目	有效长度/m	比表面积/（m²/m³）	挂膜时间/d
参数	1～3	280～600	3～7

挂帘式高效组合填料在营养成分充足、水温 15℃以上时挂膜时间在 3～7 天，否则需要更长的时间。

④ 应用　挂帘式高效组合填料可以广泛应用于市政、农污、工矿企业废水处理、河道治理及黑臭水体治理等领域。

2.7.4　弹性立体填料

弹性立体填料如图 2-56 所示，是有机废水生物法处理反应器中常用的填料之一。发明于 20 世纪 90 年代初，其丝条呈辐射立体状态，具有一定的柔性和刚性、回弹性好、布水布气性能良好、氧传递系数高、挂膜脱膜容易、比表面积大、不结团堵塞。弹性填料主要包括 YDT 型弹性立体填料（结构如图 2-56 所示）、TA 型弹性波形填料、PWT 型立体网状填料以及 BF 填料。

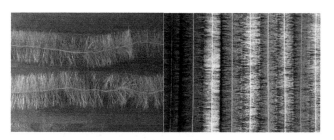

图 2-56　弹性立体填料

弹性立体填料一般选用耐腐蚀、耐高温、耐老化的聚烯烃类和聚酰胺配以亲水、吸附、抗热氧等助剂的混合共聚物为材料，用特殊的拉丝、丝条制笔工艺制成兼具柔韧性和适度刚性的弹性丝条，并将丝条穿插固着在耐腐、高强度的中心绳上。由于选材和工艺配方精良，刚柔适度，丝条呈立体均匀排列辐射状态，在有效区域内能立体全方位均匀舒展满布，使气、水、生物膜得到充分混渗接触交换，生物膜不仅能均匀地着床在每一根丝条上，还能保持良好的活性和孔隙可变性,在运行过程中获得较大的比表面积及良好的新陈代谢。弹性立体填料生产速度快、可满足大型工程的需要,目前得到越来越广泛的应用。

由于拉丝过程中运用了特殊工艺,弹性丝条表面有波纹并带毛刺,借此提高其比表面积且有利于微生物附着。丝条以中心绳为轴呈螺旋形辐射状排列,在水中充分伸展,故立体分布均匀。具有一定刚性的弹性丝条可对充氧气泡进行多层次的碰撞切割,提高氧的转移率与充氧动力效率,同时丝条受气、水流的冲击,产生轻微的颤动而引成紊流,增加了水(有机物)、气(氧)与微生物的接触,提高了传质效应、促进微生物的新陈代谢,从而强化了废水的处理效率,具有使用寿命长、充氧性能好、耗电小、启动挂膜快、脱膜更新容易、耐高负荷冲击、处理效果显著、运行管理简便、不堵塞、不结团和价格低廉等优点。

主要技术参数:比表面积 $250 \sim 300 m^2/m^3$;成膜质量 $50 \sim 100 kg/m^3$;填料单元直径 $\phi 80mm$、$\phi 100mm$、$\phi 120mm$、$\phi 150mm$。

对低浓度的生活污水,中浓度的印染废水、造纸废水、含油废水,高浓度的食品工业废水、化工废水等,都有较好的处理效果。可广泛用于好氧、兼氧及厌氧处理工艺。

废水适用范围:好氧法处理 COD_{Cr} $100 \sim 2000 kg/m^3$;兼氧法处理 COD_{Cr} $1000 \sim 10000 kg/m^3$;厌氧法处理 COD_{Cr} $5000 \sim 30000 kg/m^3$。

2.7.4.1 YDT 型弹性立体填料

(1) 简介

YDT 填料如图 2-57 所示,是通过中心绳的绞合将松针填料丝固着于绳内,形成的辐射状立体构造。填料丝具弹性、带波纹及微毛刺。根据填料丝长度不同,形成的立体结构辐向直径大小不同。YDT 型立体弹性填料常选用聚烯烃类和聚酰胺中的几种耐腐、耐温、耐老化的优质品种制备。

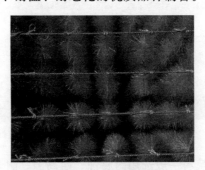

图 2-57 YDT 填料

YDT 型弹性立体填料与硬性类蜂窝填料相比,孔隙可变性大,不堵塞;与软性填料相比,材质寿命长,不粘连结团;与半软性填料相比,表面积大、挂膜迅速、造价低廉。因此,该填料可确认是继各种硬性填料、软性填料和半软性填后的第四代高效节能新颖填料。

（2）主要性能参数（表 2-38）

表 2-38　YDT 填料主要性能参数

填料单元直径/mm	丝条直径/mm	丝条密度	比表面积/(m²/m³)	孔隙率/%	成膜质量/(kg/m³)
50，80，100，120，173,180,200,220	0.2,0.35,0.5	高密度 中密度 中低密度 低密度	50～300	＞99	50～110

（3）特点

填料依靠中心绳，将弹性丝均匀嵌入中心绳制成，具有耐高温、耐酸碱、生物膜更新快等优点，能保持较大的比表面积，布气、布水性能良好，对有机物去除率高，传质效果好，对氧的利用率和动力效率有很大的提高，长期使用不结球，无需反冲洗。

2.7.4.2　TA 型弹性波形填料

（1）简介

TA 型弹性波形填料如图 2-58 所示，其单体由若干填料片通过中心绳和套管拴接而成。每个填料片由中心环压固填料丝而成辐射状分布。填料丝具有弹性、呈波形。根据处理工艺的不同要求，填料单体的填料片数可做调整。

图 2-58　TA 型弹性波形填料

（2）主要性能参数（表 2-39）

表 2-39　TA 型弹性波形填料主要性能参数

物理特性	孔隙率/%	成膜后质量/(kg/m³)	理论比表面积/(m²/m³)	堆积密度/(kg/m³)
数值	＞98	2.7	18.6	55

2.7.4.3　PWT 型立体网状填料

（1）简介

PWT 型立体网状填料如图 2-59 所示，PWT 填料单体由若干填料片通过拴

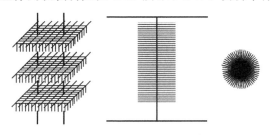

图 2-59　PWT 型立体网状填料

接绳和套管拴接而成。每个填料片呈立体网状结构，由横筋、横丝构成网形，由竖丝均匀连接成立体结构。根据处理工艺的不同要求，填料单体的填料片数可作调整，并且立体网状结构填料片本身的结构参数亦可通过微机自动控制系统进行调节。PWT 填料不同于 YDT 填料、TA 填料之处在于填料的表面积在空间上均匀分布，布气布水性能得以改善。由于立体网片对气泡的多重切割和穿刺作用，改善了穿孔管曝气方式的充氧效果。同一条件下，PWT 填料池内氧的利用率较 YDT 填料、TA 填料生化池高。

（2）主要性能参数（表 2-40）

表 2-40 PWT 型立体网状填料主要性能参数

填料名称	尺寸/(mm×mm)	堆积密度/(kg/m³)	比表面积/(m²/m³)	孔隙率/%
PWT 型立体网状填料	网片面积 250×200 间距	6.6～7.3	26.1～29	>99

（3）特点及用途

立体网状结构，其孔隙率大，实用比表面积大，水流呈三维流动，传质条件好，氧利用率高，不堵塞，不结团，使用寿命长。立体网状填料主要用于生活污水、城市污水的生物膜法处理工程，也可用于冷却塔的热交换处理，还可作为渗排水的土工材料，具有价格低廉、安装方便和使用寿命长等优点。

2.7.4.4 BF 填料

本节中的 BF 填料是悬挂式填料的一种，填料横丝材质为亲水性纤维，具有良好的弹性和韧性，中心绳上每隔一定距离水平方向设有纤维丝，上下两根纤维丝偏转一定的角度，在空间呈立体分布，与由聚氨酯泡沫改性后制成的海绵立方状填料（BF 生物载体填料），在材质、结构、形式等方面不相同。

（1）简介

BF（biofringe）填料如图 2-60 所示，BF 填料是由日本 NET 株式会社研发的一种高效的生物填料。横向是亲水性的聚丙烯纤维，竖向由一根强度很大的

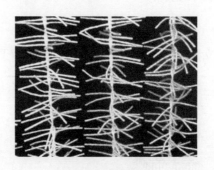

图 2-60 BF 填料

中心绳连接，中心绳上每隔一定距离水平方向设有纤维丝，上下两根纤维丝偏转一定的角度，在空间呈立体分布。纤维丝在空气与水流的冲击下在纤维丝的平衡位置附近不停上下摇动，增强传质效果，且使附着在填料上的过剩生物膜均匀脱落，表面总保持一定的高活性的微生物。填料由亲水性丙烯纤维构成，表面非常粗糙，容易附着微生物，实现微生物相的高度化，同时由于附着在BF填料上的污泥和浮游性活性污泥的共同作用，保持很高的污泥浓度，可以在高负荷下运转；由于水处理系统中生物相的高度化，形成食物链，因此污泥产量降低。摇动床高效生物填料是一种具有划时代意义的高性能填料。摇动床内自内而外形成厌氧区及好氧区，由于厌氧性污泥形成，硝化脱氮能力提高。使用年限达到10年以上，可以长期连续使用。

（2）主要用途

可用于处理各种有机废水，如城市污水、高浓度食品废水及化工、电子、造纸等难降解的产业废水处理；也可用于河流、海域、湖泊的净化。特别是由于其处理效率高，适用于对现有工程进行改造，具有工期短、施工方便的特点。

2.7.5　帘带式悬挂式填料

2.7.5.1　竹球填料

（1）简介

竹球填料如图 2-61 所示，以天然毛竹为原料加工制作而成，制成的竹球表面粗糙，具有挂膜容易、无生物毒性等特点。又由于木质素不易被微生物降解，因此由毛竹编制而成的填料使用寿命长。工程实践表明，该填料使用后竹球依然如新，生物膜生长良好，无二次污染，克服了工程塑料制造的填料的弊端。该填料具有挂膜快，不易堵，更生态，寿命长，易清理等特点，且长期使用后也具有一定的处理能力。

图 2-61　竹球填料

（2）主要性能参数

$\phi 120 \times H80\text{mm}$，$\phi 80 \times H50\text{mm}$，另可以加工成木框式，常规单框尺寸

（长×宽×高）：450mm×450mm×900mm。

（3）典型用途

竹球填料用于环保污水处理，在医院、生活小区的无动力污水处理和印染、化工企业的污水处理中得到了广泛应用，并取得了显著效果。

2.7.5.2　辫带式填料

（1）简介

辫带式填料如图2-62所示，是新一代环保型生物活性填料，采用质轻、高强、耐腐蚀的化纤网络丝做原料，经特殊工艺加工而成。其结构设计为螺旋管状，具有一定的弹性，表面带有数以万计的毛圈，使其具有较大的比表面积，挂膜快，脱膜容易。辫带式填料通过规格结构的变化分别适用于不同的环境（好氧、厌氧及兼氧），一般加工成帘式结构，便于安装。

图 2-62　辫带式填料

辫带式水处理填料具有以下特点：①比表面积大、孔隙率高，启动挂膜快，脱膜更新容易；②能有效切割气泡，提高氧转移率和利用率；③模拟天然水草形态，不易纳藏污泥，安装方便，不需要支架，使用寿命长，耐高负荷性冲击，出水效果优良稳定。

（2）性能参数

主要技术参数有：①毛圈长度 8～30mm；②辫带宽度 0.5～3.5cm；③比表面积10000～18000m^2/m^3；④孔隙率 90％～99％；⑤拉伸强度 100N/条。

条件要求有：①水温保持在 20～35℃之间，最佳 25℃；②停留时间 2～4h；③溶解氧浓度 2mg/L。

（3）主要用途

该填料主要适用于城市污水、生活污水、工业废水处理（毛纺、印染、制革、造纸、制药、食品等行业）及江河湖海的污染水的净化。

辫带式生物膜载体填料有两大类：一类用于城市污水和工业废水处理厂、站的生物膜工艺处理池（或称生物接触氧化池）中，这类填料通常为上下两端都予以固定悬挂，形成一排排的挂帘，污水在池中流动过程中，通过曝气系统的搅拌和混合作用，使其中的污染物与挂帘上生长的生物膜得到充分的接触和发生生物降解和同化；另一类是专门用于污染河道、池塘、湖泊中的仿水草辫帘式填料，下端固定在河床底或塘底、湖底，上端呈自由漂游状态，当河水被净化澄清透明后，这些填料由于其表面附着生长藻类而呈绿色，且左右漂游像水草，因此这种填料称为仿水草辫帘式填料。

2.7.5.3　生物绳填料

本节主要介绍两种生物绳：由进口维伦醛化纤维和丙纶混纺改性而成的生物

绳；在辫带式编织基础上改性的生物绳。具体内容详见 2.9.6。

2.7.5.4 生物帘填料

常见生物帘填料为聚合物材质，具有较大的比表面积，可持有高微生物浓度，提高水处理效率，具体内容详见 2.9.7。

2.8 浮挂式填料

浮挂式填料又称自由摆动填料，如图 2-63 所示，其结构是填料的顶部装有浮体，中间为悬挂式填料，池底装预埋钩或用膨胀螺栓方式固定，随水流和曝气的推动可以自由摆动。适用于大型污水处理工程，特别是拟选用悬浮填料又怕堆积的水处理工程；更适用于大型水域的河流、湖泊等不宜钢支架悬挂又不宜悬浮散装的典型工程。

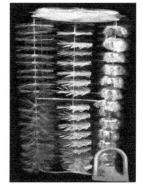

图 2-63 浮挂式填料

浮挂式填料的规格参数见表 2-41。

表 2-41 浮挂式填料的规格参数

规格（直径×片距） / (mm×mm)	细丝数量 / (根/束)	悬挂密度 / (组/m²)	比表面积 / (m²/m³)	堆积密度 / (kg/m³)	挂膜重量 / (kg/m³)	孔隙率 /%	材质
ϕ200×60	20/5	2.78	17	≥7	≥45	98	PE/PP
ϕ200×80	20/5	2.78	13.5	≥6.5	≥35	98	
ϕ150×60	20/5	2.78	23.6	≥7.5	≥32	98	
ϕ150×80	20/5	2.78	28.4	≥7.5	≥30	98	

浮挂式填料的安装方式如下：

① 浮挂式填料仅需底端固定，宜直接固定在池底预埋钩或膨胀螺栓吊钩上；

② 在接触氧化池设置分层固定屉架，将浮挂式填料底端固定在屉架上；

③ 老池改造可采用重坠或混凝土坠固定浮挂式填料的底端；

④ 填料层应高于曝气头 200mm 以上。填料支架宜采用不锈钢管、角钢、槽钢等材料。

2.8.1 针刺聚氨酯纤维条状填料

（1）简介

针刺聚氨酯纤维条状填料为一种典型的仿沉水植物填料，又名人工净水草，如图 2-64 所示。

图 2-64 针刺聚氨酯纤维条状填料

这种填料为浮挂式（固定于池底部）填料的一种，并结合了浮浮式填料的优点。它的形态类似天然水草（故称之为人工净水草），在反应器中像天然水草一样底部固定，它的结构是用热压复合法将 3 层结构材料压在一起，中间层为聚乙烯塑料发泡体，一表面层为热压聚氨酯纤维层，即涤纶层，另一表面层为具有高吸附性能的海绵材料。针刺聚氨酯纤维条状填料化学性质稳定，本身无毒性，不影响微生物生长。

（2）主要性能参数

比表面积可达到 $10000 m^2/m^3$，并呈网状结构，多孔隙，表面粗糙，非常适宜微生物生长，挂膜速度快，吸附性能好，生物附着量多，每平方米填料的生物附着量为 265g，处理性能较好。填料的密度为 $0.8488 g/cm^3$，悬浮性能好，填料加工成条状，一端固定在池底部，像水草一样悬浮在水中，不结团，不会产生堵塞。

（3）主要用途

针刺聚氨酯纤维条状填料无论在物理、化学性质还是在挂膜性能及生物附着量方面都具有比较显著的优点，可以考虑在中试或小规模污水处理厂投入使用。

2.8.2 阿科蔓填料

（1）简介

阿科蔓填料如图 2-65 所示，阿科蔓技术源自美国的一项水生态治理技术，目前已成功应用于全球 80 多个国家和地区的水生态环境修复和水污染防治领域中。2001 年阿科蔓生态基进入我国，并在国内水资源治理的应用中取得了一系列的成功。

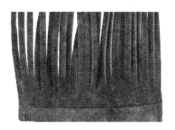

图 2-65　阿科蔓填料

阿科蔓生态基填料是一种用于生态性水处理的高科技材料；通过发展生态基上的本土微生物群落，使微生物种类和生物量达到最大化，利用其代谢作用去除水中的污染物。它是菌藻共生的高效微生物载体，能够有效地去除水体中的各种污染物，加速自然生态系统的建立，促进生物多样性的形成。阿科蔓填料具有多孔性的特点，是一种具有高比表面积的编织物，微生物附着表面积大，阿科蔓能达到 14 年以上的使用寿命，在制造过程中所用到的聚合物不会产生沥出成分，对环境安全。

（2）主要性能参数

每平方米阿科蔓生态基可以为水中微生物和藻类等的生长、繁殖提供最高约 $25m^2$ 的生物附着表面积。阿科蔓材料用生物友好材料为微生物群体的繁衍提供了巨大的洞穴般的空间，为异养生物（如异养型细菌）设计了微孔（$1\sim5\mu m$），为自养生物（如藻类）设计了大孔（$80\sim350\mu m$），从而为实现微生物的多样性并建立起高效水生态系统提供了最理想的条件。

（3）主要用途

至今，生态基技术已经成功应用于湖泊、水库、湿地、人工景观水体、饮用水源的前处理及景观一体化建设，农村污水治理和生态环境一体化建设，城镇区域性污水处理及高效生态系统建设，高浓度废水生态处理和高效生态健康的水产养殖等领域。

武汉塔子湖采用阿科蔓生态基治理后，水质大大改善；郑州 CBD 景观湖、广州大金钟水库、广州华南新城景观湖等水体的修复治理及生态维护也取得了较好的效果。

2.8.3　科利尔生物带

（1）简介

科利尔生物带如图 2-66 所示，在生物带的一个断面上，由外及里形成了好氧、缺氧厌氧和厌氧三个反应区。污染物基团由外及里通过生物带的三个反应区，与各区域主要功能菌发生一系列的生化反应，最终被降解去除。

科利尔生物带功能特点：①是藻菌共生的高效微生物载体；②是种类繁多的微生物最大化发展的基础；③可有效去除水体中各种污染物；④加速自然水生态系统的建立；⑤促进生物多样性。

图 2-66　科利尔生物带

（2）主要性能参数

生物带的比表面积为 $50000m^2/m^3$，具有 $200\mu V$ 永久性电位差，密度较小。

（3）主要用途

生物带表面有一层特殊的涂层，使得生物带在水中呈正电性，有利于微生物固定和生长，挂膜速度加快。不同的微生物生长在生物带上形成具有硝化、反硝化、除酚、聚磷等不同的处理效果。适合在河道中种植，具有景观效果。

2.9 新型填料

2.9.1　PPC 高效生物载体

（1）简介

PPC 高效生物载体如图 2-67 所示，其由高分子材料复合而成，简称 PPC 载体。PPC 载体是为微生物提供附着生长空间的微生物固定化载体。PPC 载体具有独特的墙体结构，为载体增加了比表面积，同时使载体耐磨性增强，寿命更长久。载体具有亲水性凝胶，弹性好且微生物更易附挂膜，同时较高的孔隙率保证了载体内外传质通畅，微生物生长环境极佳。

图 2-67　PPC 高效生物载体

（2）特点

① PPC 高效生物载体的比表面积大，可以高效脱氮除磷，各项指标可稳定达标排放；

② 耐冲击负荷能力增强，故障率减少，处理能力能提高 1.5 倍以上；

③ PPC 高效生物载体无需污泥回流，单池即可处理，并且氧利用率高、风机能耗低，因此能耗降低约 20%；

④ PPC 高效生物载体污泥停留时间长，高等微生物丰富，剩余污泥减量化，减少了药剂使用，因此污泥减量约 50%。

（3）主要性能参数（表 2-42）

表 2-42　PPC 高效生物载体技术参数

项目	参数	项目	参数
材料类型	高分子复合材料	孔隙率	98%
规格形状	(10 ± 1) mm、(20 ± 1) mm、(22 ± 1) mm、(30 ± 1) mm 等（吸水膨胀后）立方体	投配率	15%～40%
比表面积	大于 4000m²/m³	挂膜时间	3～7d
硝化效率	600～1250g NH_4^+-N/（m³ 载体·d）（至氧转化极限）	适用 pH	6～10
BOD₅氧化效率	1000～5000g BOD_5/（m³ 载体·d）（至氧转化极限）	适用温度	1～50℃
COD 氧化效率	1000～7500g COD/（m³ 载体·d）（至氧转化极限）	使用寿命	15 年以上

（4）主要用途

PPC 活性生物载体主要应用于 MBBR 工艺生物处理系统、市政和工业污水提标扩容、循环水养殖净化系统、一体化污水处理设备/净化槽、城市黑臭河道湖泊治理及生物除臭处理系统等方面。

2.9.2　AMC 高效生物载体

（1）简介

AMC 高效生物载体如图 2-68 所示，3～5mm 大小，经生物亲和处理，表面呈微膨胀状态，具有通体鳞片状及通孔的亲水结构，凹凸形表面构造，具有较大比表面积，易于微生物着床。可应用于各种污废水的厌氧处理和水解处理阶

图 2-68　AMC 高效生物载体

段，能够高效降解 COD，大幅度提高污废水可生化性。

（2）主要性能参数（表 2-43）

表 2-43　AMC 高效生物载体技术参数

项目	参数	项目	参数
材料类型	高分子复合材料	使用寿命	20 年以上
适用环境	IC/UASB 反应器、水解酸化池等	投配率	10%～30%
堆积密度	400kg/m³	挂膜时间	1～3 个月
密度	略大于水	适用 pH	3～10
表面形状	呈凹凸状	适用温度	1～50℃
硬度	摩氏硬度 3.0～3.5 度		

（3）主要用途

AMC 高效生物载体主要应用于水解酸化池及厌氧反应器。

2.9.3　包埋菌填料

（1）简介

包埋菌是人为地将特定的微生物封闭在高分子网络载体内，减少微生物的流失，提高载体中微生物密度，故而能加快反应速度，便于水处理过程的控制、微生物种群的筛选以及处理过程稳定性的提高。常用的几种固定化细胞有机载体材料为琼脂、海藻酸钠、角叉莱胶、聚丙烯酰胺及聚乙烯醇。目前常见的是琼脂固定化硝化细菌、海藻酸钠固定化硝化细菌、聚丙烯酰胺固定化硝化细菌等包埋菌。图 2-69 为反硝化包埋菌颗粒。

图 2-69　反硝化包埋菌颗粒

（2）主要性能参数（表 2-44）

表 2-44　几种固定化细胞有机载体材料的性能比较

载体材料	琼脂	海藻酸钠	角叉莱胶	聚丙烯酰胺	聚乙烯醇
压缩强度/（kgf/cm²）	0.5	0.8	0.8	1.4	2.75
扩散系数/（10^{-6}cm²/s）	—	6.8（30℃）	3.73（25℃）	5.44～6.67（60～75℃）	3.42（25℃）
有效系数	75	68	58	60	—
对生物毒性	无	无	无	较强	一般
成本	便宜	较便宜	贵	贵	便宜

注：1kgf=9.8N。

（3）特点

① 微生物密度高，约为活性污泥法的 1 万倍以上；

② 占地面积小，约为原工艺占地面积 1/2～1/4；

③ 污泥产生量小，约为原工艺 10%～20%；

④ 处理效率相对较高。

（4）简述 3 种包埋固定化硝化菌

以苗娟、魏学锋等制备的 3 种包埋固定化硝化菌为例。

① 琼脂固定化硝化细菌　琼脂固定化硝化细菌是以天然高分子多糖琼脂为载体包埋硝化细菌，制备的小球成球比较规则，弹性和机械强度不够，表面粗糙。琼脂固定化硝化细菌氨氮的去除率接近 80%。

② 海藻酸钠固定化硝化细菌　海藻酸钠固定化小球在制备过程中比较容易，机械强度与弹性好，但是其成球性差，而且受海藻酸钠浓度和氯化钙浓度的限制。海藻酸钠包埋硝化细菌对氨氮具有较好的去除效果。

③ 聚丙烯酰胺固定化硝化细菌　聚丙烯酰胺固定化颗粒制备相对容易，所制备的固定化颗粒成球性好，机械强度高，弹性好，菌体不会泄露，不易破碎。其固定的硝化细菌小球对氨氮的处理效果比琼脂法和海藻酸钠法要差一些。

（5）应用

包埋菌能够充分发挥高效水质净化作用，是污水处理的重要技术。包埋硝化菌填料能够实现氨氧化的高效率表达，能够保障出水稳定。在市政污水低温和常温条件下，当 HRT 分别为 3h 和 1h 时，进水氨氮基本完全去除，表明包埋硝化菌填料可用于市政污水硝化作用。包埋反硝化细菌填料可有效抵抗市政污水水质和四季温度的变化，降低出水 COD 的浓度。同时，研究还表明包埋填料内反硝化功能菌属的数量有所增加，包埋填料可以成为良好的微生物生长繁殖载体。为了增加氨氮的去除率，包埋菌可与超滤工艺结合，研究表明包埋菌-超滤工艺氨氮和 COD_{Mn} 的去除效果比传统工艺好。此外，通过制备包埋厌氧氨氧化菌，可降低外界低温对厌氧氨氧化菌的影响。

2.9.4　生物蜡块填料

（1）简介

生物净水蜡块如图 2-70 所示，是一个块状的固体，有轻微的汽油味，以营养物质［如微量元素、维生素、细胞促生-分裂素（天然荷尔蒙）、有机酸等］作为添加剂，同时蜡块内具有数以百万计的微毛细管。生物净水蜡块通过促进细胞新陈代谢，加快生化反应进程，缩短细胞世代周期，同时有效提升微生物活性，使微生物在较恶劣的环境中亦可快速繁殖并大量生长，从而有效提升污废水处理效果。

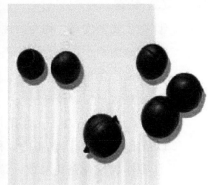

图 2-70　生物净水蜡块

（2）性能参数

生物净水蜡块在使用中有一定的要求。

① pH 值要求　4～10。

② 水温要求　最适宜水温为 18～43℃，低于此温度区间，功效会减慢，但是细菌依然存活并继续繁殖，等到温度上升到适宜水温，生物蜡会回到正常的处理速率，效果将快速展现出来。可在冬天加入有效低温菌种，提高效率。

③ 水中不可含有的物质　包含合金的絮凝剂、杀菌剂、紫外线杀毒装置，否则，生物蜡的处理效果会受到影响。

④ 溶解氧要求　DO＞2.5mg/L 效果最好。

⑤ 举例　标准号生物蜡使用时间说明：应用于 100m² 水面积，水深 6m 以内，每 500m² 投放一块大号生物蜡。生物蜡可以全程使用到自然分解，时效 2 年。初用期第 1～9 个月发挥效果 100%（水质污染情况不同，时间会有不同）；第 9～12 个月治理能效 30%～50%；第 13～24 个月治理能效 10%；最后直接自然分解于水。

（3）主要用途

生物蜡含有微量元素，给水体中微生物提供营养来源（碳源），加速刺激菌种的繁殖，帮助整个水体系统重建氮循环，以致趋向于平衡，重建水生态系统，目前在湖泊和河道生态治理、清除蓝藻（蓝绿藻）等方面均有应用。

生物蜡块的使用步骤为：①用尼龙绳系住蜡块和重物（重物重量根据现场情况定）；②将蜡块和重物投入水中，沉底；③绳子另一端系上浮球，作为标记。

2.9.5　竹片填料

（1）简介

竹片填料如图 2-71 所示，采用竹编制，无生物毒性，无二次污染，克服了工程塑料制造的填料的弊端。竹片填料表面粗糙，镂空设计，可两面挂膜，挂膜速度快。由于木质素不易被微生物降解，因此由毛竹编制而成的填料使用寿命长。

图 2-71　竹片填料

（2）特点

人工合成填料通常成本高，操作复杂，挂膜速度慢，混合效率低。竹编制的空心竹球填料，挂膜速度快，效果明显，但具有要求手工制成、劳动强度大、制作复杂、不便运输、安装费时不方便等缺点。竹片填料相对弥补了二者的不足，在实现较好的挂膜和使用效果的前提下，可以机械化制作，运输方便，存放体积小，抗水流冲击能力强，不易堵塞。竹片填料的镂空设计使水流混合充分，水穿过竹片填料的漏空时，与填料界面充分接触，在相邻悬挂的竹片填料之间形成内循环，加大混合效果，剪切气泡，提高氧利用率，最终提高水处理效果。

2.9.6　生物绳填料

2.9.6.1　由进口维伦醛化纤维和丙纶混纺改性而成的生物绳

（1）简介

由进口维伦醛化纤维和丙纶混纺改性而成的生物绳如图 2-72 所示。维伦醛化纤维素有合成棉花之称，主要是因为它在合成纤维中是吸湿性最大的品种，吸湿率接近棉花，也因此具有极强的亲水性和生物亲和性。这类生物绳填料不溶于有机酸、醇类、脂类及石油等绝大部分溶剂，具有永久性亲水、亲生物及带电性改性效果，同时具有比表面积大、较大的孔隙率、能有效切割和强力吸附水中气泡、提高溶解氧转移率和利用率、较强的生物化学反应稳定性和足够的机械强度等特点，这是这一类生物绳填料快速挂膜、高挂膜量以及高稳定性的保证。

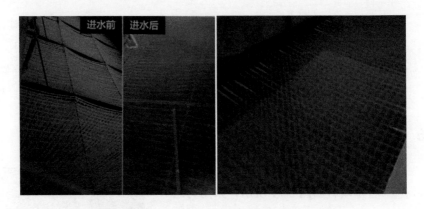

图 2-72　进口维伦醛化纤维和丙纶混纺改性生物绳

（2）性能参数（表 2-45）

表 2-45　生物绳性能参数

项目	参数	项目	参数
型号	YSJ-1801	孔隙率	＞99.9%
规格	55～60mm	氮负荷	1.0～2.0kg/(m³·d)
维纶醛化毛束	25mm	生物负载量	15000～20000mg/L
堆积密度	约 1kg/m³	吸水性	极强
比表面积	7000～8000m²/m²	溶氧率	15%～20%
COD 负荷	5～15kg/（m³·d）		

（3）特点

① 处理效率高，耐冲击负荷，运行稳定、经济节能；

② 比表面积大，有很好的生物亲和性能，曝气量低，运行费用低；

③ 帘式安装，安装方便，省时，工业废水中使用可不停水安装，可模块化安装；

④ 模拟天然水草形态，不易纳藏污泥，使用寿命长，耐高负荷性冲击，出水效果优良稳定；

⑤ 灵活定制，可根据不同的使用环境定制；

⑥ 减少剩余污泥产量。

2.9.6.2　在辫带式编织基础上改性的生物绳

（1）简介

辫带式编织改性生物绳填料如图 2-73 所示，是在辫带式编织基础上对合成纤维进行适当的亲水与生物亲和及带电性改性，以及添加对微生物代谢活动具有促进作用的物质，提高生物膜的挂膜速度、挂膜量以及稳定性等。在有活性污泥投入的前提下挂膜最快仅需 2h，系统投入至正常运行时间不到一个月。

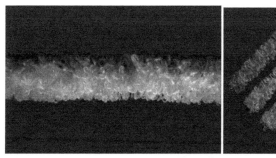

图 2-73 辫带式编织改性生物绳填料

绳型生物填料以弹性 PET（涤纶树脂）材料为骨架，中间混加弹性蓬松 PP（聚丙烯）材料，二者混织，走线采用蛇行辫带式编织方式，形成无数的环状纤维构成放射状结构，增加其表面积的同时透气透水，适合各种微生物生长繁殖，使附着微生物浓度可以达到 15000mg/L 以上。弹性材料和软性材料形成的周长环状放射结构，增加填料的孔隙率，使固、液、气三相得到很好的传递，独特的环状结构可以有效避免由于水流冲击而导致生物膜的过度剥落。生物绳填料采用高强丙纶混编工艺，单根混编线可承受 15kg 拉力，由于绳型生物填料独特的中心绳固定方式，单截面共 12 根混编线，实测生物绳填料可承受 80kg 拉力。

（2）安装方式

① 填料支架设置纵横间隔 b（100～200mm），因此 1m³ 填料支架绳型生物填料安装量为 25～100m。

② 绳型生物填料固定方式采用 PP、PE（聚乙烯）扎带直接捆绑在填料支架上，绳型生物填料无需剪断，可沿支架附着 100～200mm 再固定。

③ 绳型生物填料在曝气池内设置有两种方式：a. 分流式，填料安装在一侧，另一侧曝气，填料上下方必须留有足够的水流空间，必要的时候可以设置曝气导流板；b. 完全接触式，曝气装置直接安装在填料下方，水气混流直接与生物膜接触和供氧。

④ 分流式安装间距 b 为 100～50mm；完全接触式安装间距 b 为 150～200mm。

2.9.7 生物帘填料

（1）简介

生物帘如图 2-74 所示，为聚合物材质，具有较大的比表面积，能够保有高密度的菌体，大幅提高微生物的浓度，提高处理效率，可显著降低生物反应池池容。厌氧、兼氧和好氧菌可同时存在于帘式生物填料上，能得到良好的脱氮效果。生物帘具有良好的亲水性，生物挂膜迅速，生物附着力强，能够实现水力停留时间和污泥停留时间的分离，污泥龄较长、世代周期长的微生物较易形成优势菌落。对于减少生物污泥，提高难降解有机物的去除效率具有明显优势。生物帘能大幅增强填料的强度和耐腐蚀、抗老化能力，挂膜以后的填料寿命至少10年以上。

图 2-74 生物帘

（2）特点

①具有较大的比表面积，抗冲击负荷能力强；

②具有蓬松发散的特殊构造，不同种属的菌落都能生长；

③具有良好的脱氮效果，无需内外污泥回流即可实现同步硝化、反硝化效果；

④具有特殊材料的良好亲水性，生物挂膜迅速，生物附着力强；

⑤具有特殊的编织工艺，可根据用户需求量身定制，无需钢结构支架，现场安装方便，能够降低投资。

（3）规格（表 2-46）

表 2-46 生物帘规格

项目	参数	项目	参数
密度	450g/m³	比表面积	约 200m²/m³
挂膜湿重	58000g/m³	抗拉强度	＞80kgf
填料容积负荷	1~3kg COD/（m³·d）		

注：1kgf=9.8N。

（4）主要用途

①工业废水生物处理，如纺织印染、造纸、化工、医药、石化、印刷、食品、养殖等行业废水处理中的生物吸附-生物膜过滤法（ABF）、高效厌氧生物滤池（HAF）、水解酸化、接触氧化、曝气生物滤池等工段。

②黑臭水体的生物修复，天然河道、湖泊、水库及自来水水源地等微污染水源的生物强化治理。典型工艺代表为生态浮岛，生态浮岛底部悬挂帘式生物填

料，利用微生物的降解作用净化水体，上部种植景观植物，利用植物根系的吸收作用降解水体中的有机物及氮磷等，同时还有美化景观的作用。

③ 高密度水产养殖领域。在原位池塘内间歇性布置生物帘载体，投加的硝化菌、益生菌及光合菌首先吸附在生物帘表面并繁殖生长为优势菌种，降解鱼虾粪便及剩余饵料，表面生长的浮游生物捕食老化微生物，浮游生物又作为鱼虾的食物被捕食，形成良性生态循环。

2.10 废弃物填料

本书在前面章节中介绍的废弃物填料有粉煤灰填料、牡蛎壳填料和稻壳填料，随着填料原料的多元化，废弃物作为填料的组成部分在水处理中发挥着积极作用。

2.10.1 天然材质固体废弃物在填料中的应用

合成的高分子填料与微生物之间相容性较差，在挂膜时生物量少，易脱落。以天然材质的固体废物为主要原料的无机填料可以克服以上不足，能够实现废物的资源化、减量化和再利用，更符合环境保护的要求，体现了循环经济的理念。所以，以天然材质固体废物为主要成分的填料更有发展前景。但天然材质固体废物作为填料时，需要重点解决的问题是如何增加强度、增大孔隙率和减小密度。

黄宇以广西储量相当大的膨润土为原料，配级后与黏结剂、造孔剂、钠化剂等原料按一定配方用水调匀，通过钠化、成型、干燥、灼烧以后制成了一种粒径为 $5 \sim 8mm$，堆积密度为 $0.7g/mL$ 的球形新型膨润土多孔填料。通过试验研究表明该填料生产成本低，工艺简单，拥有广阔的市场前景。

东华大学刘贵云等采用河道底泥为主要原料，生活污泥、广西白泥和水玻璃为添加剂，制备了河道底泥陶粒，同时设计曝气生物滤池，分别采用底泥陶粒、对照陶粒和颗粒活性炭作为生物膜载体进行配制废水处理试验，经对比充分说明底泥陶粒作为曝气生物滤池载体的可行性。

厦门大学刘耀兴利用天然牡蛎壳作为 BAF 的填料进行试验研究，实验结果表明出水浓度都能达到国家一级 A 标准；对氨氮的去除率，牡蛎壳填料总体好于塑料球填料。

在垃圾焚烧过程中将产生大量的飞灰，且飞灰中的重金属含量较高，同时含有一定量的难降解有毒物质，因此如何妥善处理垃圾焚烧飞灰在各国环保部门中引起了广泛的关注，也成为当今环保领域的焦点和难题。刘扬等的研究基于飞灰组成特点及污染特性，以飞灰和页岩为主要原料，并添加稻壳为造孔剂，制备轻质水处理填料，并将填料应用于曝气生物滤池中。实验模拟废水处理效果稳定，

COD 和氨氮的去除率分别达到 87％和 56％，达到了以废治废的目的。

2.10.2　矿业废弃物用作人工湿地填料处理污水

目前在我国城市污水处理厂中多采用活性污泥法处理污水，然而对氮、磷的去除率不是很理想，且耗能大，运行费用较高。对于较小的城镇区域由于经济相对落后、污水量少等特点，不适于采用活性污泥法处理工艺。人工湿地对于小城镇污水的处理有良好的实用效果，具有耗资小、运行稳定、系统维护简单的特点，是城镇水处理工艺理想的选择对象。

人工湿地是由人工建造和控制运行的与沼泽地类似的地面，将污水、污泥有控制地投配到经人工建造的湿地上，污水与污泥在沿一定方向流动的过程中，主要利用土壤、人工介质、植物、微生物的物理、化学、生物三重协同作用，对污水、污泥进行处理的一种技术。其作用机理包括吸附、滞留、过滤、氧化还原、沉淀、微生物分解、转化、植物遮蔽、残留物积累、蒸腾水分和养分吸收及各种微生物的作用。

人工湿地是用人工筑成的水池或沟槽，底面铺设防渗漏隔水层，填充一定深度的土壤或填料层，种植芦苇一类的维管束植物或根系发达的水生植物，污水由湿地的一端通过布水管渠进入，以推流方式与布满生物膜的介质表面和溶解氧进行充分地植物根区接触而获得净化。人工湿地采用的填料一般有碎瓦片、砾石、土壤、粗砂、细砂、粉煤灰、灰渣、膨润土、沸石等，填料不仅可以附着微生物，是微生物的生长场所，还可以过滤、沉淀、吸附污染物质。对于利用钢渣、尾矿等工业废弃物作为填料或组合填料的研究仍少见，武汉科技大学郑好通过以钢渣、粉煤灰、铁屑、铁尾矿、高铁尾矿等产生量巨大且容易产生二次污染的矿冶废弃物用作填料，测定其对生活污水中主要污染物的吸附性能。此实验对这几种填料设定不同的吸附时间，测定其去除污染物的最佳吸附时间；设定不同的投加量，测定污染物的去除效率，确定不同填料的最佳投加量。然后模拟垂直流吸附柱，分别对以高铁尾矿、铁尾矿、铁尾矿＋钢渣、铁尾矿＋粉煤灰为填料的吸附柱进行实验，选择合适的水力停留时间和填料组合，在实验室模拟人工湿地。

对实验结果进行分析，填料的投加量对 TP 的影响：这 5 种填料对 TP 的吸附效率随填料投加量的增加而提高。总体上钢渣和粉煤灰对 TP 的去除效果最好，在较低投加量时去除效率仍能达到 90％，随投加量的增加去除效果略有提高。而高铁尾矿、铁尾矿和铁屑随投加量的增大去除效率明显增强，投加量＞60g/L 时，随填料增加去除率增加变缓。各填料对 TP 吸附的最佳投加量为：粉煤灰 40g/L、钢渣 20g/L、高铁尾矿 60g/L、铁尾矿 80g/L、铁屑 80g/L，这表明相同处理效果下钢渣用量最少。

填料投加量对 TN 的影响：这 5 种填料对 TN 的吸附随投加量的增加去除率

有所提高，但不如 TP 明显。相比较下，钢渣和铁尾矿对 TN 的去除效果稍好。结合 TN 去除率随填料投加量的变化和经济性可知，各个填料对 TN 吸附的最佳投加量为：粉煤灰 60g/L、钢渣 80g/L、高铁尾矿 80g/L、铁尾矿 60g/L、铁屑 100g/L。表明达到相同处理效果的情况下，粉煤灰和铁尾矿的用量最少。

填料投加量对 COD 处理效果的影响：各填料对 COD 去除率均不理想，24h 内对 COD 的去除率均未超过 15%。各填料对 COD 的去除率为粉煤灰 10.54%、钢渣 12.38%，高铁尾矿 5.24%，铁尾矿 9.35%，铁屑 8.26%。

填料对于污染物的去除随填料投加量的增加而增加，对生活污水中的 TP，各填料对磷的吸附效率为：粉煤灰 96.47%，钢渣 99.13%，高铁尾矿 76.36%，尾矿 75.39%，铁屑 48.26%。湿地填料对污染物的去除是物理、化学吸附和微生物生命活动等各种机制协同作用的结果。

在模拟垂直流吸附试验中，高铁尾矿模拟柱在 3 个周期 TP 的去除效率有差异，每个周期的去除率变化不大。第 1 周 TP 去除率稳定在 80% 左右，第 5 天达最高 82%；第 2 周去除效果最好，去除率稳定在 90% 以上；第 3 周 TP 去除率略有下降，在 65%～80% 之间波动，第 5 天达 80%，后两天稍有下降。因此高铁尾矿模拟柱最佳水力停留时间为 5 天。对 TP 的去除率第 1 周低于第 2 周，并在第 2 周去除率达到 90% 以上，系统趋于稳定，第 3 周略有下降。对 TN 的去除率在第 2 周达到最好，整个周期去除率在 95% 左右，最佳停留时间是 5 天。对 COD 的去除也同样在第 5 天达到最好处理效果。铁尾矿对 TP 的处理效果较好，第 1 周第 1 天就达到 90%，在第 4 天达到稳定，最佳水力停留时间为 4 天。对 TN 的处理效果在第 1、第 2 周去除效果较好，最高可达 95% 以上，第 3 周稍差，最佳水力停留时间为 5 天。对 COD 的去除率同样在第 5 天最好，所以最佳水力停留时间为 5 天。综合水力停留时间对 TP、TN、COD 的影响，去除率均在第 5 天达到最好处理效果，所以最佳水力停留时间为 5 天。铁尾矿＋钢渣模拟柱对 TP 的去除效果较稳定，在 95% 以上，最佳水力停留时间是 3 天。对 TN 的去除效果较差，最佳水力停留时间是 5 天，氮去除率最高也就是 38%。对 COD 的去除效果较好，在第 2 周最好，去除率在 85% 以上，也在第 5 天趋于稳定。综合对 TP、TN、COD 的去除效果，最佳水力停留时间为 5 天。铁尾矿＋粉煤灰的模拟柱对 TP 的去除效果最好在第 3 天，去除率在 90% 以上。对 TN 的去除在第 4 天处理效果最好，去除率为 65%。对 COD 的去除效果最高为 95%，但不稳定，最佳水力停留时间为 4 天。综合三项指标，最佳水力停留时间为 4 天。综合这 4 个模拟柱比较，铁尾矿对生活污水的处理效果最好。

利用铁尾矿、钢渣等矿业废弃物作为人工湿地填料，不仅可以使废物得到利用，且能节省填料成本，使水处理效果改善。这种"以废治废"的水处理方式具有良好前景，促使我国资源循环利用，使水处理经济效益和生态效益有很大提高。

2.10.3 农林废弃物用作重金属离子吸附剂

随着工业的发展，含重金属离子的污水随意排放到环境中的现象越来越严重。这些金属离子会随着食物链最终富集到人体上，严重影响人类的健康，这是因为这些重金属离子在水中稳定，不易被微生物降解。所以研制廉价、高效吸附性能的金属离子吸附剂越来越受到重视。而农林废弃物作为农、林业生产和加工过程中产生的副产品具有价格低、产量大、可生物降解、不污染环境等优点。农林废弃物主要有树皮、秸秆、核壳、蔗渣等，且每年产量大。不过这些农林废弃物大部分被弃置在环境中，有的甚至被焚烧，这样不仅没能使这些东西得到利用，还污染了环境。如果将这些废弃物用到工业生产中，就可以达到废弃物再利用的目的，是一种新的发展趋势。

农林废弃物的孔隙率较高，比表面积大，可与金属离子发生物理吸附。另外有些农林废弃物含有与金属离子结合的活性物质，可直接吸附金属离子。这些物质既有单宁、黄酮醇等多羟基酚类物质，又有富含羟基的果胶质。Randall 在研究多种树皮对金属离子的吸附能力中发现水杉、黑樱桃、赤杨、黑松、水杉、威斯康星红械、糖械、银枞和西特喀杉等树皮具有优良的金属离子吸附能力，这种吸附能力主要来自树皮中的多羟基酚类物质——单宁。花生壳、洋葱皮等废弃物也富含单宁、黄铜醇等多羟基酚类物质。通过甲醛、酸、碱进行化学预处理可以有效改善农林废弃物的性质，避免这类物质的溶解。Aoyama 采用硝酸和甲醛处理落叶松树皮，发现羟基酚的溶解基本消除，处理后的树皮对 Cr^{6+} 具有良好的吸附能力。Wafwoyo 采用 0.6mol/L 柠檬酸或 0.6mol/L 磷酸改性花生壳，磷酸改性后的花生壳对 Cd^{2+}、Cu^{2+}、Ni^{2+}、Pb^{2+}、Zn^{2+} 的吸附量由原来的 5.7% 提高到 19%～34%，其中对 Cd^{2+} 和 Zn^{2+} 的吸附能力最强，而柠檬酸改性后对 Cu^{2+} 吸附能力最强。

大豆壳、甜菜渣等农林废弃物中含有大量的果胶质，可以作为金属离子的天然吸附剂。Laszlo 发现通过化学交联可以改善农林废弃物的物理强度，在室温条件下经过氯醇处理富含果胶质的大豆壳和甜菜渣，其物理强度大大改善，并且其结合阳离子的性能也得到了提高。

虽然农林废弃物对金属离子有吸附能力，但吸附效果较差，吸附量少。对农林废弃物进行改性后，可以提高农林废弃物的吸附价值。采用环状酸酐化学改性纤维素、淀粉等天然高分子，引入大量的羧基，且不会产生相应的酸性副产物，是制备纤维素类吸附剂的重要方法，该方法也适用于农林废弃物。Lehrfeld 采用环状酸酐化学改性燕麦壳、玉米芯和甜菜渣，得到的产物中富含羧基，具有很强的金属离子结合能力。经过化学改性后不仅可以加入羧基，还可以加入其他基团，如磷酸根、硫酸根、胺基等，可以提高农林废弃物对金属离子的吸附能力。王格慧通过碱化、环氧化和氨化等反应制备了 3 种氨基木粉，这些木粉对溶液中

的 Cu^{2+} 具有较强的吸附能力。

由于农林废弃物产量大，对这些废弃物综合利用，不仅可以处理污水，减轻水污染，还能将这些废弃物利用，达到"以废治废"的处理效果，具有远大的前景。通过对这些农林废弃物的利用改善了环境，还提高了经济和社会效益。

2.11 填料的比较

废水生物处理填料的发展经历了一个由单一到多样、由天然到天然与人工相结合的过程。生物膜法对填料的一般要求是质轻、多孔、机械强度高、价格低廉、易于获得。对多种填料进行比较可知：

① 石英砂是人们采用得较广泛的填料，它虽然价格低廉容易取得，强度大，但由于密度大，表面孔隙少，比表面积小，对微生物的附着能力弱。

② 碎石、矿渣、碎钢渣、焦炭、陶瓷、无烟煤等，虽然价格低廉，但普遍存在着诸如形状不规则、比表面积小、机械强度低等缺点，对微生物的附着能力弱。

③ 活性炭粒比表面积大，孔隙多，但价格昂贵，且由于表面孔隙尺寸太小，大多数微孔微生物不能利用。

④ 塑料类填料质轻，坚硬，但表面光滑，孔隙率小，不易挂膜；纤维类填料一般都存在易结块及装填困难等不足。

⑤ 玻璃钢、塑料等材料制成的蜂窝状填料、波纹板状填料、网状填料、环状填料等，具有强度高，孔隙率高，不易堵塞，易加工、安装和运输，耐腐蚀等特点，但是难以使通道水流均一化，不利于传质和生物膜的脱落更新。

⑥ 纤维类填料的优点是：a. 比表面积大，挂膜速度快；b. 生物膜附着能力强，可提高生物膜与废水的接触效率；c. 出水稳定，具有较高的耐冲击负荷能力；d. 造价低廉等。几乎克服了硬性填料的所有不足之处，故具有较高的应用价值。但是，软性填料在挂膜成熟后，纤维束易成团结块，产生厌氧状态，影响传质，同时反应器内出现短流和旁流，从而影响处理效率。

⑦ 组合式填料包括盾式填料和弹性立体填料。盾式填料采用半软性填料的塑料支架，周围均匀分布软性纤维，纤维束之间用塑料管配合定位，中心绳贯穿其间，保持一定长度及承担挂膜后的重量。盾式填料具有如下特点：a. 填料比表面积远大于半软性填料；b. 气、水再分布能力强，氧的利用率高；c. 易挂膜，老化的生物膜容易脱落，不堵塞；d. 有效使用周期长；e. 有较好的有机物去除率和运行稳定性。但该填料由于纤维束的完全展开，在曝气和水流的作用下阻力随之增大。弹性立体填料构思独特新颖，以绳、柱、管为中心，以丝条状均匀辐射而呈立体状态。丝条经特殊加工而成，带微毛刺并有一定的变形能力，回弹性能良好，该填料的主要特点有：a. 丝条状空间分布均匀并在水中完全分开，填料

的实际可利用表面积非常大；b. 丝条能对水中气泡起到切割作用，并使水、气、微生物充分接触；c. 挂膜量多，无结团现象；d. 价格低廉，使用寿命长。这种填料较好地克服了软性填料和盾式填料的缺点，应用前景不错，是比较理想的载体填料。

⑧ 悬浮填料不需要填料架，近年来涌现新型易挂膜悬浮填料，只是一些挂膜速率快、水处理效果好的悬浮填料价格相对较高。

⑨ 弹性填料不易挂膜，但价格便宜、物理性能好、不易老化。

⑩ 软性填料易挂膜，但容易打结，挂膜后不易剥落，不利于长期运行。

⑪ 半软性填料较软性填料稍好一些，但价格稍高。

⑫ 组合填料容易挂膜，克服了软性填料易打结的和弹性填料挂膜慢的缺点，但是价格较贵，到后期也会结块，比表面积会下降。

总的来说，组合填料前期有优势，弹性填料后期有优势。不过组合填料正越来越受到人们的关注。现在有一种复合填料，就是把一片组合填料和一片弹性填料交错成串使用，效果较好，但成本较高。

Rebecca Moore 等研究了尺寸范围分别为 1.5～3.5mm 和 2.5～4.5mm 的填料对曝气生物滤池处理效果的影响，发现小颗粒（1.5～3.5mm）填料虽然有利于脱氮，但不适应高的水力负荷；而大颗粒（2.5～4.5mm）填料虽然改善了滤池操作条件，减少了反冲洗的次数，但不利于脱氮和 SS 的去除。这为曝气生物滤池填料在尺寸要求上提供了一定的依据。Allant 等研究结果表明：上浮式填料比沉没式填料对 SS、有机物的去除率高，更耐有机负荷和水力负荷冲击。Won-SeokChang 等以天然沸石和砂粒为填料研究 BAF 对纺织废水的处理效果发现：天然沸石对纺织废水的处理效果优于砂粒的处理效果，这是因为天然沸石具有更强的阳离子交换能力和更大的比表面积。这说明轻质填料取代高密度填料是曝气生物滤池污水处理技术发展过程中的必然趋势。

具体各种类型填料的特点如表 2-47 所列。

表 2-47　各种类型填料的特点

类　型	主　要　优　点	主　要　缺　点	结构质地
硬性填料	比表面积、孔隙率大，材料耗费较小，质轻，纵向强度大，生物膜量少，衰老的生物膜易于脱落	对布气均匀性要求高，易堵塞，成品体积大，不适于高浓度污水处理	由超薄型轻质玻璃钢或薄型塑料片构成，孔形为正六角或偏六角形
软性填料	质轻高强，物理化学性能稳定，比表面积大，生物膜的附着能力强，不易被生物膜堵塞，价格低廉，加工方便	纤维束易结团，结团中心产生厌氧，布水和布气均匀性较差，高负荷下易发生污泥堵塞，填料运行周期短，需安装支架	由尼龙绳及维纶长丝制成

类　型	主　要　优　点	主　要　缺　点	结构质地
半软性填料	不结团无堵塞，对气泡有切割作用，布水、布气性能好，传质效率高，生物膜更新速度快，耐腐蚀，耐老化	挂膜较难，造价较高，需安装支架	由塑料制成
组合型填料	兼有软性和半软性填料的优点而克服其不足，丝束分散均匀、不结团，比表面积大，易挂膜易脱膜，气泡切割性能较好，对污水浓度变化适应性好	寿命较短，需安装支架	由尼龙绳、维纶长丝和塑料制成
弹性立体填料	比表面积大，挂膜容易，不结团，不堵塞，体积传氧系数较大，生物膜易于更新，使用寿命长，价格较低	要求布气、布水均匀，安装复杂，易堵塞	由塑料制成
悬浮填料	密度接近于水，体积传氧系数较大，使用方便，动力省，寿命长，不需要安装支架，对布气、布水均匀性无严格要求，易挂膜，不堵塞	比表面积不太大，价格高，生物膜分布不太均匀	聚合塑料
生物流化床填料	比表面积较大，无堵塞，不存在填料安装问题，价格低廉	动力消耗较大，需设置脱膜机，操作管理较复杂	砂、焦炭、活性炭等

每一种填料都有其独特的一方面，在实际应用中，应根据需要进行选择。选用一种好的填料非常关键。

2.12 填料研究的发展方向

经过水处理工作者的长期努力，目前已经有许多性能良好的填料得到应用，但是随着水处理标准和水处理技术的发展，对于填料的性能要求不断提高，新型填料仍有待进一步研究和开发。水处理填料的发展方向会集中在新填料的开发和填料作用机制深入研究两个方面。

2.12.1　水处理中新型填料的开发

2.12.1.1　填料改性

填料的表面物理化学性能直接关系到净化污水的微生物在填料上挂膜的数量和质量，从而直接影响到污水处理效果和处理效率，通过对填料进行改性，以提高散装填料的表面性能，提高传质效率。目前由填料改性得到的新型填料主要有亲水性填料、生物亲和性填料和磁性填料三种。

（1）亲水性填料

亲水性填料如图 2-75 所示，当水与塑料等材料接触时，如果材料分子与水分子之间的作用力大于水分子之间的作用力，材料表面吸附水分，即被水润湿，表现出亲水性。而填料的亲水性改性是通过对填料表面处理或在原材料中引入亲水基团两种途径实现。表面结构改性时，可以通过将填料浸入化学腐蚀液中糙化表面；在填料表面涂抹亲水材料，表面接枝带有亲水基团的高聚物单体；用紫外线辐照塑料填料，使其表面氧化而形成极性基团；采用强氧化性溶液，与塑料生物填料表面进行化学反应等手段对填料进行改性。

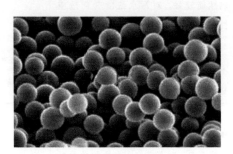

图 2-75　亲水性填料

改性填料表面润湿性能有很大的提高，但也存在不少缺陷。如应用溶液浸泡或者表面接枝处理过的填料在运行过程中由于水流的作用很容易发生表面消磨和脱落，使用紫外线处理，往往难以均匀辐照填料的内外表面，故使填料的内外表面的亲水性产生差异，也影响其使用效果。

最近，已有研究者开始研究制备生物填料用的亲水改性塑料。汪晓军等在塑料中混入水性高分子材料聚乙烯醇和聚丙烯酰胺，改善材料表面亲水性能，制造出具有亲水性表面的塑料材料，从而发明了水处理亲水性弹性填料；通过与未改性填料对比试验发现，亲水性填料比普通填料在相同浸泡时间下对水具有更大的持重量；亲水性填料生物膜反应器对 COD_{Cr} 的去除率比普通填料生物膜反应器效果好得多，对厌氧膜进行电镜观察发现，亲水填料上的膜比普通填料上的密实度高；对厌氧生物膜进行负荷冲击和恢复实验，发现亲水性填料反应器内的生物膜具有更强的耐负荷冲击能力，受冲击后恢复所需时间短。

毕源等采用氧化和接枝蛋白分子的方法，在聚苯乙烯生物填料表面提高了原有亲水性基团的比例，同时引入了新的亲水基团和细胞识别位点。利用配制模拟废水对氧化后接枝蛋白分子填料进行动态培养生物挂膜试验，结果表明改性后的填料生物膜初期附着速率和增长量明显高于未经改性的生物填料。

张近分析塑料塔填料表面性能及其润湿条件，指出改变表面分子结构以增加极性与加大表面粗糙度而提高表面张力是改善塑料塔填料表面润湿性能的主要途径，并介绍了表面糙化、表面极化、表面接枝及等离子体表面处理等表面改性技术。

李茹等通过 4 种远程等离子体（Ar、He、O_2、N_2）对 PVC 填料进行表面改性使 PVC 填料表面的亲水性普遍增强，远程 Ar 等离子体可以通过将含氧基团和含氮基团引入填料 PVC 膜的表面，使其表面极性增强，提高表面润湿性，使接触角（水）从 97°降低到 15°左右，使得填料的挂膜性能提高，从而增强了 PVC 填料的生物亲和性。改性后的 PVC 填料表面生物膜形成速度加快，生物量显著增加。

（2）生物亲和性填料

生物亲和性填料淀粉和碳酸钙如图 2-76 所示，材料的生物亲和性的含义通常指该材料与生物相容，不会对生物有任何损坏或有任何副作用。有研究者认识到生物亲和物质对生物填料的重要性，如微生物固定化填料大多以生物亲和性较好的海藻酸钙和琼脂糖等物质为载体。

图 2-76　淀粉和碳酸钙

隋军等认为，现有常用的生物填料是生物惰性的，对微生物无促进和活化作用，因而发明一种用于水处理的活性生物填料，该填料中含有少量面粉、淀粉及碳酸钙等粉体，其不但为微生物提供适当营养源，还可为微生物提供更多的物理附着点，同时还可改善填料的亲水性，更易于微生物生长，加快挂膜启动和提高水处理效率。

华南理工大学程江等通过在高分子基材中混入生物亲和物质、亲水性物质、磁粉和活性炭制成了一种生物亲和亲水性磁性填料，制备的填料改善了其生物亲和性、生物活性、亲水性不足和氧利用率不够等缺点，具有生物亲和性和亲水性，同时能诱导微生物的活性及酶活性，并可提高水中氧利用率和水处理效率。

（3）磁性填料

最近几年，研究发现，弱磁场还可大大提高废水的生物降解效率，可望使目前废水生物处理效率较低、处理设施占地面积大的状况得以改善。将海藻酸钙、淀粉等生物亲和性物质和含亲水基团的聚乙烯醇、硬脂酸等以及经修饰的磁粉（见图 2-77）、活性炭引入普通高分子生物填料中，适当充磁后可成为生物亲和亲水活性磁性填料。这种填料一方面由于其生物亲和性和亲水性得到改善；另一方面，填料中的活性磁性周围，相当于多个微型磁场反应器，能通过磁致物理化学生物效应等协同作用，大幅增加有机污染物的降解速率。

Jung 等在一生化反应器外加一南极磁场处理含酚废水，发现酚的降解速率比不加磁场的普通生化反应器高 2 倍至数倍。在活性污泥法水处理过程中，

图 2-77　磁粉

Sakai 等发现，在水中加入磁粉可平衡微生物的生长与死亡，防止污泥膨胀，提高处理效率。

华南理工大学安燕、程江等通过添加糖类、淀粉、羟基磷灰石（HAP）、磁粉等对普通聚乙烯填料进行改性制成磁性滤料，充磁后形成新型磁性聚乙烯填料，增加了对含酚废水的处理能力。

陈志莉、熊开生等将适量的聚丙烯酰胺、聚乙烯醇、磁粉和活性炭填加到PVC生产原料中，研制成一种改性PVC生物填料，这种新型PVC生物填料比表面积大、润湿性能好、抗冲击性能好、挂膜速度快，研制的新型填料一体化船舶生活污水处理装置可以在船舶上推广应用。

另外，目前已经发现不少菌种为嗜磁菌，如光合细菌、氧化铁硫杆菌，这些菌种是食品等工业废水的常用降解菌，弱磁场的存在会促进生物细胞生长和新陈代谢，并诱导酶的合成和活性，加快酶反应。这样一来，在生物亲和亲水磁性填料表面就会形成一个有机物浓度、微生物量和溶氧浓度都相对较高的区域，三者的接触、扩散概率会大大增加，同时，经磁化的水渗透压升高，有利于有机物与氧经生物膜向细胞质扩散，强化了物质传递及膜内的生化反应。

2.12.1.2　填料功能复合化

图 2-78 为多种复合功能填料，随着填料事业的不断发展，填料的性能得到不断优化，处理效率逐渐提高。但是任何一种填料都不可避免的有其不足之处。而复合式填料则弥补了相互之间的缺陷，发挥各自的长处。

图 2-78　多种复合功能填料

在球形填料内装填丝网形成球形丝网填料，既利用了丝网填料比表面积大、孔隙率大、表面润湿率高的优点，又避免了其装填困难、拆修不便的缺陷。

悬挂式填料是在软性填料和半软性填料的基础上发展而成的，它兼有两者的优点。其结构是将醛化纤维或涤纶丝压在填料环的环圈上，使纤维束均匀分布；既借助了软性填料易挂膜，有效切割气泡的优点，提高氧的转移速率和利用率，又解决了软性填料容易打结的缺点，使水中的有机物得到高效处理。

兰善红等将水泥、沙子、粉煤灰和聚合氯化铝混匀，然后加入 3％的聚丙烯酰胺水溶液，经固相反应聚合成集絮凝、吸附、氧化于一体的多微孔材料，其中的絮凝、氧化组分夹聚在多微孔固态材料中，最后制成多孔的固定化絮凝剂填料，填充于 BAF 中用于处理废水。既利用填料絮凝、吸附、氧化作用，又利用填料表面微生物的降解作用来处理废水。并通过实验得出粉煤灰固定化絮凝剂颗粒作为填料应用于 BAF 具有启动快、挂膜时间短、充氧性能好、抗冲击负荷强、生物附着性能好的特点，是一种良好的 BAF 填料。

龙腾锐等研制出了水处理酶促生物填料，这种填料是采用天然黏土和工业废料如泥煤、煤矸石、粉煤灰等加入生物生长促进剂、造孔剂等煅烧生产而成的对微生物生长具有促进作用的水处理填料，该填料孔表面积、表面粗糙度较大，有利于微生物的繁殖生长。载体的表面粗糙度大，对微生物的捕捉能力强，有利于球菌、杆菌等优势菌种的菌胶团附着生长，从而可形成对水中有机物具有良好絮凝、吸附和氧化性能且结构致密的生物膜，可促进微生物生长和激活生物活性，可缩短滤床运行启动时间，可减小滤池体积和减少占地面积，是一种理想的水处理生物载体填料。在常温下，以城市污水为例，对酶促填料、高炉渣和陶粒的缺氧挂膜对比试验研究表明，酶促填料表面在试验开始后第 3 天出现生物膜附着特征，第 25 天完成挂膜，挂膜成功时间比陶粒快 9 天，比高炉渣快 15 天，最大生物膜厚度分别为高炉渣、陶粒的 1.37 倍和 1.63 倍。

2.12.1.3　填料形状改进

图 2-79 为一种仿生填料，对于填料形状的设计，从微生物生长的要求、反应器运行的要求、降低投资和运行费用的要求等几方面考虑。在填料形状的设计过程中，应各方面兼顾，不能在任何一方面有明显不足，但总会有某一方面是设计过程中最优先考虑的条件。根据填料功能和类型的不同其形状必然不同，主要有以下几个方面的发展。

（1）悬浮型/流态型填料

这类填料的设计主要出于反应器运行和传质效率的考虑。填料挂膜后的密度基本上与水的密度相同，可自由悬浮于水体中呈流态化或半流态化，微生物与水中有机污染物有更大的接触面积和更充分的接触机会。悬浮填料不需要支承和固定部件，所以附加投资较少，但却不易挂膜，

图 2-79　仿生填料

填料本身价格也较贵，所以设计也可以从减少填料本身的造价着手。

（2）生物密集型填料

这类填料的设计主要出于增大生物量的考虑。要求通过形状的改进增大填料的比表面积，且易于生物挂膜和进行良好的新陈代谢，使反应器内具有很高浓度的生物量，可最大限度提高生物填料塔的生化容积负荷。

（3）微生物固定化型填料

这类填料的设计主要出于提高生物处理效率的考虑。将经筛选、分离和驯化培育的优势微生物或酶通过物理或化学方法直接固定在性能优良的填料上。组成一个布水布气性良好，传质和生物降解速率大，能反复连续应用，高效地处理污水的复合单元。由于微生物降解有机污染物具有一定的专属性，所以此类填料的应用也有较大的针对性，能处理某些难降解废水。

（4）结构型填料

这类填料的设计主要出于提高传质效率的考虑。填料具有特殊的形状和结构，可以实现布水布气的均匀，有效切割气泡和水流，使相接触界面更新更快，提高传质效率。

（5）仿生式填料

仿沉水植物填料与沉水植物具有相似的结构形态，采用铁丝网固定沉入水底后像沉水植物一样浮在水中。这种填料的比表面积大，一方面通过改变水流动力条件从而促使较多的泥沙颗粒物发生沉积，起到改善水质、提高水体透明度的积极作用；另一方面通过附着于填料的微生物降解水体中的氮磷污染物，改善水体富营养化状况。葛绪广等结合生态修复示范工程的研究表明，仿沉水植物在截留泥沙颗粒物的同时还可以截留一定的氮磷污染物。

2.12.1.4　填料天然化和废物利用

图 2-80　牡蛎壳

近年来填料原料的选用朝着复合化、天然化和废物利用方面发展，在改性材料、复合材料飞速发展的同时，天然材料和固体废物的利用也成为未来填料发展的一个趋势。国内外学者在这方面也做了许多研究，如轻质陶粒、高炉水渣以及高炉瓦斯灰填料的研究开发。图 2-80 为废弃的牡蛎壳，这些年以牡蛎壳为填料的研究也越来越多。以天然化废弃物为填料的相并研究应用内容可参考本书的"2.10.1　天然材质固体废弃物在填料中的应用"章节内容。

在新型填料的设计与改造过程中，必须考虑到高效性、低成本，兼顾环保、绿色、可重复利用等特性。

2.12.1.5　填料应用范围多样化

水处理技术日新月异，水处理填料的应用场景也丰富多样，本小结以微电解填料为例。关于水处理微电解填料的研发也是水处理领域的热点之一。传统铁碳微电解填料在除磷过程中出现的填料板结、沟流等问题不但会导致水体除磷效果降低，而且填料上脱落的炭颗粒导致产泥量增大还会增加后续处理成本。为此，胡艳平、王振华等采用铁基材料和碳纤维组成的新型铁碳微电解材料作为除磷材料，以碳纤维、铁基材料等除磷材料为对照，考察了新型铁碳微电解材料对武汉市某湖泊水体总磷的去除效果及不同处理时间对水体总铁浓度和浊度的影响。实验结果表明新型微电解填料避免了传统铁碳填料出现的板结、沟流问题，在一定程度上提高了水体总磷的去除效果，水体总磷去除率达80.00%；另外，新型铁碳微电解材料用片状铁基材料和碳纤维分别代替了传统填料中的铁粉和炭颗粒，避免了传统铁碳填料中因炭颗粒脱落而出现产泥量大等问题。杜利军等以铁碳填料制备条件优化实验表明，在焦油/铁（Tar/Fe）＝0.3、碳化温度为950℃、恒温时间为0min、黏结剂为30%、焙烧温度为900℃、焙烧时间为90min的最佳制备条件下，所得填料的磷脱除率可达98%，出水磷浓度达到 GB 18918—2002 中的 A 类城镇污水排放标准要求。

文善雄等采用废铁屑、活性炭及催化剂经高温微孔技术制成的新型微电解填料处理合成丁腈橡胶（NBR）废水，效果显著。根据文善雄等的实验结果，与普通微电解填料处理效果对比，新型微电解填料处理 NBR 废水后 pH 值偏高。当进水 pH 值为 4.00～7.00 时，对应的 COD 去除率较高，尤其当进水 pH 值为 7.00 时，COD 去除率为 31.40%，比普通微电解填料提高了 7.72%。

2.12.2 水处理中填料的作用机制

（1）填料对污染物去除的影响及污染物去除机制研究

目前，对反应器运行的工艺条件研究很多，但是对于处理过程中污染物质的的迁移和代谢途径缺乏深入研究，对于填料上生物相分布、生态结构缺乏系统的分析和解释。另外，填料类型和成分等对污染物去除的影响途径缺乏研究。在污染物去除机制方面国内有些学者也做了一定的研究。

龚丽雯等在传统接触氧化工艺的基础上，在厌氧池内装填高效的生物微电解填料，用来处理印染废水，并对其作用机理进行了相应研究。该生物电解填料对厌氧反应的四个阶段均有很好的强化作用，其自身也有很好的微电解反应，生成的新生态的活性物质 H^+ 和 Fe^{2+} 均具有很高的化学活性，能与废水中许多组分发生氧化还原反应，破坏染料的发色和助色基团，甚至断链，使之失去发色能力，也可使大分子物质分解为小分子的中间体，使某些难生物降解的有机物和对厌氧微生物有毒害作用的化学物质转变成容易生化处理的物质，提高废水的可生化性。采用该工艺后，一次性投资降低，不需要投药，节省药品费用，机械设备少，易操作，控制的工作点少，操作要求低，运行管理方便。

对于填料对污染物去除的影响和污染物去除机制的研究有利于新型填料的研

发，对填料的发展乃至整个水处理行业的发展有重大意义，有理由相信在未来对于此方面的研究将广泛开展。

（2）填料对反应器中相传质的影响及其机理研究

生物反应器内物系间的传质条件对氧传递效率有较大影响，使用填料对于传质效率的提高毋庸置疑，不同的填料结构、材质对于传质都有不同程度影响。

贾绍义等研究了塑料孔板波纹填料的结构参数对其传质性能的试验研究。结果表明，气相总传质单元高度（HOG）随着倾角 β 的增加、盘高 H 的减小而降低；开孔率对 HOG 的影响有一个最佳适用范围。

龙湘犁等对板网复合填料液相传质性能的研究结果证明，多层板网复合基材丰富的微孔结构可以强化毛细作用，提高液体在填料上的扩散能力，成倍增大填料的有效传质面积，使板网复合填料的分离效率比板网单层填料的效率显著提高。和广泛应用的金属孔板波纹填料相比，具有通量大、压降低、效率高的优势，因此可以用复合板网填料代替常用的板波填料用于炼油、石化、精细化工等分离领域。

填料对于反应器中相传质的影响应从填料形状、成分、制作工艺等多个方面进行考虑，不同填料对传质的影响大小及机理也是未来研究的重点。

（3）填料微生物附着机理的研究

目前对于悬浮填料与微生物附着机理，填料不同部位与不同类型微生物附着的时间、空间关系等方面研究较少，对于微生物的附着、固定、生长、脱落的分子机理更是所知甚少。

吴晓健公开了一种负载微生物的填料，包括支撑杆和设置在支撑杆上的负载装置，负载装置为若干个以支撑杆为轴心的圆盘，圆盘的上、下外表面粗糙，易于微生物在其表面挂膜。圆盘的直径为 $3\sim10cm$，根据处理物黏度和处理能力选择不同尺寸的填料，也可以不同尺寸的填料一同使用。该实用新型填料表面粗糙，多层圆盘型结构利于挂膜，刚性的结构不易纠缠，便于处理物的流动。

填料的挂膜作为其根本性作用，各种不同填料的挂膜机理方面的研究还鲜有报道，可以预见这也是未来填料发展的一个热门方向。此方面的研究对填料材料的选择以及表面处理和填料形状的设计意义重大。

（4）填料与反应器内流体力学、挂膜和污染物去除之间的关系

目前仅研究了填料密度与流型的关系，而悬浮填料的结构对流型的影响，以及流型对挂膜及污染物去除的影响都没有进行研究。而对于填料与反应器内流体流型、挂膜和污染物去除之间的关系还需要进一步研究。

丁扣林等研究了立体网状微生物载体填料，有交错的筋条构成的网，网的侧面均布多条立筋。该填料具有平面网状填料孔隙疏密均匀的优点，且有效比表面积较之平面网状填料可大为提高，因此不必为单纯提高网的比表面积而使其设计得孔隙过密，同时可避免产生连膜现象造成堵塞，又可保证布气、布水均匀。尤

其是该填料对气泡具有更强的多重切割作用，氧利用率超过其他填料，效果同微孔曝气器相近。

2.13 填料在水处理中的应用

2.13.1 生物接触氧化填料在水处理中的应用

生物填料在生物接触氧化工艺中起着重要的作用，是微生物赖以生存、生长和繁殖的场所，其性能直接影响处理效果和投资费用。生物填料在 20 世纪初期就已经有了初步的应用，当时用的是木棒、枝条、木片、砂砾等，但是由于这些东西孔隙率不均，密度不合适，再加上形状各异，在实际水处理的应用中达不到良好的效果，未被广泛应用，直到 20 世纪 70 年代，随着塑料的兴起和发展，塑料填料在水处理中备受青睐，逐渐被采用。填料直接影响生物反应处理效果，是生物氧化工艺的关键。

生物接触氧化池中的填料完全浸没在水中，在填料上生长生物膜。污水中的有机物被微生物吸附并氧化分解转化成新的生物膜，在生物接触池中布置有曝气装置，为填料上的微生物提供所需的氧气。填料的特点一般为比表面积大、水力阻力小、孔隙率大、挂膜好、生化稳定性好等。目前常用的填料为聚氧乙烯塑料、聚丙烯塑料、环氧玻璃钢制成的蜂窝状和波纹状填料。

与传统的活性污泥法相比较，生物接触氧化池水处理效果更好，这是由于在生物氧化池内设置的填料上生长的生物膜在水中溶解氧的条件下，分解水中的有机物，净化出水水质。以太原市北郊污水处理厂和太原市殷家堡污水处理厂进行工艺比较，结果见表 2-48。北郊污水处理厂采用活性污泥法，而殷家堡污水处理厂采用生物接触氧化法，是以炉渣为填料的两段接触氧化法。

表 2-48 炉渣填料生物接触氧化法与传统活性污泥法比较

项 目	北郊污水处理厂 （传统活性污泥法）	殷家堡污水处理厂 （生物接触氧化法）
处理水量/(m³/d)	4500	10000
进水 BOD_5/(mg/L)	163.5	186.9
出水 BOD_5/(mg/L)	38.1	25.1
BOD_5 去除率/%	77.0	86.6
曝气时间/h	8	0.5
曝气池总面积/m²	2735	84
鼓风机总功率/kW	100	30~40
电耗/[kW/(h·m³ 水)]	0.53	0.072~0.096
对水质变化的适应性	差	好

项 目	北郊污水处理厂 （传统活性污泥法）	殷家堡污水处理厂 （生物接触氧化法）
污泥回流设备	有	无
培菌与驯化	难	易
污泥量	较多	较少
占地面积	多	少
维护管理	较复杂	较易

很显然，以炉渣为填料的生物接触氧化工艺比活性污泥法处理效果更好，填料起着重要的作用，由于填料的比表面积大，在充氧良好的条件下，可附着大量微生物，使池内有较高的生物浓度，使得生物接触氧化池中单位容积的生物固体量高于活性污泥曝气池。生物膜上的微生物种类多，能形成稳定的食物链，从而能保持较高的生物活性。

在生物接触氧化填料发展的过程中，以蜂窝状填料为代表，在实际应用过程中发现这类填料表面光滑，膜易脱落；比表面积小，挂膜量少，且水与气横向不流通，布水布气不均匀。软性填料的出现弥补了蜂窝状填料的不足，软性填料有较大的比表面积，生物挂膜量大，软性填料间的空隙能保障气水的流通，不易发生堵塞，且利用率高。上海涤纶总厂采用这种软性填料作为生物接触氧化池填料，COD 的去除率达到 80%，BOD 的去除率达到 80%～90%。

岳阳石油化工总厂污水处理厂处理化工和化纤混合污水，其污水的特点：①COD 含量高，可达 2000～3500mg/L；②危害微生物的毒物种类多；③污水中 BOD_5/COD 的比值通常在 0.5～0.7 之间，可生化的物质多；④有机物与无机物种类繁多，比较复杂。采用软性纤维填料生物接触氧化法处理工艺做实验，结果表明：软性纤维填料生物接触氧化法对污水 COD 的去除率达到 85%～90%，比活性污泥法高 20%，软性纤维填料生物膜上生长的丝状菌可用来净化污水，显著改善了污水处理效果。

随着填料的发展，又出现了半软性填料，半软性填料的 COD_{Cr} 去除率又比软性填料提高了 10% 左右，目前被广泛采用。后来出现的组合填料，是软性填料和半软性填料的结合。经过不断地研究与发展，又出现了多种填料，如弹性填料等。

2.13.2 塔填料在工业中的应用

填料塔是以塔内的填料作为气、液两相间接触构筑的传质设备。填料塔的塔身是一直立式圆筒，底部装有填料支撑板，填料以乱堆或整齐的方式放置在支撑板上。填料的上方安装填料压板，以防被上升气流吹动。液体从塔顶经液体分布器喷淋到填料上，并沿填料表面流下。气体从塔底送入，经气体分布装置（小直径塔一般不设气体分布装置）分布后，与液体呈逆流连续通过填料层的空隙，在填料表面上，气液两相密切接触进行传质。填料塔属于连续接触式气液传质设备，两相组成沿塔高连续变化，在正常操作状态下，气相为连续相，液相为分散相。

当液体沿填料层向下流动时，有逐渐向塔壁集中的趋势，使得塔壁附近的液流量逐渐增大，这种现象称为壁流。壁流效应造成气液两相在填料层中分布不均，从而使传质效率下降。因此，当填料层较高时，需要进行分段，中间设置再分布装置。液体再分布装置包括液体收集器和液体再分布器两部分，上层填料流下的液体经液体收集器收集后，送到液体再分布器，经重新分布后喷淋到下层填料上。

填料塔中填料应能使气液接触面大、传质系数高，同时通量大而阻力小，所以要求填料层空隙率高、比表面积大、表面湿润性能好，并在结构上还要有利于两相密切接触，促进湍流。制造材料又要对所处理的物料有耐腐蚀性，并具有一定的机械强度，使填料层底部不致因受压而碎裂、变形。

填料塔基本分为两类，板式塔和填料塔。在20世纪70年代以前，由于板式塔适应性强、结构简单、压降低，发展速度一直保持领先，在大型塔器中，板式塔占有绝对的优势。随着石油化工业的发展，节能问题引起了关注，填料塔也日益受到重视。此后的20多年间，填料塔技术有了长足的进步，涌现出不少高效填料与新型塔内件，特别是新型高效规整填料的不断开发与应用，冲击了以蒸馏设备式塔为主的局面，且大有取代板式塔的趋势。随着塔料的发展，直至80年代末，新型填料的研究始终十分活跃，尤其是新型规整填料不断涌现，其在工业中的应用也越来越多。

在现代工业中，规整塔填料起着很大的作用。硫酸工业中，硫酸干吸塔是硫酸干吸系统中一个关键设备，然而国内一直使用的是散堆填料塔，存在很多问题，天津天大天久科技股份有限公司充分利用天津大学和天大天久公司填料塔技术，开发了适于硫酸干吸塔的TJ160X型陶瓷规整填料，并对其进行了实验研究和测试，结果表明：

① 对吸水率、气孔率、体积密度测试，实验结果显示吸水率为0.216%，气孔率为0.496%，体积密度为2.295g/cm³，这些指标均优于原化工部标准。

② 温度急变性能试验中将试样加热到210℃，然后放到30℃水中，结果显示无裂纹。

③ 在耐酸度的检验中，将其制成0.25～0.5mm的颗粒，放到98%的浓硫酸中恒温90℃，其耐酸度R_A=99.938%＞99.8%（原化工部标准）。

TJ160X型陶瓷规整填料的比表面积为160m²/m³，F因子1.0～1.2Pa$^{1/2}$，每米压降为98.1～196.2Pa，由于压降低，提高了空塔的气速通量。经实验表明硫酸干吸系统中采用规整填料取得良好效果，优于其他填料在填料塔中的处理效果。

规整填料在工业方面其他领域也有重要的应用，比如：在石油炼制、石油化工及天然气加工、化学工业、气体回收及净化、香料和医药工业等领域。

新型塔填料的不断更新，填料塔的放大技术的重大突破，使得现代填料塔逐步取代传统填料塔，在未来工业领域中与板式塔共同发展，创造更高的经济效益和社会效益。

2.13.3 盘片式填料在水处理中的应用

圆形盘片或多组扇形盘片拼成的圆形盘片常见用于生物转盘，一般为半浸没式。转盘材质一般应满足质量轻强度高、耐腐蚀、易于加工、价格低廉，盘片的厚度一般为 0.5～2.0mm。

在生物转盘工艺应用的初期，转盘的材质一般采用铝、钢等金属或合成树脂等，目前常用的有聚乙烯、聚丙烯、聚氯乙烯、聚苯乙烯和不饱和树脂玻璃钢等材料，盘片形状有波纹板状、网状以及蜂窝状整块组装板。

崔东亮等研究了聚乙烯网状材料、石英砂、BioM™载体 3 种转盘材料在乳制品工业废水处理装置启动期间的挂膜情况以及对 COD、氨氮、总磷的去除效果。结果表明，聚乙烯网状生物转盘挂膜均匀紧实、厚度适中，且对 COD、氨氮、总磷的去除效果比较稳定，具有较好的抗冲击能力；石英砂生物转盘挂膜最厚，但较易脱落，因此污染物去除率波动较大，但是对总磷的去除效果较好；BioM™生物转盘的性能一般。最终得出聚乙烯网状材料较适于作为生物转盘挂膜材料。

张尊举、董亚荣等进行了生物转盘填料对农村家庭生活污水的处理实验，结果表明能够实现农村家庭污水污染物的处理，且结构紧凑，占地面积小，易于用户运行管理。填料生物转盘装置稳定运行后，对污水中的 COD、氨氮、总氮和总磷具有较好的去除效果，出水水质稳定，适用于村镇家庭分散式生活污水的处理。

近年来三维立体盘片式填料在水处理领域有所应用，有安装三维立体盘片的生物转盘投入使用，但具体的处理效果还要结合实际情况考量。

2.13.4 可流态化填料在水处理中的应用

表面生长着微生物的固体颗粒借助流体（液体、气体）呈流态化，可以扩大微生物附着面并提高供氧能力，同时强化生物膜与水之间的接触，提高传质效率，此为生物流化床技术。移动床生物膜反应器（MBBR）也称生物移动床，是一种污水处理技术，兼具传统流化床和生物接触氧化法两种工艺的优点，具有良好的脱氮除磷效果。MBBR 填料主要有 3 种类别：①Linpor 填料，主要为块状聚氨酯海绵，如 PUR 泡沫载体；②Kaldnes 填料，多为聚乙烯、聚丙烯等塑料制成，如 PE 填料载体；③Levapor 填料，Levapor MBBR 工艺适合于高浓度难降解有机物和高氨氮有机废水处理。此三种填料性能参数见表 2-49。

表 2-49　三种填料性能参数

性质	Levapor 载体	PUR 泡沫（Linpor）载体	PE 填料（聚乙烯）载体
比表面积/（m²/m³）	最小达到 20000	达到 2500	300～700
吸附能力	非常强	强	弱
孔隙率/%	75～90	75～90	50～75
反应池填充度/%	12～15	20～40	30～70
润湿性	两天之内	3 个月	明显很长
吸水性	到自身重量 250%	少	很少
带电负荷	可变化，（＋）到（－）	不能变化	不能变化
微生物挂膜时间	1～2h	几个星期	几个星期
防止填料流失的设施	10mm 的筛网	筛网	筛网
流化度大于 90% 条件下的空气流量	4～7m³/（m²·h）	不能确定	粗孔曝气
用于搅拌的额外耗电	无	需要	粗孔曝气
过量污泥的去除	通过流化	通过挤压	通过流化
物理性能的可变性	很强	很少	无

　　MBBR 填料有迅速的载体挂膜机制，促使相应水体中的微生物在载体上迅速附着并快速繁殖，形成生物膜；具有超强的脱磷、脱氨氮能力，使水中的有机物和氨氮快速分解；MBBR 生物填料经特殊工艺改性后，耐磨、抗紫外线、韧性强、易老化脆裂，具有超长的使用寿命；投放 MBBR 生物填料可省去污泥回流，避免污泥膨胀、上浮和流失等问题。因此 MBBR 生物填料可应用于污水厂升级改造项目提标、提量，新建污水处理项目 MBBR 与生物滤池工艺，中水回用生化处理，河道治理脱氮、除磷，水产养殖除氨氮、净化水质，生物除臭塔用生物填料等。MBBR 生物填料在工业园区废水处理（难降解有机废水）、高浓度有机废水（制药、化工、造纸）、高氨氮废水（味精、污泥硝化液、印染）等领域得到了广泛的应用并受到了一致的好评。

参考文献

　　[1] 方芳. 催化填料研制及其变速生物滤池处理城市污水性能研究 [D]. 重庆：重庆大学，2002.

　　[2] 高俊发. 管锥形填料生物床特性及应用研究 [D]. 西安：西安建筑科技大学，2006.

　　[3] 王艺. 城市污水生物处理工艺中传质机理及其载体填料的研究 [D]. 长春：吉林大学，2005.

　　[4] 唐万金. 新型塔内件及高效规整填料在铜洗塔中的应用小结 [J]. 氮肥设计技术，2002，23（2）：38-39.

　　[5] 汪艳霞，许立新，杨云龙. 生物接触氧化处理工艺中填料处理效果的比较 [J]. 山西建筑，2004，

30 (23)：98-99.

[6] 练建军，杨凤林，胡绍伟，等. 活性炭悬浮填料在 MBBR 中的对比实验 [J]. 环境工程，2008，(26)：102-105.

[7] 陆天友，唐忠德. 碳氮比对悬浮填料生物反应器氮去除效果的影响 [J]. 地球与环境，2007，35 (1)：74-78.

[8] 常克章. SNP 悬浮型填料处理生活污水 [J]. 煤矿环境保护，1999，13 (4)：37-39.

[9] 纳丽萍. 生物接触氧化工艺处理生活污水填料性能试验研究 [D]. 西安：长安大学，2008.

[10] 兰善红，陈锡强，梁谋会，等. 新型填料的 BAF 处理印染废水的研究 [J]. 工业水处理，2007，27 (7)：36-39.

[11] 袁伟刚，樊智毅. 阿科蔓生态基技术在湖泊治理与维护中的应用 [J]. 中国给水排水，2007，(16)：11-14.

[12] 陈永喜. 阿科蔓生态基在大金钟湖治理中的应用 [J]. 广东水利水电，2007，(5)：1-4.

[13] 熊小京，黄智贤，景有海，等. 牡蛎壳填料浸没式生物滤池的除磷特性 [J]. 环境污染与防治，2003，25 (6)：329-331.

[14] 刘耀兴. 牡蛎壳填料曝气生物滤池处理城市生活污水的实验研究 [D]. 厦门：厦门大学，2008.

[15] 晏峰. 稻壳填料生物滤池对生活污水的脱氮研究 [J]. 中国水运，2008，8 (9)：213-214.

[16] 汪晓军，罗芳旭，何翠萍，等. 亲水性塑料弹性填料生物膜法处理模拟废水的研究 [J]. 环境污染治理技术与设备，2003，4 (4)：31-34.

[17] 毕源，季民，尉家鑫，等. 共价接枝蛋白分子改善聚苯乙烯生物填料表面性能 [J]. 化工学报，2006，57 (12)：2914-2919.

[18] 张近. 塑料塔填料表面改性技术进展 [J]. 现代塑料加工应用，1999，11 (2)：51-55.

[19] 李茹，陈杰，陈军. 远程等离子体改善 PVC 生物填料表面性能的研究 [J]. 环境科学，2006，27 (1)：43-46.

[20] 隋军. 一种水处理活性填料. CN1279213A，2001-1-10.

[21] 程江，张凡，皮丕辉，等. 水处理用生物亲和亲水活性磁种填料的制备方法. CN1522972，2004-08-25.

[22] 陈志莉，熊开生，易其臻. 新型 PVC 生物填料的研制与应用研究 [J]. 后勤工程学院学报，2009，25 (6)：88-92.

[23] 龙腾锐，张勤，郭劲松. 酶促填料与某些多孔填料挂膜特性对比试验研究 [J]. 给水排水，2000，26 (3)：22-25.

[24] 葛绪广，王国祥，郭长城，等. 仿沉水植物填料对水体悬浮泥沙的截留作用. 人民黄河，2007，29 (10)：57-58.

[25] 张启磊. 新型水处理填料的研制及其应用研究 [D]. 济南：山东大学，2008.

[26] 黄宇. 新型 BAF 填料的研制及其性能测试 [D]. 南宁：广西大学，2006.

[27] 陈永喜. 阿科蔓生态基在大金钟湖治理中的应用 [J]. 广东水利水电，2007，10 (5)：1-7.

[28] 刘贵云，李承勇，奚旦立. 河道底泥陶粒对生活污水中 NH_3-N 的深度处理试验研究 [J]. 东华大学学报（自然科学版），2003，29 (5)：100-103.

[29] 龚丽雯，梁顺文，龚敏红. 生物微电解-高效接触氧化工艺处理印染废水 [J]. 给水排水，2003，29 (6)：45-47.

[30] 贾绍义，吴松海，孙永利. 塑料孔板波纹填料的结构参数对其传质性能的影响 [J]. 中国塑料，2003，17 (5)：53-56.

[31] 龙湘犁，叶永恒. 新型板网填料传质性能的研究 [J]. 化学工业与工程，1999，16 (5)：253-258.

[32] 吴晓建. 一种负载微生物的填料. CN 201228240Y，2009-04-29.

[33] 丁扣林. 立体网状微生物载体填料. CN2326595. 1999-06-30.

[34] Randall J M. Variations on effectiveness of barks as scavengers for heavy metal ions [J]. Forest

Products Journal，1977，27（11）：51-56.

[35] Aoyama M，Tsuda M. Removal of Cr^{VI} from aqueous solutions by larch bark [J]. Wood Science and Technology，2001，35：425-435.

[36] laszlo J A，Dintzis F R. Cropresidues as ion-exchange meterials-Treatment of soybean hull and sugar beet fiber（pulp）with epichlorohydrin to improve cation-exchange capacity and physical stability [J]. Journal of Applied Polymer Science. 1994，52：531-538.

[37] Lehrfeld J. Conversion of agricultural residues into cation exchange materials [J]. Journal of Applied Polymer Science，1996，61：2099-2105.

[38] 王格慧，宋湛谦. 氨基木粉的制备与吸附性能研究 [J]. 林产化学与工业，2000，（3）：1-5.

[39] 邹静. SBBR 同步硝化反硝化脱氮影响因素研究 [D]. 西安：长安大学，2010.

[40] 刘彧，张晓红. 生物接触氧化工艺中填料的研究进展 [J]. 吉林化工学院学报，2008，25（4）：32-35.

[41] 张军保，周伟. 新型规整填料的性能及其在硫酸工业中的应用 [J]. 化工进展，2002，21（8）：592-595.

[42] 青岛欧仁环境科技有限公司. 新型生物转盘 [P]. 中国：201310084380.7-2013-06-12.

[43] 李军，侯连刚，刘阳. 一种用于污水处理的反硝化包埋菌颗粒制备方法 [P]. 中国：CN202010304139.2020.

[44] 朱启忠，丁姝婷，李玉婷. 不同载体对淀粉酶固定化的比较研究 [J]. 资源开发与市场，2012，28（3）：196-198.

[45] 苗娟，魏学锋，贾晓平，等. 3 种包埋剂固定化硝化细菌的制备与性能 [J]. 工业安全与环保，2016，42（11）：61-63，82.

[46] 王绍伦，杨宏. 高效包埋硝化活性填料硝化特性及应用研究 [J]. 化工学报，2020，71（5）：2305-2311.

[47] 周亚坤，杨宏，王少伦，等. 包埋反硝化填料强化二级出水深度脱氮性能研究及中试应用 [J]. 环境科学，2020，41（2）：849-855.

[48] 雷晓玲，肖琴，杨程，等. 包埋菌-超滤工艺处理氨氮微污染水源效果研究 [J]. 科技和产业，2021，21（3）：282-295.

[49] 许祥祥. 包埋厌氧氨氧化菌制备及对低温低氨氮废水处理试验研究 [D]. 辽宁：沈阳建筑大学. 2020.

[50] 刘杨，刘志英，徐学骁，等. 垃圾焚烧飞灰制备水处理填料 [J]. 环境污染与防治，2019，41（2）：164-169.

[51] 文善雄，何琳，荣树茂，等. 用新型微电解填料处理丁腈橡胶废水 [J]. 合成橡胶工业，2016，39（5）：367-370.

[52] 胡艳平，王振华，李青云，等. 新型铁碳微电解材料对水体磷的净化效果 [J]. 长江科学院院报. 2021，38（7）：24-28.

[53] 杜利军，付兴民，惠贺龙，等. 新型铁碳微电解填料制备与除磷性能评价 [J]. 环境工程学报，2020，14（6）：1421-1427.

[54] 陈佩佩，邵小青，郭松杰，等. 水处理中生物填料的研究进展 [J]. 现代化工，2017，37（12）：38-42.

[55] 崔东亮，晁雷，赵晓，等. 不同材料生物转盘处理乳制品废水试验 [J]. 环境工程，2016，34（11）：7-11.

[56] 张尊举，董亚荣，王朦，等. 填料生物转盘对农村家庭生活污水的处理 [J]. 水处理技术，2020，46（2）：120-122.

[57] 陈佩佩，邵小青，郭松杰，等. 水处理中生物填料的研究进展 [J]. 现代化工，2017，37（12）：38-42.

第**3**章

水处理滤料

3.1 滤料的发展

过滤是利用过滤材料分离水中杂质的一种技术。水流中的悬浮颗粒能够黏附在滤料表面,一般认为涉及颗粒迁移和颗粒黏附两过程。颗粒迁移表现为悬浮于水中的微粒被输送到贴近滤料表面,即水中微小颗粒脱离水流流线向滤料颗粒表面靠近的输送过程。颗粒黏附表现为接近或到达滤料颗粒表面的微小颗粒截留在滤料表面的附着过程。颗粒的黏附过程主要取决于滤料和水中颗粒的表面理化性质。

过滤可作为预处理,亦可作为最终处理,出水供循环使用或重复利用。在给水处理和污水深度处理技术中,常采用过滤技术。而滤料作为过滤技术的关键也在不断地进步和发展。

3.1.1 从单层到多层的转变

天然石英砂是最早使用的滤料之一,早期具有来源广、价格低、机械强度和化学稳定性好等优点,因此应用较早,也较广泛推广使用。长期的实践经验发现,天然石英砂过滤到一定时间后,表层滤料间孔隙将逐渐被杂质堵塞,使整个滤层的阻力剧增,滤速锐减,此时下层滤料对杂质的截留作用尚未达到充分发挥,而过滤却不得不终止,致使出水水质恶化。

为了克服传统天然石英砂滤料容易堵塞,滤速慢,反冲洗困难的缺陷,研究人员开发出双层滤料,即在石英砂滤层上部放置一层粒径较大、密度较小的轻质滤料。使用较早也较广泛的轻质滤料是无烟煤,其后使用的轻质滤料还有人工陶粒、人工合成纤维等。双层滤料在一定程度上提高了滤速和过滤效率,增加了床层截污容量,延长了过滤周期。双层滤料体现了水先通过粗粒滤料再通过细粒滤料的理想滤层的概念。基于理想滤层的原理,三层滤料应运而生,三层滤料比双层滤料床层结构更为合理,后来人们又研究了四层、五层滤料。

多层滤料虽然在一定程度上缓解了天然石英砂滤料过滤所出现的问题——反冲洗问题得到了很好的解决，但多层滤料是由多个单层滤料串联而成，每层主要担负截污负担的还是滤料的表面部分。故研究人员开发出均质滤料，不但能较好地克服表面堵塞的问题，并具有滤速快、过滤周期长、水头损失增大慢等优点，将传统的石英砂滤层改造为均粒石英砂滤层，在不改变滤池结构、反冲洗方法和操作习惯的条件下，产水量提高 15%，而滤层的费用仅增加 7%，取得了良好的经济效益。

3.1.2　从天然到人工的转变

早期的石英砂、无烟煤等天然滤料被广泛选用，之后便逐渐出现了无烟煤、石榴石、钛铁矿、磁铁矿、金刚砂等天然滤料，但这些滤料都由于其形状的限制，比表面积小，孔隙率小，截污能力受到限制。经过科学家的不断试验研究，人工合成滤料以其独特的性能优势在水处理行业中盛行起来。人工合成的轻质滤料中有聚苯乙烯球粒、聚氯乙烯球粒等。在此阶段，以人工轻质新型滤料问世最为轰动。新型陶粒滤料最早在苏联开发应用，是用黏土或类似材料经适当处理后高温焙烧制成。由于其外表粗糙多棱角，内部及表面孔洞很多，作为滤料具有孔隙率高，比表面积大，密度小等优点，在我国水处理行业中得到了普遍的欢迎。人工轻质新型陶粒滤料的缺点是机械强度差，多次冲洗易破碎而损耗，价格偏高。之后便逐渐对以优质高岭土为原料的瓷砂滤料，将硅藻土矿经过破碎、研磨、筛选、干燥、焙烧以及加助熔剂焙烧而成的硅藻土滤料，以及轻质泡沫塑料球粒进行改进。

3.1.3　滤料材质的转变

以上这些新型滤料的问世在很大程度上推动了过滤技术的进步和发展，但这些滤料仍以粒状为主，虽自身的缺陷不断提高，但各方面的问题仍然不能得到重大突破。

随着我国滤料工业的发展，滤料的品种和规格也日益增多，质量和性能逐步提高。人们逐渐开始寻找新的滤料产品，纤维滤料以其优越的性能优势开始走进人们的视野。

纤维滤料堆积孔隙较大，具有较高的比表面积，密度较小，可吸附大量悬浮物，在过滤器中的滤速可以很大，而床层阻力很小，反冲洗性能较好。以软填料纤维代替传统的粒状滤料是深层过滤技术发展史上一种崭新的思维和尝试，也标志着以纤维滤料为核心的现代过滤技术的开始。

1981 年，日本尤尼奇卡公司研究人员采用短纤维作滤料，形成杂乱短纤维深层滤床，并对其进行研究，短纤维截泥量大、过滤周期长、阻力小、滤料加工简单，弥补了传统纤维易流失、滤床体积较大、反冲洗不彻底的缺点。但关于短纤维滤料的反冲洗条件的相关研究有待加强。

在短纤维滤料的基础上，日本尤尼奇卡公司经过反复的研究改进，制成了纤维球滤料。纤维球滤料过滤时，由于水流经过滤层所产生的阻力，加上滤层截污后的自身重力，使滤层上松下紧，孔隙率自上而下由大到小分布，这样的滤层结构较为合理，形成了近似理想的孔隙分布。但纤维球存在的不足是积留在纤维球内部的积泥不容易洗出，过滤时容易释放，影响出水水质。

鉴于纤维球和短纤维滤料的优点和不足，人们进一步对纤维滤料进行改进，出现了纤维束滤料。研究人员对纤维束滤料进行了大量的试验研究。实践表明，纤维束滤料不同于传统的滤料形式，纤维束近似于平行水流方向置于过滤设备中，床层孔隙可人为调节。过滤时，由于重力作用，滤床孔隙沿水流方向逐渐变小，近似于理想滤层；而反冲时，水流自下而上，可使床层处于松散状态，因此清洗更彻底，且气、水用量少，清洗时间短。此外，纤维束滤料的床层水头损失小，增加速度缓慢，整个滤床均能发挥截污作用。

清华大学成功研制了"彗星式"纤维滤料。它将纤维滤料截污性能好与颗粒滤料反冲洗效果好的特征相结合，形成一种新的过滤材料。

3.2 滤料的作用

过滤技术中，滤料及滤料层的构成是决定过滤设备性能优劣的关键，它们决定着滤后水的水质，决定着过滤设备的基本性能。因此，过滤技术的发展在很大程度上取决于对滤料和滤料层构成的研究与改进。

① 去除原水中的杂质和悬浮物，或降低出水浊度，可提高后续处理设施的安全性和处理效率。

② 能在一定程度上降低出水中的有机物含量，对重金属、细菌、病毒也有一定的去除率。

③ 能除去氨氮，并有一定的去除率。

④ 依据滤料的不同种类，特殊滤料能除去微小的分散油及部分乳化油和溶解油。

3.3 滤料的性能

3.3.1 滤料的性能要求

水处理中所使用的滤料一般应满足以下要求。

① 机械强度高，生物滤池的运行过程中，存在着不同强度的水力剪切作用以及滤料之间的滚动摩擦过程，所以生物滤料必须具有可以满足在不同强度的水力剪切作用以及滤料之间摩擦碰撞过程中破损率低的机械强度要求。如果生物滤料本身不具有一定的机械强度，那么在运行过程中势必引起不同程度的破损而丧失其功能，使滤池内的生物量呈现不规律变化，其直接后果会导致出水水质扰动，布水布气短路。

② 具有较大的比表面积，能提供黏着水中悬浮固体所需要的面积。

③ 较强的化学稳定性和抗腐蚀性，废水中含有各种化学成分或腐蚀性物质，所以滤料要有较高的化学稳定性，以免在运行过程中因滤料中的物质溶于水而影响水质及降低滤料使用寿命，或因投加其他水处理药剂而使滤料的材质结构发生变异而解体。

④ 具有一定的颗粒级配和适当的空隙率。

⑤ 过滤速度大，过滤周期长，纳污量大。

⑥ 能保证适宜的密度。滤料密度过大，造成在反冲洗时滤料悬浮困难或使反冲洗时能耗增加；密度过小，又不易于滤料在反应器中的运行工况，且易引起跑料，因此滤料密度需在一定范围之内。

⑦ 滤料具有较强的吸附性。

⑧ 滤头水头损失增长慢。

⑨ 反冲洗彻底。

⑩ 滤料的价格还应比较便宜，运输方便。

3.3.2　滤料的主要性能参数

结合建设部《水处理用滤料》（CJ/T 43—2005）以及滤料的实际应用情况，笔者认为滤料的主要性能参数有以下几种。

① 磨损率：被磨试样的体积与摩擦功的比值，即单位摩擦功所磨试样的体积。

② 耐酸率：在 1+1（溶质体积+溶液体积）盐酸溶液中沸煮 1h 后的残余质量与原始质量的比值，以百分数来表示。

③ 比表面积：指单位质量滤料所具有的总面积。

④ 不均匀系数：指限制粒径与有效粒径的比值，是反映组成土的颗粒均匀程度的一个指标。不均匀系数一般大于 1，越接近于 1，表明土越均匀。

⑤ 水通过量：指滤料单位面积内每小时通过的水量，单位为 t/(m² · h)。

⑥ 空隙率：指颗粒物料层中，颗粒与颗粒间的空隙体积与整个颗粒物料层体积之比。

⑦ 密度：把滤料单位体积的质量叫做这种滤料的密度。

⑧ 烧灼减量：指滤料在灼烧过程中所排出的结晶水，碳酸盐分解出的

CO_2，硫酸盐分解出的 SO_2，以及有机杂质被排除后物量的损失。相对而言，灼减量大且熔剂含量越多的，烧成偏高的制品的收缩率就越大，还易引起变形、缺陷等。

⑨ 粒径：当被测颗粒的某种物理特性或物理行为与某一直径的同质球体（或组合）最相近时，就把该球体的直径（或组合）作为被测颗粒的等效粒径。滤料的粒径是滤料选择的关键性因素，滤粒太细，易阻滞水流而导致频繁反冲洗；滤粒太粗，不能有效截留悬浮颗粒物，降低处理效果。不同滤速条件下可以选择不同的滤料粒径，如表 3-1 所列。

表 3-1　几种滤料类型的滤速及其标准

滤料类型	适用滤池（滤速）	滤料选用标准
细砂	慢速滤池 （滤速 0.13～0.42m/h）	有效粒径：0.25～0.35mm 不均匀系数：2～3 床深：1.0～1.2m
中砂	普通快滤池 （滤速 5～7.5m/h）	有效粒径：0.45～0.65mm 不均匀系数：1.4～1.7 床深：0.6～0.75m
粗砂	高速滤池 （滤速 10～30m/h，直接过滤）	有效粒径：0.8～2.0mm 不均匀系数：1.4～2.0 床深：0.8～2.0m
双层或多层滤料	高速滤池 （滤速 10～25m/h，直接或较长周期过滤）	（无烟煤）有效粒径：0.9～1.4mm 　　　　　不均匀系数：1.4～1.7 （石英砂）有效粒径：0.45～0.65mm 　　　　　不均匀系数：1.4～1.7 　　　　　深度：0.3m （石榴石）有效粒径：0.25～0.3mm 　　　　　不均匀系数：1.2～1.5 　　　　　深度：0.075m
颗粒活性炭（GAC）	除去有机污染物 （滤速 7.5～15m/h，空床接触时间 15～30min）	有效粒径：0.5～1.0mm 不均匀系数：1.5～2.5 床深：1.8～3.6m

3.4 滤料的分类概述

（1）按滤料的材质

按滤料的材质可以分为天然矿石滤料、生物材质滤料、化工材质滤料、金属矿物滤料。其中天然矿石滤料包括石英砂、鹅卵石、无烟煤、沸石和金刚砂等；生物材质滤料包括果壳、果壳活性炭和活性炭类滤料；化工材质滤料包括纤维束、纤维球和聚苯乙烯泡沫颗粒滤珠滤料等；金属矿物滤料包括凯得菲（KDF）

多金属滤料、铁屑和海绵铁滤料等。

（2）按滤料层结构

按滤料层结构可以分为单层滤料、双层滤料、三层和多层滤料。为了克服传统单一滤料滤层水力分级的缺陷，研究人员开发了双层滤料，即在石英砂滤层上部放置一层粒径较大、密度较小的轻质滤料。双层滤料滤层过滤时，水先通过粗粒滤料，后通过细粒滤料，增加了床层截污容量，延长了过滤周期，体现了理想滤层的概念。三层滤料，即在双层滤料下部再加一层密度大、粒径更小的滤料，从滤层的上部到下部其孔隙变化总趋势逐渐减小，最下一层滤料一般用石榴石、磁铁矿等。如采取的层数较多，容易出现相邻两层滤料在反冲洗时出现混层现象，加之滤料流失、滤料来源有限和加工复杂等因素，生产中多采用的仍然是双层和三层滤料。

（3）按天然和人工合成类型

滤料还可以分为天然滤料和人工合成滤料两种。天然滤料是指未经过人类加工而自然存在的具有较强过滤功能的原料。人工合成滤料是指人类根据需要对原有材料进行加工改造和直接合成的具有过滤功能的原料。

（4）按形状

滤料按照形状可以分为不规则形状、球状、丝状以及彗星式形状等。天然滤料多为不规则形状，而人工合成滤料多加工成一定的形状。

3.5 天然矿物类净水滤料

3.5.1 无烟煤滤料

（1）简介

无烟煤滤料如图 3-1 所示，是一种水处理行业过滤用滤料。无烟煤滤料是采用优质无烟煤为原料，经两次破碎，三次筛分加工而成，粒径级配合理，化学性能好，机械强度高，使用周期长，在酸性、中性、碱性水处理净化中均不溶解，适用于双层、三层滤池和过滤器中。

（2）主要性能参数（表 3-2）

图 3-1 无烟煤滤料

表 3-2 无烟煤滤料主要性能参数

项目	测试数据	项目	测试数据	项目	测试数据
密度/(g/cm³)	1.6	盐酸可溶率/%	≤1.28	硫元素/%	≤0.05
容重/(g/cm³)	0.947	孔隙率/%	48~53	铜/%	0.045

项目	测试数据	项目	测试数据	项目	测试数据
磨损率/%	≤0.35	挥发分/%	≤0.6	固定炭/%	≥85
破碎率/%	≤0.8	灰分率/%	≤0.6	不均匀系数 K_{80}/%	≤2
颜色	黑色	碱水溶性	0.7+0.3	酸水溶性	0.7+0.3
莫氏硬度/度	3.0~3.5			粒度/mm	0.60~62.00

常用规格：0.6~1.2mm；0.8~1.8mm；1~2mm；2~3mm；3~7mm。

（3）典型用途

无烟煤滤料是特别从深井矿物中精选的，具有最高的含碳量百分比。水滤料采用人工分类，可减少无关矿物质并降低灰分含量。水滤料还经过过滤和冲洗，确保其适合水过滤之用。由于具有较好的固体颗粒保持能力，因此无烟煤能够可靠地提高悬浮颗粒清除能力。此外，它的均匀系数较低，有助于加快流速。

3.5.2 石英砂滤料

（1）简介

石英砂滤料如图 3-2 所示，是以天然石英矿床为原料，经开采、破碎、水洗、筛分等加工而成（高纯度石英砂经酸洗），外观呈多棱形球状的白色结晶体，无杂质、抗压耐磨、机械强度高、化学性能稳定、截污能力大、使用周期长、经济效益佳。目前部分地区使用天然河砂、海砂做滤料，虽然造价低廉，但使用周期短，机械强度差，易破

图 3-2 石英砂滤料

碎。石英砂比天然砂使用周期长 3~4 倍，且滤后水质稳定，从长远经济效益看，石英砂比河砂和海砂还是低廉得多。

（2）主要性能参数（表 3-3）

表 3-3 石英砂滤料主要性能参数

项目	分析结果（以规格 0.5~1.2 为例）	项目	分析结果（以规格 0.5~1.2 为例）
含泥量/%	0.05	盐酸可溶率/%	0.02
密度/(g/cm³)	2.66	耐酸度/%	98
磨损率/%	0.03	孔隙率/%	43
破碎率/%	0.35	容重/(g/cm³)	1.75
氧化硅/%	99.3	莫氏硬度/度	7.5

常用规格：0.5~1.0mm；0.6~1.2mm；1~2mm；2~4mm；4~8mm；8~16mm；16~32mm。

（3）典型用途

石英砂滤料是目前我国使用最广、用量最大的一种滤料，它适用于工业高纯度滤水的承托层以及单层、双层快速滤池过滤器和离子交换器中。

图 3-3　承托层鹅卵石
（砾石）滤料

3.5.3　鹅卵石（砾石）滤料

（1）简介

承托层滤料分（天然）鹅卵石和（机械加工）石英砾石两种，如图 3-3 所示。天然鹅卵石是经过天然河流采挖、水洗、筛分而成的，且表面光滑，近似球状。石英砾石是采用天然石英矿石精选加工而成的，化学性能稳定，机械强度高。

卵石承托层滤料，多呈球状，颜色有纯白色和杂色。该产品无杂质，密度 $2.6g/cm^3$，含硅量 98.5％，机械强度 7.5。

（2）主要性能参数（表 3-4）

表 3-4　鹅卵石（砾石）滤料主要性能参数

分析项目	测试数据	分析项目	测试数据
SiO_2/％	≥98	盐酸可溶率/％	≤0.2
密度/(g/cm³)	2.6	容重/(g/cm³)	1.85
含泥量/％	<0.1		

常用规格：2～4mm；4～8mm；8～16mm；16～25mm；25～32mm；32～50mm。

（3）典型用途

可用作为自来水厂、机械过滤器、阴阳离子交换器等必须材料，是净水过滤工艺中滤料下面必需的承托层。

3.5.4　锰砂滤料

（1）简介

锰砂滤料如图 3-4 所示，其具有水处理滤料最理想的级配比例，它在单位体积内有最大的比表面积、最强的截污能力、最大的氧化催化作用和最小的反冲洗流失率。锰砂滤料外观粗糙，呈褐色或淡灰色，常用于生活饮用水的除铁、除锰过滤装置，滤水效果非常好（MnO_2≥35％既可除铁，又能除锰，MnO_2≤30％只能用于地下水除铁）。锰砂滤料主要用于降低水中的铁和锰总含量，我国一些地区地下水含铁量可达 5～10mg/L，也有高到 20～30mg/L，含锰量可达 0.5～2.0mg/L，有些地区甚至高达 5～10mg/L。我国《生活饮用水卫生标准》规定，生活饮用水中铁的含量不应超过 0.3mg/L，含锰量不超过 0.1mg/L，超过时必须加以处理，地下水铁、锰含量超标后水颜色即发生变化。

图 3-4　锰砂滤料

因各地区水质不同，最好先采用科学试验或生产使用证明能获得良好除铁和除锰效果的天然锰砂品种为最佳的除铁除锰滤料。

（2）主要性能参数（表 3-5）

表 3-5　锰砂滤料主要性能参数

分析项目	分析数据	分析项目	分析数据
SiO_2 含量/%	17～20	容重/(g/cm³)	2.0
铁含量/%	20 左右	盐酸可溶率/%	＜3.5
含泥量/%	＜2.5	磨损率/%	≤1.0
密度/(g/cm³)	3.6	MnO_2/%	30～40
堆积密度/(g/cm³)	1.85	破碎率/%	≤1.0

（3）典型用途

天然锰砂除铁是一种接触催化除铁工艺，适合于地下水含铁量小于 20mg/L 的除铁。天然锰砂中含的高价锰能将水中的二价铁氧化成三价铁，同时在表面形成有催化作用的"活性滤膜"，进一步提高了除铁效果。含铁水经曝气后，只经天然锰砂一次过滤，就能完成全部除铁过程。

3.5.5　磁铁矿滤料

（1）简介

在双层（多层）滤料过滤中，磁铁矿滤料是必不可少的过滤材料（见图 3-5），由于磁铁矿滤料使用的颗粒粒径最小，在双层（多层）滤料过滤中都起着处理水质最后把关的作用，因此磁铁矿滤料质量是否合格直接关系到水处理最终水质。

在国内大多数工业水处理中，采用的过滤形式都是压力过滤形式，压力过滤器的过滤压力和反冲洗压力都比较大，在垫层中使用密度大的磁

图 3-5　磁铁矿滤料

铁矿垫料，可以产生较大的反冲洗压力。如果使用密度小或不合格的垫料，容易

造成滤料和垫料在反冲洗过程中出现混层，过滤器很快失去过滤作用。

（2）主要性能参数（表 3-6）

表 3-6　磁铁矿滤料主要性能参数

测试项目	技术指标	测试项目	技术指标
密度/(g/cm³)	≥4.5	粒径小于下限颗粒/%	≤3
含泥量/%	≤2.5	粒径大于上限颗粒/%	≤2
粒径范围/mm	0.25～0.5(三层)		

（3）主要用途

适用于管式大阻力配水系统，通常与无烟煤滤料和石英砂滤料配合使用，是三层滤池必备的一种过滤材料，主要对改进承托层和配水系统有着良好的适用能力。强度高、滤速快、反冲洗时不易混层，另外，它对除铁、除锰、除氟效果也很明显，可用于生活给水、工业给水、污水的过滤净化处理。

3.5.6　火山岩滤料

（1）简介

火山岩滤料如图 3-6 所示，是天然的火山石经过选矿、破碎、筛分、研磨等一系列工艺加工而成的粒状滤料，其主要成分为硅、铝、钙、钠、镁、钛、锰、铁、镍、钴和钼等几十种矿物质和微量元素，表现为接近圆颗粒，颜色为红黑褐色，多孔质轻，颗粒粒径可根据不同要求生产。高效挂膜轻质滤料在物理微观结构方面表现为表面粗糙多微孔，这些特点特别适用于微生物在其表面生长、繁殖，形成生物膜。

图 3-6　火山岩滤料

（2）主要性能参数

火山岩滤料内外平均孔隙率在 40% 左右，比表面积大、开孔率高且具有惰性。

（3）主要用途

火山岩滤料使曝气生物滤池不仅能处理市政污水，以及可生化的有机工业废水、生活排水、微污染水源水等，也可在给水处理中取代石英砂、活性炭、无烟煤等用作过滤介质，同时还可对污水处理厂二级处理工艺后的尾水做深度处理，其处理出水达回用水标准后可作中水回用。

3.5.7　石榴石滤料

（1）简介

石榴石滤料如图 3-7 所示，又有"玉砂"或"天然金刚砂"之称，是一种岛状结构的铝（钙）硅酸盐，石榴石是铝（钙）硅酸盐（岛状结构）形成的矿产品，由于它具有硬度大（7.5～7.9莫氏），熔点高（1313～1318℃），密度大（3.5～4.3g/cm³），化学稳定性好，是一种新型耐磨净水材料。

（2）主要性能参数（表3-7）

图 3-7　石榴石滤料

表 3-7　石榴石滤料主要性能参数

分析项目	测试数据	分析项目	测试数据
密度/(g/cm³)	3.9	耐酸率/%	96
容重/(g/cm³)	2.5	孔隙率/%	47
磨损率/%	0.08	熔点/℃	1313～1318
Fe_2O_3/%	29.8	石榴石含量/%	≥85
SiO_2/%	36.6	Al_2O_3/%	20.29

常用规格：0.5～1.0mm；1～2mm；2～4mm；3～6mm；4～8mm；5～10mm。

（3）典型用途

适用于各种水处理滤池和滤罐中。

3.5.8　沸石滤料

（1）简介

沸石滤料如图3-8所示，是一种天然廉价的多孔硅铝酸盐矿物质，经火山爆发而产生的结晶体，它孔隙发达，吸附强，对水中悬浮物和氨氮具有良好的去除作用，在水中还可与其他 Ca^{2+}、Mg^{2+}、Cs^+、K^+、Na^+ 等金属阳离子进行离子交换以降低水的

图 3-8　沸石滤料

总硬度，另外它还有比表面积大，内部静电强的优点，有助于污水水质达标排放，亦是饮用水水质达标的理想产品。目前天然的净水沸石有白色和灰墨色。

（2）主要性能参数（表3-8）

表 3-8　沸石滤料主要性能参数

分析项目	具体指标	分析项目	具体指标
Al_2O_3/%	5	均匀系数 K_{60}	≤1.5
SiO_2/%	95	不均匀系数 K_{80}	≤1.8
密度/(g/cm³)	1.8	含灰量/%	<0.5
硬度/度	4～5	破碎率/%	0.35
孔隙率/%	30～50	其他重金属含量	不超过国家饮用水标准

（3）典型用途

用沸石作为 BAF 滤料可以有效地去除 COD、氨氮和浊度。试验条件的最佳水力负荷为 2.2m/h（水力停留时间为 1.4h），此时对 COD、氨氮和浊度的去除率分别为 73.9%、88.4% 和 96.2%，相应的出水平均浓度分别为 43.4mg/L、3.5mg/L 和 3.7NTU。粒径可根据需要制作，水流流态好、过滤周期长、反冲洗容易进行、截污能力强。

3.5.9 金刚砂滤料

（1）简介

金刚砂滤料如图 3-9 所示，是由矾土、无烟煤、铁屑高温电熔烧结而成，它熔点高，相对密度大，耐酸耐磨度强，截污能力强，主要用于耐磨材料。

图 3-9 金刚砂滤料

（2）主要性能参数（表 3-9）

表 3-9 金刚砂滤料技术指标

性能项目	具体指标	性能项目	具体指标
Al_2O_3/%	98	相对密度	3.95
SiO_2/%	0.68	熔点/℃	2050
Fe_2O_3/%	0.06	显微硬度(HV)/(kg/cm²)	1800~2000

（3）典型用途

目前已运用到水处理行业，截污能力强，易反冲洗。

3.5.10 瓷砂滤料

（1）简介

瓷砂滤料如图 3-10 所示，该滤料采用优质高岭土、成孔剂和稀土原料，经高温烧制成外观白色、颗粒均匀、微孔发达的新型水处理过滤材料。

特点：瓷砂滤料为球形颗粒，化学性能稳定、机械强度高、比表面积大、截污吸附性能好、使用寿命长。解决了天然滤料石英

图 3-10 瓷砂滤料

砂使用周期短、易破碎泥化、产生 SiO_2 和遗留有机碳的二次污染问题。

（2）主要技术参数（表 3-10）

表 3-10　瓷砂滤料技术参数及规格

项　目	指　标	项　目	指　标
耐酸度/%	99.55	堆积密度/(g/cm³)	1.6~1.9
耐碱度/%	88	吸水率/%	<1.0
抗压强度	符合 HG/T 36831—2000	破碎率/%	0.75
莫氏硬度/度	7	孔隙率/%	28.6
密度/(g/cm³)	2.3		

滤料规格：$\phi 0.5 \sim 1$mm；$\phi 1 \sim 2$mm；$\phi 2 \sim 4$mm；$\phi 4 \sim 8$mm。

垫层规格：$\phi 2 \sim 4$mm；$\phi 4 \sim 8$mm；$\phi 8 \sim 16$mm；$\phi 16 \sim 24$mm；$\phi 24 \sim 32$mm。

（3）典型用途

用于单层滤池、双层滤池、多介质过滤器、机械过滤器、离子交换器等过滤设备中，可作为过滤介质及垫层，处理各种工业污水、工业用水、城市污水等。稀土瓷砂由于添加了含有增强强度及耐腐蚀性的稀土，除具有瓷砂滤料的一般性能外，其吸附性能进一步增强，化学稳定性更好，特别适合做反渗透系统的过滤介质和超滤介质。

其优点如下。

① 瓷砂滤床初始水头损失小，对于延长滤池工作周期十分有利，瓷砂滤床终止水头损失小，可以降低滤池高度，节省基建费用。

② 瓷砂截污量大，一般在 9~10kg/m³ 以内，是石英砂滤池截污量（7.8~9kg/m³）的 1.2~1.5 倍。

③ 瓷砂为球形表面，易清洗，反冲洗耗水量比石英砂降低30%~50%。

④ 瓷砂强度大、磨耗率小，一般比石英砂滤料使用寿命长 5 倍以上。

⑤ 瓷砂滤料均匀规整，装填方便，不易流失，无溶出有害物，无二次污染，特别适应于热电、火电、油田、化工、钢铁净化滤池及过滤器和离子交换、反渗透处理装置中做预处理滤料或做树脂承托层，也可以用于活性炭吸附器的垫层。

⑥ 根据水质情况，经特殊工艺处理，还可以做成除铁、除锰、除氟瓷砂等多用途滤料，或作为含油废水处理的粗粒化滤料、生物滤池的生物滤料等，可去除铁、锰、氟、油及其他有机污染物。

3.5.11　人造火山灰（SVA）滤料

（1）简介

选用两种轻质多孔矿物粉料为基本原料加入造孔剂混匀，并与作为芯材的少量轻质多孔粒状矿物协同给入造球机内，并喷洒无机黏结剂造球。因为选用的矿物原料和所制备的球粒滤料具有火山灰的特性，因此命名为人造火山灰滤料——

SVA 滤料。

SVA 滤料制备时，需控制各种材料的加入速度和加入地点，使整个过程连续进行。滤料具有孔隙率高，比表面积大，密度适中，形状规则，吸附性能强等诸多优点。滤料制作工艺简单，投资小，而且原材料价格低廉，来源广泛，不需要焙烧。滤料可用于曝气生物滤池。试验表明：该滤料过滤吸附性能好，挂膜速度快。

（2）主要性能参数（表 3-11）

表 3-11　人造火山灰滤料主要性能参数

项　　目	特性参数	项　　目	特性参数
粒径/mm	3～5	碱溶率/%	0.5
堆积密度/(mg/m³)	810	比表面积/(m²/g)	25
表观密度/(mg/m³)	1430	筒压强度/MPa	7.6
破碎率/%	0.35	内部孔隙率/%	18.06
磨损率/%	1.43	孔隙率/%	38.32
形状	球形		

（3）典型用途

可用于曝气生物滤池。

3.5.12　海泡石

（1）简介

海泡石如图 3-11 所示，是一种含天然水的纤维状富镁硅酸盐矿物，属于特种稀有非金属矿，我国拥有一定的海泡石储量。海泡石按其形态分为 α、β 两种，α 海泡石为大束的纤维状晶体产出，呈纤维状形貌；β 海泡石由非常细且短的纤维或纤维状集合体组成，常呈土状产出。

海泡石属斜方晶系，矿物学归属为层状含水镁海泡石，其标准晶体化学式为 $Mg_8Si_{12}O_{30}(OH)_4(OH_2)_4 \cdot 8H_2O$，其中 SiO_2 含量一般在 54%～60% 之间，MgO 含量多在 21%～25% 范围内。

海泡石具有极强的吸附、脱色和分散等性能，亦有极高的热稳定性，可塑性、绝缘性、抗盐度都非常好。

（2）主要性能参数（表 3-12 和表 3-13）

图 3-11　海泡石

表 3-12　海泡石绒主要技术指标

项目	纤维长度	密度	海泡石成分	水分	沉降值
指标	4~8mm	1g/cm³	>85%	<3%	930~950

表 3-13　海泡石粉主要技术指标

项目	海泡石成分	粒度	沉降值	水分
指标	>80%	200 目(可按需生产任何粒度)	800~850	<1.5%

物理性能如下所述。

① 外观：颜色多变，多呈白色，亦有浅黄、浅灰、黑绿等颜色，不透明，触感光滑，通常具有玻璃光泽。

② 硬度：2~2.5。

③ 相对密度：1~2.3。

④ 耐高温：在 350℃的高温下，结构不发生变化，耐高温性能达 1500~1700℃。

⑤ 吸附性：吸收大于自身重量 150% 的水。

（3）典型用途

据有关资料统计，海泡石用途多达 130 多种，成为当今世界用途最广的矿物原料之一。水处理中的主要用途有吸附剂、脱色剂、过滤剂。

3.5.13　膨胀珍珠岩

（1）简介

珍珠岩是火山喷发出的酸性熔岩遇到湖泊、海洋等被急剧冷却后形成的

图 3-12　膨胀珍珠岩

一种玻璃质的火山岩。珍珠岩的主要化学成分是 SiO_2（69%~72%）和 Al_2O_3（12%~18%），含水量为 2%~6%，有珍珠裂缝结构，多呈浅灰、暗绿、黄白或褐色。珍珠岩在快速加热（700~1200℃）的条件下，体内结合水汽化产生很大压力，体积迅速膨胀至原体积的 10~20 倍，膨胀后的珍珠岩变为一种很轻的内部蜂窝状的白色颗粒，即膨胀珍珠岩，如图 3-12 所示，其堆积密度为 70~250kg/m³，具有无毒、无味、不燃、不腐烂等特点。膨胀珍珠岩不溶于强酸碱，微溶于氢氟酸。pH 为中性（6.5~7.5）。由于它特殊的微孔结构，使其具有很强的吸附作用和隔热作用，常用来作为吸附、过滤、保温隔热材料。

珍珠岩助滤剂是由精选小粒径矿砂经净化煤气加热，在垂直立窑内选择性膨胀，膨胀经研磨净化获得的一定粒度搭配的洁白粉末状产品，以品种划分时其容重、粒级搭配、选择膨胀形成的孔隙直径标准不同。该产品与硅藻土等助滤剂相比，具有有害金属、非金属成分少，容重轻，滤速快，过滤效果好等优点。

珍珠岩助滤剂生产工艺流程及一般使用特性介绍如下。

工艺流程：矿砂—分级—干燥—进料—煅烧/熔融—冷却—粉碎—多级风选—精选—去粒—装袋。

珍珠岩膨化后再经过研磨风选，被仔细地研磨使颗粒表面凹凸不平，滤饼成型过程相互挤压，使最终的产品表面呈锯齿状，互相咬合连接形成粗糙的滤隙，其中有许多内联通道，小到可以阻挡微米大小的粒子，但同时又具有80%~90%的孔隙率，保留有较高的连续渗透力。

（2）主要性能参数

不同用途膨胀珍珠岩助滤剂的产品理化属性有异，多为白色或浅灰色粉状物，现阶段市场常见的液体过滤用助滤剂主要指标参数如表3-14所示。

表3-14 膨胀珍珠岩助滤剂的物理及操作特性

项 目	型 号		
	K	Z	M
堆积密度/(kg/m³)	<150	<200	<250
相对流率/(s/100mL)	<30	30~60	60~180
渗透率/darcy	10~2	2~0.5	0.5~0.1
悬浮物/%	≤15	≤4	≤1
102μm(150目)筛余物/%	≤50	≤7	≤3

（3）典型用途

根据现行行业标准《珍珠岩助滤剂》（JC/T 849—2012），食品类液体过滤用助滤剂的理化指标还应符合表3-15规定。

表3-15 食品类珍珠岩助滤剂的卫生指标要求

指标名称	指标要求	指标名称	指标要求
水可溶物/%	≤0.2	铅含量（以 Pb 计）/ (mg/kg)	≤3.0
盐酸可溶物/%	≤3.0	烧失量/%	≤2.0
pH 值	6~10	Fe_2O_3 含量/%	≤2.0
砷含量（以 As 计）/ (mg/kg)	≤3.0		

膨胀珍珠岩可用作水处理过滤池滤料，可将其用作上升流直接过滤池的滤料，具有滤速大、截污能力强、反冲洗耗水小、运行周期长的特点，过滤效果较好，是替代现有滤料的良好材料，应用前景广阔。

珍珠岩助滤剂是深度过滤的助滤介质，如 GK-110 珍珠岩助滤剂，其各个颗粒是非常不规则的曲卷片状，形成滤饼时有80%~90%的孔隙率，各颗粒有许多毛细孔相通，因此可以快速过滤且能捕捉到 $1\mu m$ 以下的超微小颗粒。珍珠岩过滤介质的过滤精度与其他过滤材料（活性炭、硅藻土、白土等）相比有显著提高，其特殊优点是在保持较高液体流速的同时截留固体，它的化学稳定性极好、对高温液体不敏感、吸附力强、滤速快、过滤量大、操作简便、对产品质量无影响，且不存在潜在污染物，其重金属离子的含量一般在 0.005×10^{-6}，因此可用于食品级过滤。

3.5.14 硅藻土

（1）简介

硅藻土如图 3-13 所示，是被称为硅藻的单细胞植物死亡后，经过 1 万～2 万年左右的堆积期形成的一种化石性的硅藻堆积土矿床。这种硅藻土是由单细胞水生植物硅藻的遗骸沉积所形成，由 80%～90% 甚至 90% 以上的硅藻壳组成。此外，含有大量的黏土矿物、铁的氧化物和碳有机质等。这种硅藻的独特性能在于能吸收水中的游离硅形成其骨骼，当其生命结束后沉积，在一定的地质条件下形成硅藻土矿床。它具有一些独特的性能，如多孔性、质量小、浓度较低、比表面积较大、相对的不可压缩性及化学稳定性。硅藻土由无定形的 SiO_2 组成，并含有少量 Fe_2O_3、CaO、MgO、Al_2O_3 及有机杂质。硅藻土通常呈浅黄色或浅灰色，质软，多孔而轻。显微镜下可观察到天然硅藻土的特殊多孔性构造，这种微孔结构是硅藻土具有特征理化性质的原因。天然硅藻土的主要成分是 SiO_2，质优者色白，SiO_2 含量常超过 70%。单体硅藻无色透明，硅藻土的颜色取决于黏土矿物及有机质等，不同矿源硅藻上的成分不同。

图 3-13　硅藻土

（2）主要性能参数

硅藻土内部有很多微孔，显微镜可见，颜色呈白色、灰白、黄色、灰色等。原土的孔体积为 0.4～0.9mL/g，精制品的孔体积为 1.0～1.4mL/g，比表面积达 20～70m²/g，孔隙度可达 90% 左右。因此，它有良好的吸附性能，特别是善于吸附截留溶液中的悬浮微粒。将溶液加硅藻土过滤能得到清亮的滤液。硅藻土的真密度为 2～2.5g/mL，堆积密度为 0.3～0.5g/mL。它的微孔尺寸因产品和制造方法而异。煅烧品的孔径较小，如 3～8μm；助熔煅烧品的孔径较大，如 11～16μm。

（3）典型用途

硅藻土作过滤剂，可将悬浮物与液体分离开。用硅藻土生产的助滤剂广泛用于酒类、糖浆、油脂、清漆、肥料、有机或无机溶液、药品、水等液体的过滤。

3.5.15 蒙脱土

（1）简介

蒙脱土如图 3-14 所示，它的化学组成通式为：$Al_2(Si_4O_{10})(OH)_2 \cdot xH_2O$，或 $Al_2O_3 \cdot 4SiO_2 \cdot xH_2O$，其中 SiO_2/Al_2O_3 比率约为 4：1。蒙脱土含 SiO_2（50%～70%）、Al_2O_3（15%～20%），还含有少量的铁、钙、镁、钠、钾的氧化物。不同产地的成分可有很大差别。蒙脱土的化学结构中有大量的孔隙，能吸附大量水分。它具有良好的吸附性能，能吸附自身质量 12%～15% 的有机杂质。它还有较强的阳离子交换能力，这与它的化学成分有关。

图 3-14　蒙脱土

（2）主要性能参数

新开采的蒙脱土相当软，有塑性；呈白色，或带浅黄、浅红、绿、紫等色；是质地致密的鳞片状微晶集合体。具蜡状或油脂光泽。将它经过分选、破碎、干燥、磨粉和筛分等处理而成为产品。天然的蒙脱土含水 50%～60%，在干燥后内部形成大量孔隙，优良者可达其体积的 60%～70%，比表面积为 $120\sim140m^2/g$。

（3）主要用途

将蒙脱土用盐酸或硫酸处理，可使它活化而将它的吸附能力提高 3～5 倍。这种产品称为活性白土或酸性白土。蒙脱土与水调和成浆状，在反应器中加入盐酸（HCl 为土量的 28%～30%）或硫酸，加热反应 2～3h，将土中的有机物和钙、镁、钠、钾等成分溶去，然后分离除去反应物中的残酸及溶解物，用水洗涤至接近中性（产品中的游离酸含量应小于 0.2%），再干燥至水分低于 8%，粉碎至 200 目筛通过 90% 以上，即为活性白土。

活性白土是白色或米色粉末或颗粒，主要成分是 $Al_2O_3 \cdot 4SiO_2 \cdot nH_2O$。其表观密度为 $0.55\sim0.75g/cm^3$，相对密度为 2.3～2.5，不溶于水，有油腻感。它的表面有很多不规则的孔穴，比表面积很大，具有良好的吸附性能，可除去动植物油和矿物油中的不良气味和有色物质，它还有离子交换能力和选择吸附性。活性白土已广泛应用在食品、酿造和化学工业中，将各种油类和有机物脱色精制。

3.5.16 凹凸棒土

（1）简介

凹凸棒土（坡缕石，也称凹土、漂白土、白土、山软木等）如图 3-15 所示，

图 3-15　凹凸棒土

是以凹凸棒石为主要组成部分的一种黏土矿，其集合体为土状块体构造，颜色为灰白色、青灰、微黄或浅绿，油脂光泽。凹凸棒石理想的化学分子式为 $Mg_5Si_8O_{20}(OH)_2(OH_2)_4 \cdot 4H_2O$，是一种以含水镁铝硅酸盐为主的，具有 2：1 型层链状结构的矿物，具有纤维形态。1982 年世界矿物命名委员会认为坡缕石和凹凸棒石两者的晶体结构和晶体化学成分相同，属于同一种矿物。

凹凸棒石黏土的密度小（2.05～2.32g/cm³），莫氏硬度 2～3，pH 值为 8.5±1，潮湿时呈黏性和可塑性，干燥收缩小，且不产生龟裂，吸水性强，可达到 150％以上。凹凸棒石黏土具有分散、耐高温、抗盐碱等良好的胶体性质。凹凸棒石黏土表面多沟槽，内部多孔道，比表面积大，可达 500m²/g 以上，这些物理化学特性使其成为具有潜在吸附能力的吸附剂，大部分的阳离子、水分子和一定大小的有机分子均可直接被吸附进孔道中。凹凸棒石黏土电化学性能稳定，不易被电解质所絮凝，在高温和盐水中稳定性良好。

中国的凹凸棒石矿主要分布于江苏、安徽等地，其储存量大，价格低廉，其中江苏盱眙储存量最大，矿物质量最优，其占中国总储存量 70％。

（2）主要性能参数

目前，反映凹凸棒石的物化性能主要有以下指标，并与蒙脱石略做比较。

① 吸蓝量：凹凸棒石黏土的吸蓝量一般低于蒙脱石，为 24g/100g。

② 胶质价：凹凸棒石黏土的胶质价低于蒙脱石，一般为 40～50mL/15g。

③ 膨胀容：凹凸棒石黏土的膨胀容低于蒙脱石黏土，一般为 4～6mL/g。

④ pH 值：凹凸棒石黏土略呈碱性，pH 值为 8～9。

⑤ 比表面积：凹凸棒石黏土比表面积很高，大于其他黏土矿物，通常为 146～210m²/g（BET 法）。

⑥ 阳离子交换容量（CEC）：凹凸棒石黏土的阳离子交换容量比蒙脱石低。凹凸棒石黏土可交换钙离子（Ca^{2+}）为 15～25mmol/100g，可交换镁离子（Mg^{2+}）为 5～15mmol/100g。

⑦ 吸附脱色性：凹凸棒石黏土不同品位的脱色力有差异，如：30％，45～50；70％，55～100；75％，110～115；85％，120～130。表明凹凸棒石黏土含量在 75％～85％时，脱色力可达到或超过活性白土（蒙脱石）脱色力（114）标准。

⑧ 选择性吸附：为蒙脱石所没有。极性分子主要是水和氨，其次是甲醇、乙醇，都能被其管道吸附，而氧等非极性分子则不能。其吸附能力依次为：水＞醇＞醛＞酮＞正烯＞中性脂＞芳烃＞环烷烃＞烷烃。吸附能力高低取决于比表面

积大小，而吸附选择性则与矿物结构、通道尺寸、形状等有关。凹凸棒石对水的吸附在 200～400℃焙烧后达到最大值（比表面积大），超过 400℃则吸附量减少。在不同温度下凹凸棒石脱水量也有差异。

⑨ 催化性：凹凸棒石黏土具有表面活性中心，除吸附外，还有催化作用。凹凸棒石黏土可用作乙醇转化为乙烯的催化剂，也可作为催化剂载体。

⑩ 黏滞性：是指流体内部假想平面两侧流体相对流动性质，用黏度表示。表示胶黏剂性能的一项指标，不同用途有不同要求。标准值：3300～4500cP·s。

⑪ 吸水性：凹凸棒石黏土有很强吸水性，一般为 24.3%，较蒙脱石（20.2%）高，加之热稳定性强，适于配制深钻井泥浆；由其配制的悬浮体经搅拌后，纤维相互交叉、淀积，形成"乱稻草堆状"网架结构，是其保持悬浮体稳定的决定因素，即悬浮体的流变特征取决于纤维结构的机械参数而不取决于颗粒的静电引力；它又有良好的抗盐稳定性，用其配制钻井泥浆用于海洋钻井和钻高压盐水层有很好的悬浮性能。

⑫ 灭菌、除臭、去毒、杀虫性：凹凸棒石黏土具很强的灭菌、除臭、去毒、杀虫能力。如用于腹泻，是用其吸附肠胃中的毒菌；$40g/m^3$ 凹凸棒石黏土能使气体中的 NH_3 由 100×10^{-9} 降低到 18×10^{-9}；凹凸棒石黏土的细小针状颗粒会磨蚀昆虫表面及吸附昆虫类脂化合物，导致昆虫快速死亡；凹凸棒石黏土能吸附毒气，可作为防护装置用于军工领域，同时凹凸棒石黏土还可吸除动植物油色素、黄曲霉素及臭味等。

（3）主要用途

加工后的凹凸棒石黏土制品是较为理想的吸附剂、食品加工助剂和食品添加剂，可取代活性炭。它不仅能脱色，还可除臭除味，除重金属离子和致癌物质，还具有一定的选择性，这就为生产提供了便利，它可作冰箱除臭剂、污水处理剂、家用净水器、油脂精炼脱色剂，效果极为明显。在医药上可作药物的填料、载体、添加剂、黏结剂。使用凹凸棒石黏土对液体葡萄糖脱色可将由粉末活性炭净化的十二道工序减少到十道工序，工艺周期缩短 50min，对发展生产十分有利。用凹凸棒石黏土净化的成品糖，其色泽、体态、浓度、还原糖含量、pH 值、二氧化硫离子含量、氯根含量、蛋白质含量、熬糖温度以及钙镁离子含量等均达到现行行业标准，节约脱色处理费用 60%左右，脱色后的滤饼可作混合饲料，减少了环境污染，达到综合利用。

无论是在吸附过程中，还是在污水处理中，凹凸棒石黏土都可以再生，它耗能少，对环境保护非常有利。凹凸棒石黏土选择吸附能力大小的次序为：水＞醇＞酸＞醛＞正烯烃＞中性脂＞芳香烃＞环烷烃＞烷烃、直链烃，直链烃比支链烃吸附得快，吸附选择性对油脂的脱色有重要的作用。在其他分离过程中也有较大的工业价值。

水净化的常规方法是经过絮凝、沉淀、过滤和化学处理，一般能有效地除去大多数污物和杀死大多数微生物，然而不能很有效地除去诸如激素、农药、病毒、毒素和重金属离子等类物质。这些有害物质仍留在水源中，给人造成危害。而凹凸棒石黏土可用接触或过滤技术处理水，可以消除这些有害物质。若使吸附污染物的凹凸棒石黏土再生，可加热或以化学剂加以处理。因此，凹凸棒石黏土在污水处理中的应用对保护生态环境、保证人类的健康是非常必要的，且用量大范围广，符合社会发展人民生活水平提高的需要。

3.5.17 麦饭石

(1) 简介

图 3-16 麦饭石

麦饭石如图 3-16 所示，是一种对生物无毒、无害并具有一定生物活性的复合矿物或药用岩石。麦饭石的母岩常为中、酸性岩浆岩。其化学成分除常见的 Ca、Mg、Si、Al、Fe、K、Na 外，还有少量稀有元素、稀土元素、放射性元素。麦饭石具有吸附性、溶解性、pH 调节性、生物活性和矿化性等性能。它能吸附水中游离的金属离子。麦饭石中含 Al_2O_3 约 15%，是典型的两性氧化物，在水溶液中遇碱反应降低 pH 值，遇酸反应提高 pH 值，具有双向调节 pH 值的功能。经水泡过的麦饭石，可溶出对人体和生物体有用的常量元素 K、Na、Ca、Mg、P 及 Si、Fe、Zn、Cu、Mo、Se、Mn、Sr、Ni、V、Co、Li、Cr、I、Ge、Ti 等微量元素。麦饭石在水溶液中还能溶出人体所必需的氨基酸。

(2) 主要性能参数 (表 3-16)

表 3-16 麦饭石主要性能参数

主要成分	SiO_2	Al_2O_3	Fe_2O_3	K_2O	Na_2O	CaO	MgO
含量/%	68.24	15.34	3.04	4.12	4.12	2.26	0.89

常用规格：0.25～0.5mm；0.5～1.0mm；1.0～2.0mm；2.0～4.0mm；4.0～8.0mm；8.0～16mm。

(3) 主要用途

麦饭石广泛应用于医疗保健、食品、饮料以及水质净化、污水处理、防腐、防臭、保鲜、去污、瓷器制作以及种植业和养殖业等领域。

3.5.18 蛇纹石滤料

(1) 简介

蛇纹石是一种含水的富镁硅酸盐矿物的总称，如叶蛇纹石、利蛇纹石、纤蛇纹石等，如图 3-17 所示。它们的颜色一般常为绿色调，但也有浅灰、白色或黄色等。因为它们往往是青绿相间像蛇皮一样，故此得名。蛇纹石的结构常会有卷曲状，像纤维一样。我国蛇纹石资源丰富，质地良好。主要矿产地有江苏省东海县行沟，江西弋阳樟树墩，河南省信阳卧虎，陕西省宁强县黑木林、略阳县煎茶岭及勉县安子山等。

图 3-17　蛇纹石

（2）主要性能参数（表 3-17）

表 3-17　蛇纹石的主要性能参数

分析项目	鉴定数据	分析项目	鉴定数据
硬度	3.3～3.6	SiO_2/%	39～40
相对密度	2.55	MgO/%	36～39
容重/(t/m³)	1.56	Fe_2O_3/%	7.54～2.56
压力/(kgf/m²)	478～579	Al_2O_3/%	1.65～0.51
其他金属含量	不超过国家饮用水标准	Fe_2O/%	4.64～0.51
		CaO/%	3.05～0.23

注：1kgf＝9.8N。

（3）主要用途

主要用于电力、化工、钢铁、自来水公司等高标准净化，是处理净化酸性、中性、碱性水的最优产品，化学性能稳定、机械强度高，对于改进承托层和配水系统有良好的适应能力，通常与无烟煤、石英砂、磁铁矿等滤料配合，是多层滤池必不可少的滤料。

3.5.19　陶粒滤料

（1）简介

陶粒如图 3-18 所示，最早由美国人海德于 1913 年研制成功，一般采用天然矿物或工业废弃物等作为主要原料，经直接破碎或加工成粒，再烧胀而成的人造轻骨料；它是具有封闭式微孔结构的多孔陶质粒状物。陶粒滤料内部多孔，比表面积较大，化学和热稳定性好，具有较好的吸附性能，易于再生，便于重复利用；并且其比表面积是石英砂滤料的 6～8 倍，孔隙率是石英砂的 1.7～2.2 倍。陶粒因分类依据不同而种类繁多。按形状可分为普通型、圆球型、碎石型三种类型；按原料可分为黏土陶粒、页岩陶粒、粉煤灰陶粒、煤矸石陶粒、垃圾陶粒等；按其容重可分为一般容重陶粒（＞500kg/m³）、超轻容重陶粒（200～500kg/m³）、特轻容重陶粒（＜200kg/m³）。

图 3-18　陶粒

（2）特点

① 陶粒滤料粒度均匀，强度高，表面多微孔，内部网纵横交错，不易结板，具有很强的吸附作用，使用寿命长。

② 陶粒滤料堆积密度合适，滤料层孔隙分布均匀，反冲洗容易进行，反冲洗能耗低，耗水量少，水头损失小，老化膜易脱落，不易堵塞，反冲洗时不跑料，克服了反冲洗难于控制和跑料的缺陷。

③ 采用很好的粒径级配，纳污能力强，滤料利用率高，水头损失增加缓慢，运行周期长，产水量大。

④ 陶粒滤料滤池在同样条件下滤速可达 16m/h，工作周期 24h 以上。实践经验表明：陶粒滤料的截污能力是石英砂滤料的 1.5～2 倍。

⑤ 规模化生产，价格便宜。加工制作过程中，在生产的各个环节，严格从粒径、均匀度、级配、密度、酸可溶率、粒子形状、孔隙率、比表面积、耐磨擦等各个方面进行严格把关，确保质量。目前已广泛应用于市政污水、各种工业废水及污水深度处理方面。

（3）主要用途

基于陶粒滤料的诸多优点，可见其不但适用于城镇和工业给水处理，也可广泛用于冶金、石油、化工、纺织等工业废水的生化除油、除铁、除锰和过滤处理；并且对金属离子的去除方面也有显著的效果，尤其是近几年我国开展了应用片状陶粒处理水源水微污染的研究。片状陶粒属不规则粒状填料，尽管挂膜性能良好，但水流阻力大，容易堵塞，强度差，易破碎，不耐水冲刷，限制了它仅能应用于水源水的微污染处理，而不能应用于污水处理。

3.5.19.1 黏土陶粒滤料

（1）简介

黏土陶粒滤料是近几年发展起来的水处理材料（见图 3-19），主要用于污水处理的 BAF 工艺。由于它的强吸附能力，易于挂膜，集吸附和过滤于一体，所以也用于给水工程中原水的微污染处理，其发展趋势十分迅速。

图 3-19 黏土陶粒

（2）主要性能参数（表 3-18）

表 3-18 黏土陶粒滤料的性能参数

项 目	性 能	项 目	性 能
视密度/(g/cm³)	1.4～1.6	摩擦损失率/％	＜2.2
堆积密度/(g/cm³)	0.9～1.1	抗压强度/MPa	＞4.0
孔隙率/％	≥43	灼烧减量/％	＜0.15
比表面积/(cm²/g)	≥4×10⁴	溶出物	不含对人体有害的微量元素
盐酸可溶率/％	＜2		

黏土陶粒滤料比常规滤料运行费用降低 30％。

（3）主要用途

黏土陶粒滤料可降低消毒药剂的用量，对降低浊度，去除氮、氨、磷、COD_{Cr} 有较好的效果，能达到提高过滤效果，节约运行费用的目的。黏土陶粒滤料适用于工业污水和生活饮用水处理、工业循环水处理；污废水、中水深度处理及回用处理，游泳池水处理；给水中的微污染物氨氮处理，高纯制备与处理系统；生物曝气池的生物载体。

3.5.19.2 页岩陶粒

（1）简介

页岩陶粒又称膨胀页岩如图 3-20 所示。生物页岩陶粒滤料外观为不规则颗粒，颜色为黑褐色，多孔质轻，有强烈的吸附力，以黏土质页岩、板岩等经破碎、筛分，或粉磨后成球，烧胀而成的粒径在 5mm 以上的轻粗集料为页岩陶粒，其主要成分为硅、铝、钙、钠、镁、钛、锰、铁、镍、钴和钼等几十种矿物质和微量元素，其物理微观结构方面表现为表面粗糙多微孔。适用于酸性、中性、碱性水的处理，是理想的水处理产品。

图 3-20　页岩陶粒

（2）主要技术性能参数（表 3-19）

表 3-19　页岩陶粒滤料的主要性能参数

分析项目	测试数据	分析项目	测试数据
密度/(g/cm³)	1.6	盐酸可溶率/%	2.8
容重/(g/cm³)	0.8	SiO_2/%	65
磨损率/%	1.8	Al_2O_3/%	18～22
孔隙率/%	56	Fe_2O_3/%	6～8
比表面积/(cm²/g)	＞980	其他金属含量	均不超标

常用规格：1～2mm；2～3mm；2～4mm；3～5mm；4～8mm；5～10mm。

（3）主要用途

生物页岩陶粒滤料特别适合于微生物在其表面生长、繁殖，形成生物膜。不仅能处理市政污水、可生化的有机工业废水、生活杂排水以及河湖环境水、微污染水源等，也可在给水处理中取代石英砂、活性炭、无烟煤滤料等用作过滤介质，处理完的污水可以达到国内外排放标准要求。同时还可对已经过污水处理厂二级处理工艺后的尾水做深度处理，其处理出水达回用水标准后可作中水回用。在净水工程中，一料多功能，不仅起到过滤作用，还使水质中增加了一些有益的微量元素。

3.5.19.3　粉煤灰陶粒

（1）简介

粉煤灰陶粒如图 3-21 所示，是用粉煤灰为主要原料，掺加少量黏结剂（如黏土）和固体燃料（如粉煤），经混合、成球、高温焙烧（一般为 1200～1300℃）而制得的一种人造轻骨料。粉煤灰陶粒一般呈圆球形，表皮粗糙坚硬，色淡黄，内有许多微孔，呈蜂窝状；其粒径为 5～20mm，堆积密度不大于 1100kg/m³。

粉煤灰陶粒的表面能高、比表面积大，且内部存在着铝、硅氧化物等活性点，具有良好的吸附性能，并且易于再生，便于重复利用，因此粉煤灰陶粒是一种廉价的吸附剂。同时其具有可以有效地进行生物降解、易挂膜等优点，已广泛用于污水处理滤料。

图 3-21　粉煤灰陶粒

（2）主要性能参数（表 3-20）

表 3-20　粉煤灰陶粒主要性能参数

项目名称	指　　标	项目名称	指　　标
硫酸盐(按 SO_4^{2-} 计)/%	<0.5	含泥量/%	<2
氯盐(按 Cl^- 计)/%	<0.02	有机杂质(用比色法检验)	不深于标准色应在 30%～70% 范围内

① 粉煤灰陶粒的吸水率不应小于 22%，软化系数不应小于 0.80。

② 粉煤灰陶粒的抗冻性，经 15 次冻融循环后的重量损失不应大于 5%；也可用硫酸钠溶液法测定其坚固性，经五次循环试验后的质量损失不应大于 5%。

③ 粉煤灰陶粒的安定性，用煮沸法检验时，其质量损失不应大于 2%。

④ 粉煤灰陶粒的烧失量不应大于 4%。

⑤ 粉煤灰陶粒中有害物质指标应符合表 3-20 的规定。

⑥ 除满足上述各项技术要求外，粉煤灰陶粒同时达到下列三项指标者为特级品：筛孔尺寸为 $1/2D_{max}$ 的累计筛余（按质量百分比计）；容重等级小于 800级；相应的筒压强度提高一级，且其变异系数不大于 0.13。

（3）主要用途

粉煤灰陶粒可有效处理含金属离子的废水、腐殖废水、含磷废水、含氟废水、含油废水等。

3.5.19.4　煤矸石陶粒

（1）简介

煤矸石是采煤过程中排出的含碳量较少的黑色废石，是我国排放量最大的固体废物，其排放与堆积不仅占用大量耕地，同时对地表、大气造成了很大污染。

煤矸石的化学成分与黏土比较相似，其含有较高的碳及硫，烧失量较大。只有在一定温度范围内才能产生足够数量黏度适宜的熔融物质，具有膨胀性能。煤矸石的黏土矿物含量低，碳酸盐矿物含量较高。煤矸石陶粒是将符合烧胀要求的煤矸石经破碎、预热、烧胀、冷却、分级、包装而生产出来的，属环保类产品，如图3-22所示。煤矸石陶粒滤料挂膜快、易于反冲洗。

图 3-22　煤矸石陶粒

（2）主要性能参数（表 3-21）

表 3-21　煤矸石陶粒的主要性能参数

滤料	粒径/mm	显气孔率/%	密度/(g/cm³)	碱蚀率/%	酸蚀率/%
煤矸石陶粒	1.6～2.5	58.29	1.0497	0.18	1.58
黏土陶粒(江西某陶粒)	1.6～2.5	≥55	1～1.1	≤1.5	≤2.83
凹凸棒石-粉煤灰陶粒	1.6～2.5	72.29	0.74	0.18	1.88

（3）主要用途

基于煤矸石陶粒滤料的特点，其对水中有机物和 NH_4^+-N 具有良好的去除效果。

3.5.19.5　多孔凹凸改性陶粒滤料

（1）简介

多孔凹凸改性陶粒滤料如图3-23所示，表观为红色，表面有凹凸点，球体上有相互平等的多孔球形物质，滤料的主要成分为优质黏土、高岭土、黏结剂、发泡剂、成孔剂等多种物质。经破碎、筛分、混炼、成型、烘干、高温烧结而成。具有密度适中、机械强度高

图 3-23　多孔凹凸改性陶粒

（脆度小）、化学性能稳定、使用寿命长、比表面积大、孔隙率高、挂膜快等特点。由于滤料表面带正电荷，微生物表面带负电荷，微生物更容易附着在滤料内部和表面，挂膜速度快。

（2）主要性能参数（表3-22）

表3-22　多孔凹凸改性陶粒滤料的主要性能参数

项　目	QT-P10	项　目	QT-P10
粒径范围/mm	12～14	粒内孔隙率/%	30.6
表观密度/(g/cm³)	1.63	含泥量/%	0.15
堆积密度/(g/cm³)	0.79	盐酸可溶率/%	0.11
堆积孔隙率/%	51.5	灼烧减量/%	0.07
磨损率/%	1.69	堆积量/(t/m³)	1.1
破碎率/%	0.01	清洁滤头的水头损失/(mm/m)	<100(滤速 6m/h)

（3）主要用途

多孔凹凸改性陶粒滤料适用于水质净化处理。

3.5.19.6　无核陶粒滤料

（1）简介

由陈继萍等研制的专利产品无核陶粒滤料如图3-24所示，本体呈球形，它采用黏土、造孔剂和挥发剂为原料，经高温烧制而成，其滤料本体结构如图3-25所示，实体部具有蜂窝网状的孔洞；滤料本体内腔具有空心体，空心体的体积为滤料本体体积的20%～40%。其滤料堆积密度更小，水处理过滤面积更大，运行时陶粒更易呈悬浮状，陶粒表面细菌供氧更充分，活性增大，微生物更多，过滤效果好，且塔负重载荷减小，水处理建设成本和运行成本降低。其特点如下所述。

图3-24　无核陶粒滤料

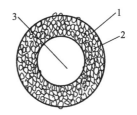

图3-25　无核陶粒滤料结构
1—滤料本体；2—孔洞；3—空心体

① 无核陶粒滤料表面粗糙，含有丰富的微孔。在给水处理中，对水中的固体杂质有良好的吸附过滤作用。由于陶粒是球状，相互之间又有架桥作用，水中细小物质在此形成絮凝架桥现象，成为较大物质团，易于沉淀过滤。

② 无核陶粒滤料内部为空心无核。使得比表面积大大增加，堆积密度降低1/3以上。比表面积的增加，使微生物的生长环境得到极大改善，增殖速度加快，水质得到更好的净化。堆积密度的降低，使得滤料在运行中更易浮动，能耗显著降低。同时由于陶粒在水中的半沉浮状态，运动速度增大，微生物活性增加，对水质净化也更为有利。

③ 无核陶粒是以黏土为主要原料，掺和一定比例的汽化剂、造孔剂、黏合剂、机械搪粒成球，在高达1200℃温度下旋转烧结而成。陶粒在微观结构上表面为粗糙多微孔，陶粒内核为空心体，强度高、耐摩擦。水力冲刷的承受能力高，不含有对人体有害物质。

④ 给水无核滤料原料中添加了富含微量元素的稀土和硅藻土，滤料长期在水浸泡下，能增加原水中微量元素的含量。

（2）主要性能参数（表3-23）

表 3-23   无核陶粒滤料的主要技术指标

项　　目	性　　能	项　　目	性　　能
表观	类球形，粗糙多微孔，粒内核为空心体	磨损率/%	≤3.0
粒径/mm	6～12	筒压强度/MPa	≥4.0
堆积密度/(g/cm³)	0.6～0.8	比表面积/(m²/g)	≥6×10⁴
表观密度/(g/cm³)	0.95～1.2	清洁滤头水头损失/(mm/m)	≤120
堆积孔隙率/%	≥45	溶出物	不含对人体有害物质
破损率/%	≤0.04		

（3）主要用途

由于它的强吸附能力，易于挂膜，集吸附和过滤于一体，所以用于给水工程中原水的微污染处理。

3.5.19.7　凹凸棒陶粒滤料

（1）简介

凹凸棒陶粒滤料是由凹凸棒石黏土、煤矸石和火山灰组成。凹凸棒石黏土的主要物化性能和工艺性能有阳离子可交换性、吸水性、吸附脱色性和大的比表面积，凹凸棒石黏土黏结性能好，在含水的情况下具有较高的可塑性。煤矸石可以调高凹凸棒陶粒滤料的强度，不仅减少资源浪费，还能取得较好的社会效益和生态效益。火山灰增加其活性，提高吸附挂膜的性能。凹凸棒陶粒滤料特点：表面粗糙不结釉，挂膜性能良好，水流阻力小，耐水冲刷，不会造成堵塞，具有较好的稳定性和吸附性能，而且易于再生，反冲洗容易进行，能耗低；其生产方法简单，原料价格低廉，焙烧温度低，可以节约大量的能源，降低成本，物化性能稳定，不向水体释放有毒有害物等特性，无二次污染。

（2）主要性能参数

凹凸棒陶粒滤料的配料，按质量百分比包括下列组分：凹凸棒石黏土25%～50%、煤矸石20%～45%、火山灰15%～30%。将上述配料混合后输送到磨机中进行磨粉，颗粒细度应≤0.074mm。造粒后的颗粒，送入焙烧炉中进行焙烧，焙烧温度控制在350～500℃。焙烧后的颗粒应进行筛分，颗粒度控制在1.5～15mm，包装为成品。

（3）主要用途

基于其特点，可以用于工业、生活污废水的治理。

3.5.19.8　废品陶粒

随着城市不断发展壮大，城市的垃圾越来越多，处理城市垃圾，成为一个日益突出的问题。垃圾陶粒是将城市生活垃圾处理后，经造粒、焙烧生产出烧结陶粒。或将垃圾烧渣加入水泥造粒，自然养护，生产出免烧垃圾陶粒（如图3-26所示）。垃圾陶粒具有原料充足、成本低、能耗少、质轻高强等特点。垃圾陶粒除了可制成墙板、砌块、砖等新型墙体材料外，还可用作保温隔热、楼板、轻质混凝土、水处理净化等用途，具有广阔的市场。

图3-26　废品陶粒滤料

（1）赤泥多孔陶粒

① 简介　赤泥多孔陶粒主要原料为赤泥和硅石粉，添加特制的调节剂，经造粒成型、高温烧结，制备成表面粗糙、比表面积大、孔隙率高、外表坚硬的滤料。赤泥是氧化铝生产排放量很大的废渣，含有的主要成分，如 SiO_2、CaO、Al_2O_3、Fe_2O_3 等氧化物，却是烧结陶瓷所需要的重要成分。

② 特点　赤泥制备的陶粒表面有良好的均质多微孔结构，有较大的比表面积以及较高的吸附率，满足水处理陶粒的相关标准要求，有较好的处理含油废水的能力，处理效率在60%以上。赤泥的烧结温度对陶粒表面多孔结构的形成有着很重要的影响，温度过低或过高都会导致除油效率降低，只有选择一个最适宜的烧结温度

才能保证赤泥陶粒最佳的除油效率。

③ 用途　基于赤泥多孔陶粒的特点，在含油废水的处理中有显著效果。

（2）金属尾矿制备生物陶粒

① 简介　金属尾矿生物陶粒是以金属冶炼厂的选矿尾矿为主要原料，混入熔融温度不同的炉渣、粉煤灰、黏土，利用生孔材料和改性生物材料黏结剂制备的陶粒滤料。

② 特点　用尾矿、粉煤灰等废料能制备出强度高、孔隙率大、比表面积大、化学和物理稳定性好的生物滤料陶粒。制备的陶粒具有生物附着力强、挂膜性能良好、反冲洗容易进行、截污能力强等优点。

③ 用途　基于金属尾矿制备生物陶粒的挂膜速度快，微生物附着量大，易反冲洗等特点，处理 COD_{Cr} 较高的污废水有显著效果。

（3）河道底泥制备陶粒滤料

① 简介　大量的江河湖水经过多年的沉积形成了很多泥沙。利用河底泥替代黏土，经挖泥、自然干燥、生料成球、预热、焙烧、冷却制成的陶粒称为河底泥陶粒。利用河底泥制造陶粒，不但会减少建材制造业与农业用地争土的问题，而且还为河底泥找到了合理出路，解决了河底泥的二次污染问题，达到了废弃物资源化的目的。底泥中的主要化学成分和粒径分布都同黏土类原料比较接近，重金属含量和浸出浓度较高，但对其 Cu、Zn、Pb、Cd、Cr（正六价）、Hg 的分析结果表明底泥还不属于危险废物。

② 特点　底泥中物料的粒径越细越有利，含沙量越少越好。黏土料中黏土质的微粒含量愈多，原料的膨胀性能愈好。底泥原料比较类似于黏土类原料，基本属于膨胀性原料，其颗粒越小，可塑性也就越好。通常可根据原料中 Al_2O_3/SiO_2 比值来判断耐火度，比值越大，耐火度越高，烧结范围也越宽，一般以 1050～1200℃ 为宜。底泥陶粒对 COD_{Cr} 的去除效果比对照陶粒明显。

③ 用途　底泥陶粒滤料在曝气生物滤池中作为生物膜的载体材料，对微污染水、贫营养水以及城市污水处理厂出水的处理和回用具有良好的价值。

3.5.20　陶柱滤料

（1）简介

陶柱滤料如图 3-27 所示，其特点如下所述。

① 陶柱滤料粒度均匀，强度高，表面多微孔，内部网纵横交错，不易结板，具有很强的吸附作用，使用寿命长。

图 3-27　陶柱滤料

② 陶柱滤料堆积密度合适，滤料层孔隙分布均匀，反冲洗容易进行，反冲洗能耗低，耗水量少，水头损失小，老化膜易脱落，不易堵塞，反冲洗时不跑

料。克服了反冲洗难以控制和跑料的缺陷。

③ 采用很好的粒径级配，纳污能力强，滤料利用率高，水头损失增加缓慢，运行周期长，产水量大。

（2）主要性能参数

气孔率 20%～50%；孔径率 10%～15%。

（3）主要用途

目前已广泛应用于市政污水、各种工业废水及污水深度处理方面。适用于自来水厂 V 型滤池、虹吸滤池和电厂水循环池及中水回用。

3.5.21 浮石滤料

（1）简介

浮石滤料如图 3-28 所示，是一种硅酸盐岩浆经火山爆发而形成的结晶体，对无机物离子交换剂的去除有着良好的作用，在水中还可以与 Ca^{2+}、Mg^{2+}、Cs^+、K^+、Na^+ 等金属阳离子进行交换以降低水的总硬度。优点是：质轻、松散、容量小、比表面积大、吸附能力强、孔隙率高、化学性能稳定、不含有害于人体健康和工业生产的成分。

图 3-28　浮石滤料

（2）主要性能参数

吸附率 95%，充填密度 $1.6g/cm^3$。

（3）主要用途

轻质浮石滤料既适用于城镇和工业给水处理，也适应于冶金、石油、化工、纺织工业废水的生化（除油、除铁、除锰等）处理。它不仅对各类型的普通滤池、快速滤池、无阀滤池、虹吸滤池、移动冲洗罩滤池和压力滤池普遍适用，也是各种高效净化器、乡镇小型净水器水质处理的最好滤料。

3.5.22 多孔陶瓷滤料

（1）简介

多孔陶瓷如图 3-29 所示，是一种新型的功能材料，结合了多孔材料的高比表面积和陶瓷材料的物理、化学稳定性，具有一定尺寸和数量的孔隙结构。通常孔隙度较大，而孔隙结构作为有用结构存在。它的发展始于 19 世纪 70 年代，初期仅作为细菌过滤材料使用。随着科学技术的发展，人们控制其孔径、孔的形状、孔隙率、孔径分布、容重的能力不断提高，因而多孔陶瓷日益成为一种重要的环境材料，在许多领域得到了应用。

图 3-29　多孔陶瓷

由于多孔陶瓷结构特殊，当滤液通过其中时，滤液中的胶体物、悬浮物和微生物等污染物质均被截留在过滤介质的表面或内部，同时也将附着在污染物上的病毒等一起截留。该过程是吸附、表面过滤和深层过滤相互结合的过程，且以深层过滤为主。由于它的孔结构已经充分发育，使得其比表面积较大，因此能够将水中微小的悬浮物吸附，其中以物理吸附为主。在过滤介质的表面主要发生表面过滤，多孔陶瓷起到一种筛滤的作用，大于微孔孔径的颗粒将被截留，在过滤介质表面被截留的颗粒会产生架桥现象，形成一层滤膜。该层滤膜也可起到重要的过滤作用，例如防止杂质进入过滤层内部将微孔很快堵塞。

多孔陶瓷滤料具有如下特点：

① 化学稳定性好，即选择适宜的材质和工艺，可制成耐酸、耐碱的多孔制品，不会与其他物质发生化学反应而造成二次污染；

② 孔隙率高，可达20%～95%，且孔径分布均匀，大小可控，渗透率高；

③ 强度高，刚性大，在冲击压力作用下不引起外形变化和孔径变形；

④ 热稳定性好，不会产生热变形、软化、氧化现象等，工作温度可高达1000℃；

⑤ 自身洁净状态好，无毒无味，无异物脱落，不会产生二次污染；

⑥ 体积密度小，具有发达的比表面积及其独特的表面特性；

⑦ 再生性强，通过用液体或气体反冲洗，可基本恢复原有过滤能力，从而具有较长的使用寿命，同时抗菌性能好，不易被细菌降解。

（2）主要性能参数

多孔陶瓷一般可根据其孔穴排列方式、孔的大小、材质来分类。根据孔穴排列方式可分为蜂窝陶瓷材料和泡沫材料；根据孔的大小可分为微孔材料（孔隙直径小于2nm）、介孔材料（孔隙直径介于2～50nm）、宏孔材料（孔隙直径大于50nm）；根据材质可分为高硅质硅酸盐材料、铝硅酸盐材料、精陶质材料、硅藻土质材料、刚玉和金刚砂材料、堇青石材料、采用工业废料的材料。

（3）主要用途

锅炉湿法除尘产生的废水中含有大量未燃尽的微小碳粒和悬浮状态的粉煤灰，并因为吸收了 SO_2、CO_2、NO_2 等气体而呈酸性，它与热电厂水力冲渣废水相同，都是弱酸性高浓度的废水，灰渣量大、悬浮物（SS）浓度高、处理难度大。目前，沉淀除渣或与机械脱水相结合的工艺应用较多，但处理后水质仍难以达到国家排放标准。但用多孔陶瓷处理后却能达到相关国家排放标准，通过微孔陶瓷板过滤处理后，废水中悬浮物（SS）净化率可达91%～97%，化学需氧量（COD）去除率为89%～95%，出水悬浮物浓度为10～15mg/L，达到了国家一级排放标准。此外，早在1999年，山东建材学院采用多孔陶瓷（陶粒）处理含镍废水，镍的去除率高达99%，济南大学的王士龙用多孔陶瓷（陶粒）分别处理含铅和锌废水，铅和锌的去除率均达98%以上。

3.5.23 改性火山岩滤料

（1）简介

向经过预处理的火山岩滤料中，加入一定体积的 1mol/L 的 $Fe(NO_3)_3$ 溶液，搅拌均匀后，快速搅拌再加入一定体积的 3mol/L 的 KOH 溶液，置于100℃的烘箱中烘干。通过一定技术手段保证氢氧化铁均匀涂布在火山岩表面。最后将制得滤料置于马弗炉中，于 400℃下烘烤 2h。然后用去离子水将改性滤料表面黏附不牢固的部分洗去后烘干备用。

（2）特点

火山岩是火山喷发后岩浆瞬间冷凝形成的，具有耐磨、比表面积大的优点，改性后，火山岩滤料的表面稳定性虽有所降低，致使其除铁效果稍差于未改性火山岩，但其表面吸附能力显著提高，能实现对 Mn^{2+} 的高效吸附。

（3）主要用途

改性后，火山岩滤料的表面稳定性虽有所降低，致使其除铁效果稍差于未改性火山岩，但其表面吸附能力显著提高，能实现对 Mn^{2+} 的高效吸附。改性火山岩滤料的除锰效果明显优于未改性火山岩，能实现水中 Mn^{2+} 的 100% 去除，但其除铁效果稍差于未改性火山岩。

改性火山岩滤料除铁除锰最为经济合理的过滤滤速为 7～8m/h。该改性滤料在中性或偏碱性的环境下有利于发挥高的铁锰离子去除能力。

3.5.24 空心陶瓷球滤料

（1）简介

空心陶瓷球是吴然然等研制开发的一种新型滤料，不仅具有耐腐蚀、抗氧化、无毒性的特点，而且具有球形度高、硬度高、表层粗糙、不易粉化的特点。

（2）主要性能参数（表3-24）

表 3-24 空心陶瓷球的主要技术指标

外观	粒径/mm	密度/(g/cm³)	压碎强度/MPa	破碎率/%	盐酸可溶率/%
球状、红褐色	8～10	1.69	8.35	0.01	0.27

（3）主要用途

空心陶瓷球的化学组成可根据原材料的配比以及生产工艺调整，因而可以满足不同水质对滤料的要求。

3.5.25 其他天然矿物净水滤料

随着科研工作者的不断努力，不仅是天然矿物滤料的开发，改性天然矿物滤料和人造矿物类滤料层出不穷，如微孔陶瓷过滤管、陶瓷膜、柔性陶瓷膜、基于沸石的除重金属滤料等，品类繁多，本书中对几种典型的新型矿物类净水滤料进行了论述，详见 3.10 章节。

3.6 生物材质类净水滤料

3.6.1 果壳类滤料

（1）简介

用山核桃壳为原料，经破碎、风旋、抛光、蒸洗、筛选等加工而成，外观光泽、呈褐色。此滤料坚韧性大，耐磨抗压、吸附能力强、抗油浸、不结块、不腐烂，是油田、冶炼、环保化工等行业含油污水处理的理想过滤材料。果壳类滤料如图 3-30 所示。

图 3-30 果壳类滤料

核桃壳滤料由于本身的硬度、理想的密度、多孔和多面性，它在水处理中具有较强的除油，除固体微粒，易反洗等优良性能，广泛用在油田含油污水处理、工业废水处理和民用水处理中，是取代石英砂滤料，提高水质，大幅度降低水处理成本的新一代滤料。其特点如下所述：

① 具有多方面性和微孔性，截污能力强，油和悬浮物去除率高；

② 具有多棱性和不同粒径，形成深床过滤，增强了除油能力和滤速；

③ 具有亲水不亲油和适宜的密度，反洗易，再生力强；

④ 硬度大，且特殊处理不易腐蚀，不用更换滤料，每年只补充 10%，节省维修费和维修时间，提高利用率。

（2）主要性能指标（表 3-25 和表 3-26）

表 3-25　果壳类滤料技术参数

分析项目	测试数据	分析项目	测试数据
油去除率/%	90～95	反洗强度/[m³/(m²·h)]	25
悬浮物去除率/%	95～98	水冲洗压力/MPa	0.32
滤速/(m/h)	20～25	维护方式	每年补充 5%～10%
密度/(g/cm³)	1.5	堆积密度/(g/cm³)	0.8

表 3-26　果壳类滤料物理、化学性能分析

分析项目	测试数据	分析项目	测试数据
容重/(g/cm³)	0.85	Cu/%	13.2
磨损率/%	≤1.5	Mn/%	9.5
浮皮率/%	3	Zn/%	50
孔隙率/%	47	Ca/%	0.5
含水率/%	>1	Na/%	0.02
含油率/%	0.25	K/%	0.025

常用规格：0.5～1.0mm；0.5～0.8mm；0.6～1.2mm；0.8～1.6mm；1.0～2.0mm；2.0～4.0mm。

（3）主要用途

① 适用于油田含油污水处理，可去除油和悬浮固体。

② 适用于工业含油工业水处理，可去除油和悬浮固体。

③ 适用于民用水和工业用水处理，可去除水中悬浮固体，提高水质。

投放市场以来，经华北、河南、中原、新疆、胜利油田及济钢、镇海炼化及十家环保设备厂使用，效果显著。

3.6.2　活性炭滤料

3.6.2.1　化学法柱状活性炭

（1）简介

化学法柱状活性炭如图 3-31 所示，采用优质无烟煤和木炭为原料，采用先进工艺精制加工而成。外观为黑色柱状颗粒，有孔隙发达、比表面积大、吸附能力强、机械强度高、易反复再生、造价低等优点。

（2）主要性能参数（表 3-27）

图 3-31　化学法柱状活性炭

表 3-27 化学法柱状活性炭主要技术性能指标

指标	数值	指标	数值
碘值/(mg/g)	≥850	水分/%	≤10
比表面积/(m²/g)	500～900	pH 值	9
充填密度/(g/cm³)	0.45～0.55		

（3）主要用途

此滤料主要用于石油、电力、化工、钢铁、自来水公司中的有毒气体净化、废气处理，工业和生活用水的净化处理，溶剂回收等方面，是处理净化酸性、中性、碱性水的最优产品，化学性能稳定、机械强度高，对于改进承托层和配水系统有良好的适应能力，通常与无烟煤、石英砂、磁铁矿等滤料配合，是多层滤池必不可少的滤料。

3.6.2.2 物理法、化学法粉状活性炭

（1）简介

物理法粉状活性炭以优质木炭为原料，经水蒸气活化后，精制处理，粉碎而成；吸附速度极快，具有絮凝效应和助滤效应。

化学法粉状活性炭以优质木屑和果壳为原料，氯化锌、磷酸为活化剂，经炭化、活化精制而成。外观为黑色粉末，无臭，无味，在一般溶媒中均不溶解。成品吸附能力优异，杂质含量低。

图 3-32 物理法、化学法粉状活性炭

物理法、化学法粉状活性炭如图 3-32 所示。

（2）主要性能指标（表 3-28）

表 3-28 化学法、物理法粉状活性炭主要性能指标

项 目	GB/T 13803.3—1999 化学法	GB/T 13803.4—1999 物理法	项 目	GB/T 13803.3—1999 化学法	GB/T 13803.4—1999 物理法
亚甲基蓝/(mL/0.1g)		11	灰分含量/%	≤3	≤3
焦糖脱色率/%	≥100		酸溶物含量/%	≤1	≤0.8
水分/%	≤10	≤10	铁含量/%	≤0.05	≤0.02
pH 值	3～5	5～7	氯化物含量/%	≤0.2	≤0.1

（3）典型用途

物理法粉状活性炭适用于医药、酿造、味精、饮料等产品的脱色、除杂、精制，也用于水的净化处理。

化学法粉状活性炭适应于葡萄糖、蔗糖、麦芽糖等糖类的脱色和精制，以及

柠檬酸、胱胺酸、油脂、化工产品中大分子色素的去除、提纯和精制。

3.6.3 果壳活性炭

（1）简介

果壳活性炭如图 3-33 所示，选用优质椰
子壳、核桃壳、杏壳为原料，采用先进的生产
工艺加工而成，外观为黑色不定型颗粒。具有
孔隙结构发达、比表面积大、吸附能力强、机
械强度高、床层阻力小、化学稳定性好、易再
生、经久耐用等优点。

（2）主要性能指标（表 3-29）

图 3-33　果壳活性炭

表 3-29　果壳活性炭主要性能指标

分析项目	测试数据	分析项目	测试数据
碘值/(mg/g)	≥1000	充填密度/(g/cm³)	0.38～0.45
比表面积/(m²/g)	>1000	干燥减量/%	≤10
总孔容积/(cm³/g)	>0.9	强度/%	≥90
吸附率/(mg/g)	≥450	pH 值	8～10
密度/(g/cm³)	2～2.2	水分/%	≤10

（3）典型用途

广泛应用于饮用水、工业用水和废水的深度净化；各种气体的分离、提纯、
净化；有机溶剂回收；制糖、味精、医药、酒类、饮料的脱色、除臭、精制；贵
金属提炼；化学工业中的催化剂及催化剂载体；炼油行业的脱硫醇等。

3.6.4 焦炭滤料

（1）简介

焦炭滤料如图 3-34 所示，烟煤在隔绝空气
的条件下，加热到 950～1050℃，经过干燥、
热解、熔融、黏结、固化、收缩等阶段最终制
成焦炭。其具有机械强度高，多孔结构合理，
吸附性能好，截污能力强，过滤速度快，使用
周期长等特点。

（2）主要性能参数（表 3-30）

（3）典型用途

适应于生活用水和工业水处理装置中。

图 3-34　焦炭滤料

表 3-30　焦炭滤料理化性能分析

分析项目	含泥量/%	磨损率/%	破碎率/%
测试数据	≤1	≤0.26	≤0.54

3.7 化工材质类净水滤料

3.7.1 聚丙烯滤芯

（1）简介

聚丙烯折叠滤芯（如图 3-35 所示）是一种深层过滤滤芯，通常用作液体的预过滤、澄清过滤及终端过滤。具有如下特点：

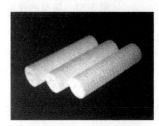

图 3-35　聚丙烯滤芯

① 以超细聚丙烯纤维膜为过滤介质，无任何添加剂；

② 全聚丙烯结构，端盖、壳体及中心杆均采用聚丙烯材质；

③ 采用热熔工艺熔结，即 PP 与 PP 自身熔融后黏结，无任何黏结剂；

④ 具有广泛的化学相容性；

⑤ 具有系列的孔径和多种接口形式；

⑥ 低压差、高通量、多次重复冲洗、长寿命、过滤精度优良、低廉的经济费用特别适用于预过滤及洁净过滤。

聚丙烯滤芯取代传统滤芯，是新一代过滤元器件，滤芯为聚丙烯粒子经过熔融、喷射成微细的纤维并贴紧绕制成洁白管状滤芯，无毒，过滤时纤维不会脱落，又保持良好的透气性；耐腐蚀性好、过滤面积大、过滤效率高。该产品是广泛应用于水处理设备的重要元器件。聚丙烯滤芯介质为聚丙烯膜。

（2）主要性能参数（10″滤芯）（表 3-31）

表 3-31　聚丙烯滤芯性能

规　　格		物理化学性能
内外直径/mm	30.63 254	耐酸,耐碱及耐其他有机溶剂的腐蚀。强度高,耐温性能好,过滤量、纳污量大,过滤效率99.9%以上
长度/mm	508 762	
过滤精度/μm	1,1.5,3,3.5,10,11.5	
过滤流量(1.5μm)	2.4t/h(0.015MPa) 管长508mm	

有效过滤面积：0.40～0.70m² (10″滤芯)。

孔径 (μm)：0.1，0.2，0.3，0.45，0.65，0.8，1.0，2.0，3.0，4.0，5.0，6.0，7.0，8.0，9.0，10，20，30，…，60。

最高工作温度：88℃，压力0.38MPa；60℃，压力0.42MPa。

最高消毒温度：消毒柜120℃，0.1MPa，水蒸气134℃，30min。

最高持续工作压力：25℃，0.42MPa。

(3) 主要用途

适用于石油、化工、电子、电镀、医药、食品等行业的水处理中，滤除介质中的固体颗粒及胶状物质，有效控制工作介质的污染度。

医药工业：药液、血清、蒸馏水、生物制品、压缩空气和各种气体过滤。

食品工业：饮料、矿泉水、纯净水、啤酒、葡萄酒、黄酒、米酒、白酒、果酒、糖浆等液体及压缩空气和各种气体过滤。

电子工业：反渗透水系统的预过滤，去离子水的预过滤及精密过滤。磁性介质和一般生产工艺溶液的过滤。

化学工业：有机溶剂、墨水、化学试剂、照相试剂、电镀液。

石油工业：石油注井过滤。

环保：废气处理、废水精滤。

3.7.2 聚醚砜滤芯

(1) 简介

聚醚砜滤芯如图3-36所示，是一种亲水性无菌级折叠式滤芯，具有占滤膜面积80%以上的微孔率及独特的微孔几何形状，提高了过滤效率和过滤量。通量大，对蛋白质及微生物制剂的吸附比尼龙膜和醋纤膜低。产品出厂前都经过100%完整性测试，大通量使生产过程的时间减少，相对节约成本，更换滤芯的次数相对减少，降低二次污染的概率，不会在高温中分解，有广泛的化学相容性。

图3-36　聚醚砜滤芯

材质：聚醚砜滤芯仅用聚醚砜 (polyether sulfone，PES) 过滤介质和聚丙烯 (PP) 支撑/导流层及骨架。

焊接：采用端盖热熔及侧缝超声波焊接、无黏合剂、无脱落物。

(2) 主要性能参数 (10″滤芯) (表3-32)

表3-32　聚醚砜滤芯主要性能参数

项目	数据
内霉素	<0.25EU/mL

项目	数据
过滤精度	$0.1\mu m$, $0.2\mu m$, $0.45\mu m$, $0.65\mu m$
有效过滤面积	$\geqslant 0.6 m^2$
水流量 $(1.0mPa \cdot s, 10in)$	$0.1\mu m$, $3.3L/min$, $0.01MPa$ $0.2\mu m$, $16.5L/min$, $0.01MPa$ $0.45\mu m$, $27.4L/min$, $0.01MPa$ $0.65\mu m$, $43.9L/min$, $0.01MPa$
最高工作温度	$85^\circ C$, $0.2MPa$
最大工作压差	在常温下 $0.4MPa$，1000 次 在 $85^\circ C$, $0.2MPa$，1000 次
最大反压差	$25^\circ C$, $0.1MPa$，500 次
细菌截留率	$10^7/cm^2$ 假单孢杆菌（*pdiminuta*）
灭菌温度	最高温度 $140^\circ C$（$0.28MPa$），在线蒸汽灭菌 $140^\circ C$（$0.28MPa$）需 $30min$
灭菌次数	100 次
有氧化物	在高压消毒后以 $500mL$ 洁净水冲洗
非挥发性残留物	$<40\times10^{-6}$（$25cm$ 长滤芯）
完整性测试 （最小气泡点，H_2O）	$0.1\mu m$, $0.4MPa$ $0.45\mu m$, $0.17MPa$ $0.2\mu m$, $0.25MPa$ $0.65\mu m$, $0.12MPa$

（3）主要用途

① 医药工业　水针剂、大输流、血清、生物制品、蛋白溶液、蛋白重组、无菌水、药品添加剂、口服/局部药品、发酵罐的进料、抗生素。

② 饮料工业　矿泉水、纯水、饮料用水、啤酒等酒类。

③ 化学工业　超纯水过滤、化学原料过滤。

3.7.3　聚四氟乙烯滤芯

（1）简介

聚四氟乙烯滤芯如图 3-37 所示，性能优异，有广泛的化学适用性、生物安全性及热原控制指标。可分为疏水性和亲水性两种。

① 疏水性　用于气体过滤达到无菌，大通量，耐高温，耐强酸、碱，化学适用性广，适用于发酵罐，二氧化碳，氮气，压缩空气。用于气体过滤时，能达到 100% 截留 $0.02\mu m$ 以上各种噬菌体、细菌及微粒。

② 亲水性　用于液体过滤达到无菌，化学适用性广，耐强酸、碱。

其过滤介质主要由聚四氟乙烯（PTFE）微孔滤膜和聚丙烯支撑层及骨架组成。折叠式滤层，增加纳污量和流量，提高使用寿命，各部分密封均采用无黏结剂的热熔焊技术。

图 3-37　聚四氟乙烯滤芯

（2）主要性能参数（$10''$ 滤芯）（表 3-33）

表 3-33　聚四氟乙烯滤芯主要性能参数

项目	数据
过滤精度	气体：$0.02\mu m$
	液体：$0.2\mu m$、$0.45\mu m$、$1.0\mu m$、$2.0\mu m$、$5.0\mu m$
过滤面积	$0.72m^2$
O 形圈材料	硅橡胶、氟橡胶
截留率	100%，$10^7 CFU/cm^2$
最高操作温度	85℃（在 0.176MPa 压力下）
最高连续工作压力	0.42MPa，25℃
最大正压差	0.42MPa，25℃
最大反压差	0.21MPa，25℃
灭菌温度	142℃，0.28MPa，30min
灭菌次数	100 次
气体流量	$6.3m^3/min$，0.13MPa，压差在 0.01MPa
液体流量	$10.9mL/min$，0.1MPa，$1.0mPa \cdot s$

（3）主要用途

可用于医药工业、食品工业、化学工业、电子工业。

3.7.4　纤维球滤料

（1）简介

纤维球滤料如图 3-38 所示，采用纤维丝扎结加工而成。纤维球滤料呈柔性、可压缩，弹性效果好，不上浮水面，孔隙率大，密度略大于水，易反冲洗，材质优良，有较强的耐磨性和抗化学侵蚀性等优点。在过滤过程中，滤层空隙沿水流方向逐渐变小，比较符合理想滤料大在上小在下的空隙分布规律，具有效率高，滤速快（20~85mm/h），截污能力强，可再生，使用成本低等特点，适用于各种水质的过滤。

图 3-38　纤维球滤料

（2）主要性能参数（表 3-34）

常用规格：15~25mm；25~30mm。

（3）主要用途

适用于深层技术直接过滤的过滤设备中，或用于过滤器、油田注水井过滤器、游泳池净水器、精密过滤器等设备中。

表 3-34　纤维球滤料理化性能分析

分析项目	参数	分析项目	参数
形状	球状或椭圆状	充填密度	50~80kg/cm³
纤维径	20~50μm	耐磨性	优良
纤维长	15~20mm	强度	$4\sim6g/den(1den=\frac{1}{9}tex,1tex=1g/km)$，比棉花高 1 倍，比羊毛高 3 倍
滤球径	25~40mm±5%	吸湿率	0.4%~0.5%(20℃ RH65%)
密度	1.38g/cm³	相对湿强度	100%
孔隙率	96%	热性能	软化点 238~240℃，熔点 255~360℃
比表面积	3000m²/m³	耐酸性	35% HCl，75% H_2SO_4，65% HNO_3，对强度无影响
截污量	10kg/m³	耐碱性	10%NaOH，28%$NH_3 \cdot H_2O$，对强度无影响
滤速	20~85m/h		

3.7.5　纤维束滤料

（1）简介

纤维束滤料如图 3-39 所示，选用优质腈纶、丙纶、涤纶丝为原料，由于它运用自身表面所黏附的大量生物团与充氧，与污水反复接触，使不易沉淀去除的微小悬浮物截留及有机物降解而达到净化的目的。滤速比石英砂滤料高4～4.5倍，易反洗再生，可实现自动化管理。一般滤速35m/h，粗滤进水120mg/L，出水SS≤5mg/L，精滤进水25mg/L，出水SS≤2mg/L，还由于它工艺特殊，能尽快地进行更换和维修，具有强度高、弹性好、耐磨损、耐腐蚀、不吸水的特点。

图3-39　纤维束滤料

（2）主要技术指标（表3-35）

表3-35　纤维束滤料的主要技术指标

指标	数值	指标	数值
外观	束状	孔隙率/%	98
纤维径/μm	20～50	滤速/(m/h)	35～85
纤维长/mm	15～25	截泥量/(kg/m³)	8
束粗/mm	100～150	比表面积/(m²/m³)	3500
束长	不定	充填密度/(kg/m³)	50～70

（3）主要用途

① 饮用水处理（自来水、饮用水、纯净水、高纯水）。

② 工业水处理（电力、化工、印染、电镀等行业高效过滤器）。

③ 循环水处理（游泳池水处理、水族馆水循环、水上乐园、人造景观、淡水养殖）。

④ 污水处理（生活污水或工业废水物化/生化处理后出水的直接处理）。

3.7.6　聚酯纤维针刺毡覆膜滤料

（1）简介

新型涤纶针刺毡选用0.8～1.5d（$1d = \frac{1}{9}tex$，$1tex = 1g/km$）或更细纤维制成（见图3-40），具有如下特点。

图3-40　新型涤纶针刺毡

① 高强低伸工业丝作基布，使强度大幅提高。

② 选用细旦纤维，孔径缩小，孔隙率高，过滤精度高。

③ 选用优等聚酯纤维，耐酸碱、耐水解性均得到增强。

④ 表面处理更光滑，具有覆膜滤料的表面过滤效果。

⑤ 运行阻力小，节省能源。

（2）主要性能参数（表3-36）

表 3-36　聚酯纤维针刺毡覆膜滤料物理性能指标

项　　目		指标参数				
滤料名称		涤纶针刺毡滤料				
材质		涤纶/涤纶长丝基布				
单位面积质量/(g/m²)		400	450	500	550	600
厚度/mm		1.4	1.55	1.75	1.95	2.15
透气度/[m³/(m²·min)]		21	18	16	13	12
断裂强度 /[N/(5cm×20cm)]	经向	>1000	>1000	>1100	>1100	>1150
	纬向	>1250	>1300	>1400	>1500	>1500
断裂伸长度/%	经向	<25	<25	<25	<25	<25
	纬向	<45	<45	<45	<45	<45
顶破强力/(N/m²)		400	450	500	550	600
连续工作温度/℃		≤130	≤130	≤130	≤130	≤130
瞬间使用温度/℃		150	150	150	150	150
耐酸性		良				
耐碱性		中				
耐磨性		优				
水解稳定性		中				
后处理方式		烧毛、压光、热定型（镜面处理）				

（3）主要用途

涤纶覆膜针刺毡，使用温度为130℃，应用于高炉喷吹站煤粉收集、水泥煤粉设备原料磨、水泥磨煤粉尘收尘以及电炉、炼钢现场扬尘等治理。

3.7.7　聚苯乙烯泡沫颗粒滤珠滤料

（1）简介

泡沫颗粒滤珠滤料（EPS发泡塑料滤珠）是可发性聚苯乙烯颗粒加入石油液化气而发泡制成的珠状白色小球，微孔发达，比表面积大，具有很强的吸附能力，属轻质滤料（见图3-41）。堆密度80～100kg/m³，孔隙率约50%。吸水性很小，即使在水中浸泡3年，吸附的水分不超过其体积的2%，且不易老化，并有一定的机械强度。

（2）主要性能参数

常用规格：0.5~1.0mm；0.6~1.2mm；0.8~1.2mm；0.8~1.6mm；1.0~2.0mm；2.0~4.0mm；4.0~8.0mm；10~20mm。

（3）主要用途

目前国内已经用于中小型给水设备及内河船舶给水系统等。

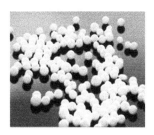

图 3-41　聚苯乙烯泡沫
颗粒滤珠滤料

3.7.8　彗星式纤维滤料

（1）简介

由清华大学研制成功的"彗星式纤维滤料"，即为具有长纤维尾巴的颗粒滤料，它是结合了纤维滤料截污性能好与颗粒滤料反冲洗效果好的特点，形成的一种新的过滤材料，如图 3-42 所示。

可以方便地在滤池内完成清洗是颗粒过

图 3-42　彗星式纤维滤料

滤材料的重要特征，纤维材料比其他实体颗粒材料具有大得多的比表面积和孔隙率是将其选为过滤材料的首要原因。其孔隙度高达90%~95%，相比之下，粒径为 1mm 的石英砂滤层孔隙度则约为 45%，由此可知，在纳污量方面，纤维材料所构成的滤床比常规颗粒过滤材料要大得多。纳污量的提高对滤池效率的提高非常重要，甚至具有决定性的意义。在滤后水质合乎要求的前提下，"彗星"式纤维滤料的滤池可以比常规砂滤料的滤池滤速高 4~5 倍。

该过滤材料由"彗尾"和"彗核"构成。"彗尾"一端为松散的纤维丝束，另一端纤维丝束固定在密度较大的"彗核"内，见图 3-43。

过滤时，密度较大的"彗核"起的作用是对纤维丝束进行压密，由于"彗核"的尺寸较小，对于过滤断面孔隙率分布的均匀性影响很小，从而提高了滤床的截污能力。在进行气水同时反冲洗时，由于"彗核"和"彗尾"纤维丝束的密度差，"彗尾"纤维丝束随反冲洗水流散开并摆动，产生了较强的剪切力，并且过滤材料之间的相互碰撞也加剧了纤维在水中所受到的机械作用力，过滤材料的不规则形状使过滤材料在反冲洗水流的作用下产生旋转，强化了纤维在水中所受到的机械作用力，上述几种力的共同

图 3-43　彗星式
纤维滤料示意

作用结果加速了附着在纤维表面的固体杂质颗粒的脱落，从而提高了过滤材料的洗净度。

由彗星式纤维过滤材料构成的过滤层，其孔隙率沿滤层高度呈现梯度分布，下部过滤材料的压实程度高，孔隙率相对较小，利于保证过滤精度。整个滤层的孔隙率由下而上呈现逐渐增大的趋势，这种滤层孔隙率分布的特点有利于高速和高精度过滤的实现。

经过实验研究，确定了彗星式纤维滤料的规格尺寸，其合适的尺寸（mm）为$\phi 2.2 \times 0.4 \times (35 \sim 40)$（彗核直径×丝束直径×彗尾长度）。

（2）主要性能参数（表 3-37）

表 3-37 彗星式纤维滤料过滤器与纤维球滤料过滤器各项指标

指　标	数值	指　标	数值
滤柱直径/mm	800	去除率/%	99.47
滤速/(m/h)	20	过滤周期/h	16.5
进水浊度/NTU	62	产水量/(m³/m² 滤料)	330
出水浊度/NTU	≤1	反冲洗耗水率/%	1～2
初滤阶段/min	≤3	剩余积泥率/%	0.5～2
截污量/(kg/m³ 滤料)	33.04		

（3）典型用途

彗星式纤维滤料过滤器在北京市酒仙桥污水处理厂的试运转表明，其对有机物的去除能力较强。成都沙河污水处理厂二沉池出水在进行深度处理的过滤单元时，采用的是德安公司研制开发的 D 型滤池，其核心技术是采用 DA863 彗星式纤维滤料作为内部填料。实际运行证明该填料具有过滤精度高、滤速快、自适应等特点，可用于直接过滤。

3.7.9　旋翼式纤维滤料

（1）简介

旋翼式纤维滤料如图 3-44 所示，其外形有多种形式，以适应不同介质、不同工况、不同过滤精度的要求。它由旋翼核和纤维丝束组成，其特征在于：纤维丝束穿过旋翼核的中心并被旋翼核所固结。旋翼核是一核心上长有旋翼的整体，其在纤维丝束上的分布有四种形式，即单个、一串多个、网面交叉和立体交叉。且其核心形状有四种形式，即圆球形的、椭圆球形的、雨滴形的和其他多面体的。旋翼核的旋翼表现为两种形式，即核心外的实体和核心上的凹槽；旋翼的个数是两个及两个以上；其旋翼的旋转角度有两种旋向，左旋，右旋；其旋翼的旋转角度范围是 $45° \sim 450°$。

图 3-44　旋翼式纤维滤料

旋翼式纤维滤料具有颗粒滤料反冲洗洗净度高、反冲洗及初滤水耗水量少的优点；又有纤维过滤料比表面积大、过滤精度高、截污量大、滤床空隙率高的优点；同时还具有适应不同介质能力强、反冲洗效果好、滤床利用率大的特点。过滤时，旋翼式纤维滤料在滤器中形成孔隙上大下小梯度变化分布的近乎理想的滤床，滤床的该结构有利于水中固体悬浮物的有效分离，大的固体悬浮物将在上部被截留，而小的未能被截留的固体悬浮物将下行，由于滤床的空隙逐渐变小，必将在下部被截留。从而在滤器中由旋翼式纤维过滤料形成的滤床不仅具有过滤的高精度，同时也具有过滤的高滤速。滤器反冲洗时，在水流、气流的强力冲击下，滤床膨胀，滤料上浮，纤维丝束逐步呈蓬松状态，由于旋翼式纤维过滤料长有旋翼，其旋翼带动纤维丝束做不充分的旋转，摇摆，相互冲击，从而大大地加速了纤维丝束上附着的悬浮颗粒的分离，提高了滤料的清洗速度，节约了反冲洗的用水量，节省了反冲洗的能源。

表面活性处理是纤维滤料的国际发展方向，旋翼式纤维滤料采用世界上最先进的表面处理技术，经过表面活性处理的纤维滤料还具有蓬松，相互间摩擦力减小，不易缠绕，不易打结，耐反冲洗等多种优良特性，从而更能满足各种介质的过滤特殊要求。

（2）主要性能参数（表 3-38）

表 3-38　旋翼式纤维滤料的主要技术性能

性能项目	具体指标	性能项目	具体指标
处理能力/(m³/h)	8～210	气冲洗强度/[L/(m²·s)]	2.3
过滤速度/(m/h)	20～40	水冲洗强度/[L/(m²·s)]	6
水头损失/m	0.6～2.0	冲洗历时/(min/L)	10～20
工作周期/h	12～24	冲洗水量比/%	≤1.5
悬浮物去除率/%	≥95	截污量/(kg/m³)	5～26
粗滤 SS/(mg/L)	进水＜100	精滤 SS/(mg/L)	进水＜20
	出水≤5～10		出水≤1

（3）主要用途

旋翼式纤维滤料，是继彗星式纤维过滤料、球状纤维滤料之后出现的一种新型过滤材料。这种由纤维束制成的纤维滤料，主要用于分离含有固体颗粒的液体和油水，特别适合于水处理工艺中用于悬浮颗粒和悬浮物的截留和分离，旋翼式纤维滤料具有固结强度高，滤床过滤精度高，滤床纳污量大，适应不同介质能力强，反冲洗效果好，节水节能，适应于机械化生产等特点，由于纤维束所占的体积比大，所以滤床的容积率高，且过滤速度高。也可应用于水的精过滤，能有效地分离水中的悬浮物、胶体、微生物。去除水中呈分散悬油状的有机质和无机质粒子，包括各种浮游生物、细菌、滤过性病毒与漂浮油等。其滤速、过滤精度是其他过滤料所远不能及的。实验证实一般能有效地去除水中的污染：悬浮物 80%～98%，有机物 30%～70%，磷 60%～80%，病毒 98%～99%，细菌 70%～90%，农药10%~80%，重金属30%~65%。疏油亲水性旋翼式纤维滤料在油田采出水处理回注工艺中试验表明：反冲洗水中的含油量提高了100多倍，反冲洗效果优于纤维球。

旋翼式纤维滤料在 V 型超高速滤池的应用过程中也取得了良好的应用效果，见表3-39。

表 3-39　旋翼式纤维滤料在 V 型超高速滤池中的应用效果

项　目	旋翼式纤维滤料	石英砂滤料
过滤周期(滤速 10m/h 时)/h	12~24	12
孔隙率/%	90~95	40~45
滤层结构	上疏下密	上疏下密
比表面积/(m²/m³ 滤料)	6000	1500~2000
滤速/(m/h)	20~40	6~10
过滤精度/μm	<5	<20
悬浮物去除率/%	≥95	≥60~70
滤床纳污量/(kg/m³)	15~35	0.8~1.5
滤床洗净度(随过滤时间增加会有所减小)/%	≥98	≥98
反冲洗耗水率(占过滤水量)/%	1~1.5	3~5

3.7.10　Mediaflo 滤料

（1）简介

Mediaflo 滤料的密度比水稍小，外观为小球状，由聚苯乙烯母料拉伸后以金属成粒机制成有效粒径为 1.1mm 的小球，其实际尺寸 0.95~1.35mm，滤料表面有凹形微孔，以利于硝化菌附着于滤料上，硝化水中的氨氮，由于水体中氨氮的硝化使得滤后的氯气投加量降低。

（2）主要特点

① 聚苯乙烯泡沫小球的密度小于 1g/cm³，浮在水面上靠滤板来压住。

② 聚苯乙烯泡沫小球有效直径 0.95~1.35mm，吸附悬浮物表面积大。

③ 可长期浸泡，并能承受 5~500℃的温度变化，pH 值在 6~8 之间。

3.7.11　膜滤料

膜分离法指在某种推动力作用下，利用特定膜的透过性能，达到分离水中离子或分子以及某些微粒的目的。膜分离的推动力可以是两侧的浓度差、压力差或电位差，可以在室温和无相变的条件下进行，具有高效、低能耗、节省占地面积等优点，在水处理领域应用广泛。膜分离方法可分为微滤、超滤、纳滤、反渗透和电渗析。

（1）膜结构

水处理滤膜主要有两层结构：表面层和支撑层。膜表面层致密，发挥脱盐和截留作用；膜支撑层结构松散，起支撑表面层作用；二者构成膜的非对称结构且使膜具有方向性。脱盐率和透水通量高的膜具有良好的实用价值，表面层越薄，透水通量越大。

（2）膜截留分子量

膜孔尺寸是表征膜性能最重要的参数，通常用截留分子量表征膜的孔径特征。当一种已知分子量的物质（通常采用蛋白质类高分子物质）90％被膜截留时，此物质的分子量即为该膜的截留分子量。

（3）膜材质

滤膜按制备材料的性质分为无机膜、聚合物膜、生物膜等。近年来，聚合物滤膜新品种繁多，极大地推动了滤膜材料的发展。高聚物膜是由有机小分子链接成的有机大分子，具有两种化学反应过程。目前现有的膜材料可分为以下几类：

① 聚砜类　双酚 A 型聚砜（PSF）、聚醚酮（PEEK）、酚酞型聚醚砜（PES-C）。

② 聚烯烃类　聚 4-甲基-1-戊烯（PMP）、聚乙烯、聚丙烯。

③ 聚酯类　聚碳酸酯（PC）、涤纶（PET）。

④ 聚酰胺类　聚砜酰胺、脂肪族聚酰胺、交联芳香聚酰胺、芳香族聚酰胺。

⑤ 聚酰亚胺类　脂肪族二酸聚酰亚胺、含氟聚酰亚胺、全芳香聚酰亚胺。

⑥ 乙烯类聚合物　聚氯乙烯（PVC）、聚丙烯腈（PAN）、聚偏氯乙烯（PVDC）。

⑦ 纤维素衍生物类　硝酸纤维素（CN）、二/三醋酸纤维素（CA/CTA）、乙基纤维素（EC）。

⑧ 含氟聚合物　聚偏氟乙烯（PVDF）、聚四氟乙烯（PTFE）。

不同原材料滤膜的性能和应用有差异，如聚砜类材料的耐酸碱稳定性能较好，抗氧化能力强，强度高；聚丙烯腈化学稳定性、热稳定性好，耐溶剂性强；醋酸纤维素材料亲水性好，且来源丰富，价格便宜，便于商业化和工业化生产；聚偏氟乙烯具有机械强度高，抗氧化性能好等优点。本书中关于聚砜膜、聚酰胺膜、醋酸纤维素膜、聚偏氟乙烯膜的具体内容详见 3.10 章节。

我国有机滤膜的研究起步较晚，二十世纪后期研制出耐腐蚀、耐高温、抗污染能力强、分离效率高的膜和组件，如醋酸纤维素超滤膜、聚砜中空纤维膜等。但是，我国的膜科学理论和技术与发达国家相比仍发展缓慢，品种较少，滤膜的科研成果转化亟待提升。

（4）膜组件

将膜、固定膜的支撑材料、间隔物或管式外壳等通过黏合或组装构成的基本单元即为膜组件，可在一定压力作用下实现水与其他成分的分离。膜组件主要有板框式、管式、卷式和中空纤维式 4 种类型。

① 板框式膜组件是将膜放置在多孔支撑板上，两块多孔支撑板叠压在一起形成过流空间而构成的膜单元。板框式膜组件间可并联或串联，操作简单灵活，更换和冲洗便捷。

② 管式膜组件有外压式和内压式两种。管式膜组件对待处理水的预处理要求不高，可以用来处理高浓度悬浮液，但投资和运行费用较高，单位体积内膜装填密度较低，在 $30\sim500m^2/m^3$。

③ 卷式膜组件将导流隔网、膜、多孔支撑材料、膜、导流隔网依次叠合，沿三边将两层膜黏结密封，剩一开放边与中间淡水集水管连接，再卷绕在一起。原水由卷式膜组件一端流入导流隔网，从另一端流出，在这一过程中流出的水成为浓水。透过膜的淡化水沿多孔支撑材料流动，由中间集水管流出。卷式膜由于进水通道较窄，进水中的悬浮物会堵塞其流道，因此原水需要预处理，常见于纳滤和反渗透。卷式膜的装填密度一般为 $600m^2/m^3$，最高可达 $800m^2/m^3$。卷式膜组件也被称作螺旋卷式膜组件，涵盖了反渗透、纳滤、超滤、微滤四种膜分离过程，并在反渗透、纳滤领域有着较高的使用率。

④ 中空纤维膜组件常见于将中空纤维弯成 U 形，装于耐压管内，纤维开口端固定在环氧树脂管板中，并露出管板。透过纤维管壁的水沿纤维的空心通道从开口端流出。中空纤维膜装填密度大，最大可达 $30000m^2/m^3$，可应用于微滤、超滤、纳滤和反渗透。

3.7.11.1 微滤膜

微滤膜表面具有一定大小和形状的孔，孔径范围在 $0.05\sim5\mu m$，在压力作用下，溶剂和小分子的溶质透过膜，能起机械筛分作用。微滤膜分离技术以静压差为推动力，利用筛网状过滤介质膜进行筛分。1907 年 Bechhold 制得系列化多孔火棉胶膜，距今已有百余年历史。微滤是一种精密过滤技术，微滤膜厚度为 $90\sim150\mu m$，操作压为 $0.01\sim0.2MPa$，所需的工作压力比超滤低。微滤膜主要作用是从气相或液相物质中去除（截留）胶体、细菌和固体物质，以达到净化、分离和浓缩等目的。微滤膜主要技术特征有膜孔径均匀、过滤精度高、滤速快、吸附量少、无介质脱落等。

可用来制备微滤膜的材料可分为有机材料和无机材料。有机材料主要为有纤维素酯类、聚砜、聚丙烯等。无机材料主要为陶瓷、金属、金属氧化物、玻璃、沸石等。无机膜相较于有机膜而言，具有化学性质稳定、耐高温、抗污染性强、易清洗、机械强度高等优点，近年来发展迅速。

微滤膜主要应用于食品饮料、医药卫生、电子、化工、环境监测等领域，如科研和环保部门对水和空气的检测分析、电子工业的空气和纯水净化、食品工业食用纯净水制造、医药和制药业用水的除菌和除微粒等。

3.7.11.2　超滤膜

超滤介于微滤和纳滤之间，是一种膜过滤的技术手段。超滤膜的孔径范围为 $0.01\sim0.1\mu m$，可截流水中的微粒、胶体、细菌、大分子的有机物和部分病毒，但无法截流无机离子和小分子物质。超滤技术最初诞生于美国的亚米康公司，使用的不对称膜可隔离直径在 $0.005\sim10\mu m$ 的物质，膜的透水率在 $0.5\sim5.0m^3/(m^2\cdot d)$。膜的表层厚度通常在 $0.1\sim1\mu m$，在浓差极化为零的条件下可忽略溶液渗透压，所需的过滤压差为 $0.1\sim0.5MPa$。

超滤膜可分为有机超滤膜和无机超滤膜，当前有机超滤膜应用广泛，其材料种类有醋酸纤维、聚丙烯腈、聚砜、聚醚砜、聚碳酸酯、聚对苯二甲酸乙二醇酯等，而醋酸纤维、聚砜、聚醚砜等超滤膜应用更为普遍。无机超滤膜的材料种类主要有陶瓷、氧化铝、多孔玻璃等。

超滤技术相较传统过滤技术，具有如下优势：

① 筛分孔径更小，处理效率高，细菌、病毒、胶体微粒、蛋白质、大分子有机物等基本都可以被截留。

② 消耗少，只需要低压作推力即可，操作简单，可降低成本。

③ 无相变的限制，常温亦可应用。

④ 应用范围广，不同分子量溶液可采用相应超滤膜过滤。

⑤ 超滤设备可以根据需要调整形式、结构、尺寸等，且设备的结构简单，检修和维护方便。

超滤膜在处理工业废水、生活用水、食品发酵等领域有着非常广泛的应用，尤其在当前水污染问题越来越严重的环境下，超滤技术是保证用水安全非常有效的一种技术手段。

3.7.11.3　反渗透膜

当含盐水一侧施加压力大于该溶液的渗透压时，可迫使渗透反向，实现反渗透。反渗透膜对离子的截留没有选择性，其作用机理主要有优先吸附-毛细孔流机理、溶解-扩散机理和氢键机理等，各自不同程度地解释了部分透过现象。反渗透膜操作压力相对较高，膜通量因此受限。在对膜通量要求高而对某些物质截留率要求低的应用中，并非最佳选择。

反渗透应用历史悠久，我国在20世纪70年代已将反渗透技术应用于水处理领域。水淡化除盐的反渗透膜常见有醋酸纤维素（CA）膜、聚酰胺（PA）膜，具体内容详见3.10章节。

反渗透膜主要用于苦咸水、海水和含盐水的淡化除盐，亦常见用于微污染水深度处理等。

3.7.11.4　纳滤膜

纳滤膜在 20 世纪 80 年代便得到了发展，纳滤膜的截留分子量为 200～1000，与截留分子量相对应的膜孔径约为 1nm 左右，故称此类膜为纳滤膜。纳滤膜的性质与反渗透膜类似，又被称为"疏松型"反渗透膜。

纳滤膜的特点是对二价离子有很高的去除率，可用于水的软化，而对一价离子的去除率较低，纳滤膜对 NaCl 的截留率一般小于 90%。

纳滤膜对有机物有很好的去除效率，故纳滤常见用于微污染水深度处理，应用前景广阔。

3.7.11.5　电渗析膜

电渗析是以电位差为推动力的膜分离技术。MAIGROT 和 SABATES 在 1890 年首次使用电渗析法将糖浆脱盐，目前主要应用于除盐和海水淡化。电渗析膜（离子交换膜）是电渗析器的重要组成部分。

（1）离子交换膜分类

① 按活性基团所带电荷分类　离子交换膜按活性基团所带电荷可分为阳离子交换膜、阴离子交换膜和特种膜。阳离子交换膜和阴离子交换膜根据带电基团的解离程度又分为强酸和强碱膜、弱酸膜和弱碱膜。强酸膜通常以磺酸作为带电基团，弱酸膜通常以羧酸作为带电基团；而强碱膜和弱碱膜中常见的带电基团分别是季胺和叔胺。双极性膜，即特种膜，其阴阳离子活性基团均匀分布于同一张膜表面，部分正负电荷并列存在于膜厚度方向，或者由带正负电荷不同的 2 张膜贴合在一起组成。

② 按膜材料分类　离子交换膜按膜材料可分为有机离子交换膜、无机离子交换膜和无机-有机复合材料离子交换膜。有机膜主要由高分子材料合成，如聚乙烯醇、聚氯乙烯和聚苯乙烯等，无机膜则主要采用沸石类、多价金属磷酸盐等作为原料。有机膜的优点是结构灵活性强，便于加工，电子特性可调；而无机膜相较于有机膜，具有抗氧化能力强、热稳定性高、成本低廉等优势。无机-有机复合材料膜结合了无机和有机材料两者的优势，既有有机材料的柔韧性和易加工性，也具有无机材料的热稳定性和高机械强度。

③ 按膜结构分类　离子交换膜按膜结构可分为均相膜、非均相膜和半均相膜。均相膜的带电基团在整个膜基质上相对均匀分布，没有异相结构，化学成分均一。非均相膜是由粉末状的离子交换树脂加黏合剂混炼、拉片、加网热压而成，树脂分散在黏合剂中，因此其结构并不均匀。半均相膜的成膜材料中离子交换基团分布均匀，但惰性聚合物（如黏合剂）相和功能基团（如离子交换树脂）相非化学结合，故其性能、结构介于非均相膜和均相膜之间。

（2）离子交换膜的选用

在工程实际中，根据需求选用适宜的离子交换膜，以期取得良好的使用效果。

影响电渗析效果的因素很多，如不同的离子交换膜的性能参数、操作 pH 和离子强度、工作电流、反应器构型等均可能影响到电渗析的效果。有文章指出，在采用电渗析技术时，可以重点考虑离子交换膜的材质和分离操作的 pH。

3.7.12 离子交换树脂滤料

树脂一般认为是植物组织的正常代谢产物或分泌物，常和挥发油并存于植物的分泌细胞、树脂道或导管中，尤其是多年生木本植物芯材部位的导管中。树脂是由多种成分组成的混合物，通常为无定型固体，表面微有光泽，质硬而脆，少数为半固体。其不溶于水，也不吸水膨胀，易溶于醇、乙醚、氯仿等大多数有机溶剂。加热能软化，最后熔融，燃烧时有浓烟，并有特殊的香气或臭气。

大孔结构离子交换树脂和吸附树脂的出现，较好地解决了吸附选择性差、解吸再生困难和物理化学稳定性差等问题，已被广泛应用于水处理。离子交换树脂作为功能型高分子材料，是进行离子交换分离操作的物质基础。树脂性能的优劣，对于分离效果的成败，起着决定性的作用。我国已能大量生产适合于各种工艺目的，应用于各种操作条件的工业树脂。

（1）离子交换树脂的结构与特点

离子交换树脂，如图 3-45 所示，是在立体结构的高分子基体上接上离子交换基团的高分子电介质，交换基团由接在基体上的固定离子和具有相反电荷的可移动的抗衡离子组成，离子间的交换是在树脂的抗衡离子和其他离子之间进行。

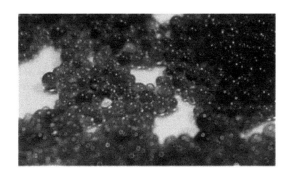

图 3-45　离子交换树脂

在离子交换树脂立体网状结构的惰性骨架上，无规则地连有活性基团，也称为功能基（如—SO_3H、—$COOH$ 等）。这种随机分布的活性基团，由固定基团（如—SO_3^-、—COO^- 等）与活动离子（即可交换的离子，如 H^+）组成。固定基团牢牢地固定在惰性骨架上，不能自由运动，活动离子虽然通过固定基团维系于惰性骨架上，但在发生离子交换行为时，可以进行定向运动。

(2) 离子交换树脂分类

① 按离子交换树脂的交换集团的性质分类　因交换基团性质的不同，离子交换树脂可分为两大类：可与溶液中的阳离子进行交换反应的称为阳离子交换树脂，阳离子交换树脂的可解离反离子是氢离子及金属阳离子；可与溶液中的阴离子进行交换反应的称阴离子交换树脂，阴离子交换树脂的反离子是氢氧根离子及其他酸根离子等。根据它们解离程度的不同，离子交换树脂又分为强酸性、弱酸性、强碱性、弱碱性。

a. 强酸性阳离子交换树脂是在交联结构高分子基体上带有磺酸基（$-SO_3H$）的离子交换树脂。若以 R 代表高分子基体，这种树脂可用 $R-SO_3H$ 表示，其酸性相当于硫酸、盐酸等无机酸，在碱性、中性甚至酸性介质中都显示离子交换功能。

b. 弱酸性阳离子交换树脂指含有羧基（$-COOH$）、磷酸基（$-PO_3H_2$）、酚基的离子交换树脂，其中以含羧基的酸性树脂用途最广。含羧基的阳离子树脂和有机羧酸一样在水中解离程度较弱，在 $10^{-5} \sim 10^{-7}$ 之间，所以显弱酸性，它仅能在接近中性和碱性的介质中才能解离而显示离子交换功能。

c. 强碱性阴离子交换树脂是以季胺基为交换基团的离子交换树脂。其碱性较强而相当于一般季胺碱，在酸性、中性甚至碱性介质中都可显示离子交换功能。

d. 弱碱性阴离子交换树脂是以伯胺（$-NH_2$）、仲胺（$-NHR$）、叔胺（$-NR_2$）为交换基团的离子交换树脂。这种树脂在水中解离程度很小而呈弱碱性，它只在中性及酸性介质中才显示离子交换功能。

② 按离子交换树脂的物理结构分类　根据树脂物理结构的不同可把离子交换树脂分为凝胶型、大孔型和载体型。

a. 凝胶型离子交换树脂。外观透明的均相高分子凝胶结构的离子交换树脂统称为凝胶型离子交换树脂。这类树脂的球粒内没有毛细孔，离子交换反应是离子通过被交联的大分子链间的距离扩散到交换基团附近进行，大分子链间的距离决定于交联程度，因此，离子交换树脂合成时交联剂的用量对树脂性能影响很大。

这类树脂较适合用于吸附无机离子，它们的直径较小，一般为 0.3～0.6nm。但不能吸附大分子有机物质，因后者的尺寸较大，如蛋白质分子直径为 5～20nm，不能进入这类树脂的显微孔隙中。

b. 大孔型离子交换树脂。在树脂球粒内部具有毛细孔结构的离子交换树脂统称大孔型离子交换树脂。因为毛细孔道的存在，树脂球粒是非均相凝胶结构。这类树脂的毛细孔体积一般为 0.5mL（孔）/g（树脂）左右，也有更大的，比表面积（m^2/g）从几到几百，毛细孔径从几十埃到上万埃。由于这样的孔结构，使其适宜于交换吸附分子尺寸较大的物质及在非水溶液中使用。大孔树脂内部的孔隙又多又大，比表面积很大，活性中心多，离子扩散速度快，离子交换速度也很快，比凝胶型树脂快约十倍。使用时的作用快、效率高，所需处理时间短。大孔树脂还有多种优点：耐溶胀，不易碎裂，耐氧化，耐磨损，耐热及耐温度变化，以及对有机大分子物质较易吸附和交换，因而抗污染力强，并较容易再生。

c. 载体型离子交换树脂是一种作为液相色谱的固定相的离子交换树脂，因色谱仪以高流速操作，柱内压力很大，一般离子交换树脂不能承受这样高的压力，因而研究了以球型硅胶或玻璃球等非活性材料为载体，将它作为中心核，在表面覆盖一离子交换树脂薄层，从而制得载体型离子交换树脂的模型。除此之外，还开发了用能和某些特定金属进行螯合的基团作为交换基团的螯合型树脂。

离子交换树脂不溶于一般的酸、碱溶液及许多有机溶剂。它以交换、选择、吸收和催化等功能来实现除盐、分离、精制、脱色和催化等应用效果。它广泛应用于电力、化工、冶金、医药、食品和原子能等部门，主要是制取软水和纯水、三废处理及分离精制药品等。离子交换反应是可逆的，所以离子交换树脂可以通过交换和再生反复利用。

（3）离子交换树脂的作用

离子交换树脂的作用主要体现在五个方面：

① 离子交换作用　是离子交换树脂的最基本的功能。当离子交换树脂与电解质溶液接触时，树脂粒子内部的可活动反离子就离解，并与进入树脂内的溶液中的离子发生离子交换反应。

② 吸附作用　表现在离子交换树脂与溶液接触时，有从溶液中吸附非电解质的功能，这种功能与非离子型吸附剂的吸附行为有些类似，同时这种吸附作用也是可逆的，可用适当的溶剂使其解吸，并且这种吸附是范德华力的作用。

③ 吸水作用　离子交换树脂中的交换基团是强极性的，有很强的亲水性，因此，干燥的离子交换树脂有很强的吸水作用。

④ 催化作用　因为离子交换树脂就是高分子酸、碱，所以它和一般低分子酸、碱一样对某些有机化学反应起催化作用。

⑤ 脱色作用　色素大多数为阴离子性物质或弱极性物质，可用离子交换树脂去除它，特别是大孔型树脂具有很强的脱色作用，可作为优良的脱色剂。

（4）离子交换树脂吸附过程的应用工艺

离子交换树脂吸附过程的应用工艺可分为静态与动态两种，在动态交换中又有固定床与移动床之分。

① 静态吸附　静态吸附是将溶液与吸附剂一同放入容器内，使它们充分接触，但两相不发生相对移动。当吸附平衡或接近平衡时，将固液两相加以分离。这种方法效率不高，为了提高交换效率，常需进行几次乃至多次静态吸附，所以静态吸附也称间歇式吸附。该法适合于在实验室中测定树脂的一些性质，如交换容量、交换速度、选择系数等。

② 动态吸附　动态吸附是指溶液与树脂层发生相对移动的吸附方法。在动

态吸附中又有固定床吸附、移动床吸附和流化床吸附之分。

a. 固定床法是树脂在柱中不移动，溶液在柱中流经树脂层时发生吸附交换，也称该法为柱式吸附交换法。其特点是溶液在流动过程中不断与新树脂接触和交换。在一局部位置的吸附交换就如同一次静态交换一样，当溶液流到下一局部位置时又相当于一次静态吸附交换。显然，柱式吸附交换法比静态吸附法的效率高，操作简单，实用价值大，在实验及工业生产中多采用这种方法。但同移动床法相比，树脂的利用率不高。

b. 移动床法是水从吸附柱底部进入，处理后的水由柱顶排出。在操作过程中，定期将接近饱和的一部分树脂从柱底排出，送到解吸塔进行解吸。与此同时，将等量的新鲜树脂由柱顶加入，因而这种吸附床称之为移动床。这种运行方式较固定床吸附能更充分地利用树脂的吸附能力，压头损失小，但塔内上下层吸附剂不能相混，所以对操作管理要求较为严格。

c. 流化床法是吸附剂在塔内处于膨胀状态，悬浮于由上而下的水流中。所以这种运行方式也称为膨胀床吸附。膨胀床吸附效率高，适于处理悬浮物较多的废水。

（5）过程装置

离子交换树脂的吸附装置主要有接触过滤式吸附装置、固定床吸附装置、移动床吸附装置、流化床吸附装置。

① 接触过滤式吸附装置　是把吸附剂加到带搅拌器的吸附槽内，使它与原料溶液充分接触之后，用压滤机间歇地把吸附剂从液相中压滤出来。此装置只适用于从稀溶液中回收溶解物质和从溶液中除掉某些杂质的液相吸附。

② 固定床吸附装置　应用最广泛的吸附方式是把颗粒状的吸附剂装到吸附柱中，使其与含有吸附组分的流体进行动态吸附。这种装置床层固定不变，水流由上而下流动，设备紧凑，操作简单，出水水质好。不过，再生费用较大，生产效率不够高。

③ 移动床吸附装置　是指待处理的流体从塔的下部向上通入，已达到饱和而需要再生的吸附剂从塔下面连续或间断的排出。与此同时，从塔的上面补入再生后的吸附剂。它是一种半连续式的交换设备，整个交换树脂在间断移动中完成交换与再生。它的优点是效率较高，树脂用量较少。

④ 流化床吸附装置的吸附方式是让流体从下面朝上流动，将吸附剂粒子托起，处于流态化状态而进行吸附。因而流体的速度必须大于使吸附剂颗粒呈流态化所需的最低速度，所以它适合于处理大量流体。其不足是吸附剂的磨损比较大，操作条件的弹性范围很窄。

随着科技的发展，新型树脂滤料不断涌现，品类繁多，如除氟离子交换树脂、除砷离子交换树脂、螯合树脂等有特定去除作用的特种离子交换树脂。本书主要以 D001 大孔强酸性苯乙烯系阳离子交换树脂和 D201 大孔强碱性苯乙烯系阴离子交换树脂为例介绍，具体内容详见 3.10 章节。

3.7.13 其他化工材质净水滤料

随着科技进步，水处理滤料的材质丰富多样，如 AFM 活性过滤滤料、聚砜膜、聚酰胺（PA）膜、醋酸纤维素（CA）膜、聚偏氟乙烯（PVDF）膜，具体内容详见 3.10 章节。

3.8 金属矿物滤料

3.8.1 活性氧化铝

（1）简介

该产品为白色或微红色颗粒，不溶于水或其他有机溶剂，在水和其他溶剂中不胀裂，表面光滑，粉尘少，强度高，吸附力强。活性氧化铝示意如图 3-46 所示。

图 3-46 活性氧化铝

（2）主要性能参数（表 3-40）

表 3-40 活性氧化铝主要性能技术指标

粒度/mm	3～5	5～8	粒度/mm	3～5	5～8
抗压强度/N	80	100	磨耗/%	≤0.4	<0.4
堆密度/(kg/L)	0.68	0.68	孔容积/(L/kg)	>0.38	≥0.38
静态吸水（质量）/%	≥16	≥15	比表面积/(m²/g)	≥200	≥200

（3）主要用途

主要用于双氧水循环再生，工作溶液中的杂质和水分的吸附、烷基苯、油脱酸的吸附等。

3.8.2 凯得菲（KDF）多金属滤料

（1）简介

凯得菲（KaiDefei，KDF）多金属滤料如图 3-47 所示，是一种颗粒状高纯度合金，表面有着极强的抗氧化能力，是近几年来流行的新型水处理过滤材料。它通过微电化学氧化-还原反应进行水处理工作，在与水接触时，合金中的两种金属在亚微观尺度上构成无数小的原电池系统。这种材料在水中具有强大的反应能力和极快的反应速度，可以清除水中高达 99% 的氯和水中溶解的铅、汞、镍、铬等金属离子和化合物，减少矿物质结垢（如碳酸盐、硝酸盐和硫酸盐等），对抑制细菌、真菌、污垢、水藻的滋生效果显著。多被用于预处理与废水处理设备等。KDF 多金属滤料的寿命长、成本低。

图 3-47 凯得菲（KDF）多金属滤料

（2）主要性能参数（表 3-41）

表 3-41　KDF 技术参数

成　分	高纯度铜锌合金	成　分	高纯度铜锌合金
色泽	金黄色	规格	10～30 目(2.00～0.59mm)
形状	不规则颗粒状		30～70 目(0.59～0.21mm)
颗粒大小范围	0.145～2.00mm	堆积密度	2.4～2.9g/cm³
pH 值范围	5.5～8.5	进水温度	0～100℃

（3）主要用途

① KDF 多金属滤料可作为活性炭、离子交换、超滤（UF）、逆渗透（RO）、电渗析（EDI）等过滤系统中的前置处理。

a. 可作为碳过滤的前级，可去除水中大多数杂质，减轻碳的过滤负担，所以它可以与碳并用，延长碳的使用寿命十倍以上。

b. 可作为离子交换的前置处理，可去除铁细菌、二价铁、三价铁等杂质，以保护树脂不受其侵害，使树脂免于中毒而失去交换能力，因而大大延长树脂的使用寿命。

c. 可作为 UF、RO、EDI 等精密过滤的前处理至关重要，因为逆渗透膜的使用寿命取决于它的前级保护。

② 可作为一种最简便的过滤方式，可大量地应用在市政及井水的全过滤系统中。

③ 由于其特殊的耐热性及其过滤机理，可作为热水、温泉水的过滤，可以去除水中的铁、锰、硫化氢等杂质，而且去除率可达 90％～99％。

④ KDF 可作为污水、中水处理等的后置处理。如电镀厂处理后的重金属依然超标，可用它作为后置处理（深度处理），其中还包括印刷线路板厂的除铅，石油化工等企业，去除高价铬、苯酚等都有良好的效果。

在家用、商用、市政用水方面，KDF 还可作为家用净水器中去除氯、重金属、灭菌、阻垢等；可作为公寓、别墅型的全过滤；可作为商用型 KDF 过滤器。

3.8.3　铁屑滤料

（1）简介

资源再生历来备受研究者重视，对金属铁也同样如此，但铁再生利用的困难之处主要是为了除去铁内杂质而需耗费很高的成本。铁屑如图 3-48 所示，是铁碳合金，由单质铁和 Fe_3C 及一些杂质组成，铁屑滤料微电解法是一个以废治废的实用水处理技术，方法简单、原料易得、投资少、便于在实际中推广。

（2）主要性能参数

粒度为 1.2～12mm。

（3）主要用途

利用铁屑滤料塔中发生的微电解反应处理高浓度 Cr^{6+} 工业废水，在适宜的 pH 值（5～6）条件下可使 Cr^{6+} 的去除率达 99.5% 以上。

3.8.4 海绵铁

（1）简介

海绵铁如图 3-49 所示，采用铁质精矿粉和氧化铁磷经化学法制备成内部含有大量微孔的铁质多孔性物质，并制备成一定粒径的颗粒。海绵铁的主要成分为铁元素，全铁的质量分数大于 96%，金属铁的质量分数大于 90%，碳元素的质量分数约为 3%。

图 3-48　铁屑

图 3-49　海绵铁

（2）主要性能参数（表 3-42）

表 3-42　海绵铁的主要性能参数

指标	硬度	不均匀系数	孔隙率	含灰量	粒径范围
数值	5～7	$K_{80} \leqslant 1.8$	30%～50%	<0.5%	1.0～5.0mm

（3）主要用途

经试验研究，用海绵铁处理含铬废水具有高效、快速、操作简便、经济易行等优点，值得进一步研究和推广应用。

3.8.5 其他金属矿物滤料

随着科研工作者的不断努力，新型的金属矿物滤料不断涌现，如 KATALOX-LIGHT 滤料、FERROLOX-X 滤料和二氧化钛滤料，具体内容详见 3.10 章节。

3.9 废弃物滤料

3.9.1 果壳做滤料

与其他滤料相比，果壳做滤料的优点在于直接采用滤前水反冲洗，运行成本低，管理方便，反冲洗强度低，滤速快（24～26m/h），效果好，滤料不板结，不腐烂，永不更换，每年只需补充5%～10%即可。对油田含油污水处理效果显著，油去除率达95%，含油降至5mg/g以下。油水处理用核桃壳滤料，由于本身的硬度，理想的比重、多孔和多面性，并经特殊的物理化学处理（将其色素、脂肪、油脂、电负离子去除干净），使它在水处理中具有较强的除油、除固体微粒、易反洗等优良性能。

果壳滤料用途：①油田含油污水处理——去油和悬浮固体；②工业含油工业水处理——去油和悬浮固体；③民用水和工业用水处理——去除水中悬浮固体，提高水质。油水处理用果壳滤料是一种独特的水处理滤料。核桃壳经过特殊的加工还是一种理想的磨料。核桃壳由于本身特有的性能，还可作为洗涤剂的辅助材料。

在研究果壳类滤料对含油污水的处理效果时，陈玲、孙浩等做了试验：首先用粉碎机将充分成熟、无虫蛀的果壳粉碎，然后在50℃条件下用0.5%的碱性药剂蒸煮1h，进行脱脂处理，脱脂后的果壳进行清洗烘干，然后进行颗粒级配。经过试验后表明粒径越小的果壳滤料处理效果越好，不同粒径处理后样品油量的变化见表3-43。

表 3-43   经不同粒径过滤后样品油含量的变化

粒径/mm	1.6～2.0	0.8～1.2	0.5～0.8	0.3～0.5	0.1～0.3
过滤前油体积/mL	20	20	20	20	20
过滤后油体积/mL	9	5.5	3	2.5	1
吸油率/%	55	73	85	88	95

但在实际运行中滤料粒径比较小，对提高滤速、延长过滤周期、提高滤层产水量等均是不利的，因此应综合考虑后再选择粒径。

对比吸油率最差的粒径在不同滤层厚度下过滤后油含量的变化，结果显示滤层厚度越大吸油效果就越好（见表3-44）。

表 3-44   经不同滤层厚度过滤后样品油含量的变化

滤层厚度/cm	8	12	16
过滤前油体积/mL	20	20	20
过滤后油体积/mL	9.5	7.5	5
吸油率/%	53	63	75

对比不同过滤次数情况下油含量的变化，结果表明最差的两种粒径做厚度最小的滤层，最多重复过滤两次即可达到最佳过滤效果（表 3-45 和表 3-46）。

表 3-45   粒径为 1.6～2.0mm 滤料经不同重复过滤次数后油含量的变化

过滤次数	第 0 次	第 1 次	第 2 次	第 3 次
油体积/mL	20	10	1	0
吸油率/%	0	50	95	100

表 3-46   粒径为 0.8～1.2mm 滤料经不同重复过滤次数后油含量的变化

过滤次数	第 0 次	第 1 次	第 2 次	第 3 次
油体积/mL	20	8.5	0	0
吸油率/%	0	57.5	100	100

当滤料粒径越小时，滤料的比表面积就越大，悬浮颗粒与滤料的接触次数也就越多，所以以悬浮物的去除效果也就越好（表 3-47）。

表 3-47   经不同粒径过滤后悬浮物的质量

粒径/mm	1.6～2.0	0.8～1.2	0.5～0.8	0.3～0.5	0.1～0.3
过滤前悬浮物质量/g	4.610	4.622	4.620	4.618	4.611
过滤后悬浮物质量/g	0.310	0.256	0.138	0.104	0.101
悬浮物去除率/%	93.2	94.4	97	97.7	97.8

使用吸附率最差的粒径（1.6～2.0mm），选择不同的厚度对含油污水进行过滤，结果表明，当滤料粒径越大时，悬浮物与滤料的接触次数就越少，所以应加大滤层的厚度，以提高处理效果，厚度越大悬浮物的去除效果就越好（表 3-48）。

表 3-48   经不同滤层厚度过滤后样品悬浮物的质量

滤层厚度/cm	8	12	16
过滤前悬浮物质量/g	4.650	4.648	4.640
过滤后悬浮物质量/g	0.294	0.238	0.109
悬浮物去除率/%	93.6	94.8	97.7

经实验证明，果壳对污水的处理效果好，并且产品价格低廉，易获取，成本低，"以废治废"，并能取得很好的社会和经济效益，是将来处理污水的新方向。

3.9.2   利用废弃物制备系列多孔陶瓷滤料

随着经济和社会的发展，固体废弃物不断增加成了一大问题，随意地丢弃造成环境污染，水体污染，因此综合利用这些固体废弃物，研制新型滤料对废水处理具有重要意义。

在城市河道中淤泥经常堵塞河道，使得河道水流变慢，如不及时清理会导致河床变高，然而清理后的淤泥也得不到最终处理，占用土地，污染环境。若将河道淤泥进行处理，变废为宝，则具有很好的应用前景。城市河道淤泥是一种富含水的铝硅酸盐类黏土原料和丰富的有机质的混合物，有颗粒微细、含砂量少、可塑性高、结合力强、经风干后即可使用等优点，是生产水处理陶粒滤料的理想原料，然而将河道淤泥用于制备多孔陶瓷滤料还未有过应用经历，现潘嘉芬、冯雪东利用山东淄博黄土崖段孝妇河河道淤泥为主要原料，对制备水处理多孔陶粒滤料进行试验研究。

在实验过程中，不同配方下烧制了 6 种不同的陶粒，这些陶粒的性能参数对比见表 3-49。

表 3-49　不同配方下烧结陶粒的性能指标

配方编号	破碎率与磨损率之和/%	视密度/(g/cm³)	盐酸可溶率/%	比表面积/(m²/m³)	抗压强度/kPa
PF1	0.75	1.95	1.27	0.35×10^4	0.188
PF2	0.75	1.92	1.29	0.38×10^4	0.186
PF3	0.76	1.70	1.31	0.42×10^4	0.184
PF4	0.76	1.50	1.43	0.51×10^4	0.181
PF5	0.78	1.35	1.51	0.55×10^4	0.178
PF6	0.8	1.20	1.71	0.65×10^4	0.176
市售陶粒	0.05	0.87	0.54	—	0.142
标准	6	由用户确定	2	0.5×10^4	无要求

PF6 在最佳条件下烧制成的陶粒和砂粒相同粒级、相同质量的条件下，陶粒的除油效果明显好于砂粒。当废水与滤料的接触时间为 2.5min 时，陶粒的处理效果约为砂粒的 3 倍。这是由于陶粒的多孔，吸附面积大，所以处理效果好。因此将这些河道淤泥再利用不仅使这些垃圾有了去处，不会占用地方、污染环境，还能用作污水处理滤料的原材料，变废为宝，这将成为研究与应用的新领域。

3.10　几种典型的新型滤料

3.10.1　微孔陶瓷过滤管

（1）简介

微孔陶瓷过滤管如图 3-50 所示，是微孔陶瓷过滤介质的另一种形态，微孔陶瓷过滤介质由骨科（石英、氧化铝、碳化硅等）掺和一定量的黏合剂、成孔剂、稀

图 3-50　微孔陶瓷过滤管

土抗蚀剂，经过高温烧结成各种形状、各种规格，烧结成陶瓷后，在其体内形成了很多大小分布均匀，并相互连通的桥拱状开口微孔通道，故被称为微孔陶瓷。当流体从这些微小通道通过时，原水中的悬浮杂质、胶状颗粒、细菌、大分子有机物等被过滤截留，流体在微孔通道的外表面内部产生各种物理效应，达到机械筛滤、净化或扩散、流状化、吸附截留等功效。

（2）规格尺寸（表3-50）

表 3-50　微孔陶瓷过滤管的规格尺寸　　　　　　　　单位：mm

规格尺寸（允差±2mm）	外径 D	内径 d	长度 L	厚度 B
最小尺寸	50	30	100	10
最大尺寸	300	200	1000	50
常用尺寸	60	40	500	10
	60	40	1000	10
	100	60	1000	20
	200	140	1000	30

（3）性能参数（表3-51）

表 3-51　微孔陶瓷过滤管的性能参数

项目	指标	项目	指标
容重/（kg/m³）	1480	抗折强度	5.3
孔径/μm	3～500	耐酸度/%	98
孔隙率/%	30～43	耐碱度/%	74～82
透水率/［kg/（m²·h）］	150～500	莫氏硬度	7
透气率/［m³/（m²·h）］	1.8～5.0	热稳定性/℃	≥200
抗压强度/MPa	14	吸水率/%	23.3

3.10.2　陶瓷膜

（1）简介

陶瓷膜如图3-51所示，是天然或人工合成的无机陶瓷材料经物理、化学等方法制备形成的一种具有分离性能的无机膜。水处理领域常用的陶瓷膜按孔径可分为微滤膜、超滤膜、纳滤膜3种形式。

（2）特点

① 具有良好的热稳定性，可长期在高温下运行，且耐受温度高；

② 陶瓷膜组件多为管状，清洗步骤较简单；

③ 耐受能力强，能在较差的水质条件下长期稳定运行；

④ 使用寿命长，比一般有机膜的寿命长3～5倍，可适当减少后期更换。

（3）性能参数（表3-52）

图 3-51　陶瓷膜

表 3-52　陶瓷膜的性能参数

项目	参数	项目	参数
用途	油水分离	滤膜类型	微孔滤膜
过滤方式	外压式	适用对象	水
厚度	1.2mm	适用范围	水泵
性能	防水、防静电	操作压力	0.8MPa

（4）主要应用

陶瓷膜可应用于给水处理获得稳定优良的水质。陶瓷膜可在较差的水质条件下长期运行，因此可以应用于污废水的处理。此外，陶瓷膜可与其他工艺组合使用，提高对污染物的处理效率，目前研究较多的是陶瓷膜和混凝、吸附、臭氧、光催化的组合。

3.10.3　PTFE 杂化膜-柔性陶瓷膜

（1）简介

本章节以聚四氟乙烯（PTFE）杂化膜-柔性陶瓷膜为例介绍柔性陶瓷膜，如图 3-52 所示。PTFE 杂化膜-柔性陶瓷膜是由微米级的陶瓷膜颗粒（二氧化钛、氧化锆、碳化硅的颗粒）和纳米级的 PTFE 粉料组成，是将 PTFE 颗粒包裹在陶瓷颗粒周围，形成一定纳米级球状的复合材料。该膜过滤精度为 $0.1\sim1\mu m$，能较有效地滤除水中的砂粒、细菌、悬浮物、铁锈、胶体、大分子有机物和病毒等有害物质。

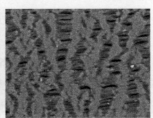

NL D6.0×100　1mm　　　　　　　NL D6.0×1000　1μm

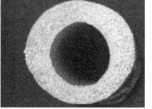

NL D6.0 × 5000   20μm   NL D7.0 × 50   20mm

图 3-52   PTFE 杂化膜-柔性陶瓷膜

（2）性能参数（表 3-53）

表 3-53   柔性陶瓷膜性能参数

项目	参数	项目	参数
过滤精度	0.1～1μm	可耐酸 pH	0
温度	200～260℃	可耐碱 pH	14
可承受气	2kg	膜丝材料	氟

（3）特点

① 柔性陶瓷膜能保持良好的柔性，同时拥有很高的强度和韧性，在高压下，膜丝也不会被压扁变形；

② 具有一定的亲水性，能延缓膜污堵，延长使用寿命，可承受 2kg 气进行气反洗，可恢复膜通量；

③ 膜丝材料主要为氟，是地球上最稳定的材料，常温下不与任何物质发生反应，能够解决传统膜结垢难题；

④ 可耐酸（pH＝0）、耐碱（pH＝14）、耐高温（220℃）、耐有机溶剂；

⑤ 成本低，通量大，能耗低。

（4）应用范围

柔性陶瓷膜可以在多种场景应用，如矿井水直滤、电镀废水重金属过滤、金属废酸液处理、盾构及建筑工地废水处理、油田回注水处理等。

3.10.4   基于沸石的除重金属滤料

（1）简介

基于沸石的除重金属滤料如图 3-53 所示，是一种高性能去除重金属的滤料，主要原料采用硅、铝、钙等无机矿物，经特殊工艺制作而成。外观呈球形颗粒状，内部多微纳米孔道的网状结构，具有较高的比表面积，可通过离子交换吸附大量重金属离子。

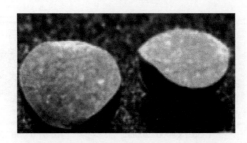

图 3-53 基于沸石的除重金属滤料

重金属去除机理：沸石内部有大量的钾、钙、钠、镁离子，可与水中的重金属离子发生离子交换反应，将重金属离子牢牢吸附在沸石孔道中，且不易再释放到水体中。另外，滤料表面具有大量羟基、羧基等含氧官能团提供反应位点，吸附固定重金属离子。

（2）特点

基于沸石的除重金属滤料具有强度高、吸附速率快、吸附稳定性强、吸附容量大的特性。

（3）性能参数（表 3-54）

表 3-54 基于沸石的除重金属滤料性能参数

项目	参数	项目	参数
堆积密度/（g/cm³）	0.7~1.1	吸水率/%	＞10
比表面积/（cm²/g）	＞7×10⁴	表观密度/（g/cm³）	1.2~1.8
孔隙率/%	＞40	重金属去除率/%	＞95

（4）规格尺寸（表 3-55）

表 3-55 基于沸石的除重金属滤料规格尺寸

产品型号	尺寸规格（可定制）/mm
ZRH-0305	3~5
ZRH-0610	6~10
ZRH-1115	11~15
ZRH-1620	16~20

（5）应用范围

基于沸石的除重金属滤料可应用于工业污水、河道污水的处理。此外，基于沸石的除重金属滤料还可应用于工业土地修复和土壤改良等方面。

3.10.5 AFM 活性过滤滤料

（1）简介

AFM 活性过滤滤料如图 3-54 所示，是一种经过专门设计加工而成的无定型铝硅酸盐（玻璃），原材料是回收再利用的绿色和琥珀色玻璃瓶。

（2）特点

AFM 活性过滤滤料的特点主要有：

① 在特定条件下，过滤表现可同 UF 超滤相提并论，对颗粒的去除率较高，后端膜组堵塞的可能性更低；

② 具有高强表面负电荷密度，可以和混凝剂或絮凝剂配合使用以去除溶解的物质；

③ 表面为电中性且呈现亲油疏水的特性；

④ 针对大多数原生动物、真菌和孢囊卵囊的过滤处理；

图 3-54　AFM 活性过滤滤料

⑤ 具有生物抗性，细菌不在其表面生长；

⑥ 不会板结或产生虫洞通道；

⑦ 可直接吸附活性炭等有机物；

⑧ 不需要氯化处理，因此也就不会有三氯胺、三卤甲烷（THM）或氢溴酸等副产物产生；

⑨ 按照要求用水进行反洗即可恢复过滤器过滤效率，不需要用气洗手段清洗过滤器。

（3）主要性能参数（表 3-56）

表 3-56　AFM 活性过滤滤料性能参数

技术参数	0 号	1 号	2 号	3 号
颗粒粒径/mm	0.25：0.5	0.4：0.8	0.7：2.0	2.0：4.0
过小颗粒/%	<5	<5	<10	<10
过大颗粒/%	<5	<5	<10	<10
有效粒径（以 $10d$ 计）/mm	0.27	0.44	0.82	2.3
莫氏硬度	>7	>7	>7	>7
球度（平均范围）	0.77	0.78	0.81	0.82
均匀细数（d_{60}/d_{10}）	<1.5	<1.5	<1.5	<1.5
长度比	2：2.4	2：2.4	2：2.4	2：2.4
有机污染物/（g/t）	<50	<50	<50	<50
有色玻璃占比（绿色/琥珀色）/%	>98	>98	>98	>98
绝对密度（颗粒）/（kg/L）	2.4	2.4	2.4	2.4
内能/（kW/t）	<72	<65	<50	<50
气孔率（计算得出，非压实滤床）	50	44	42	40
气孔率（计算得出，压实滤床）	40	38	37	37
堆积密度/（kg/L）	1.28	1.26	1.23	1.22
磨损（50%滤床膨胀，100 小时连续反洗）/%	<1	<1	<1	<1

（4）化学组成成分（表3-57）

表3-57   AFM活性过滤滤料化学组成成分表

成分（氧化物）	占比/%	成分（氧化物）	占比/%
硅	72	钙	11
镁	2	镧	1
纳	13	钴	0.016
铝	1.5	铅	<0.005
锑	<0.001	汞	0.0005
砷	<0.0001	钛	<0.1
钡	0.02	铷	<0.05
镉	<0.0001	铱	<0.05
铬	0.15	铂	<0.0001
铁	0.15	锰	0.1

（5）典型用途

AFM活性过滤滤料主要应用领域有各种水源的饮用水（主要包括地表水和地下水）膜前预处理；游泳池、水产养殖及水族馆中水处理；工业工艺废水和污水三级处理以及冷却塔旁流过滤等。

3.10.6   聚砜膜

（1）简介

聚砜膜是指主链有重复的砜基芳香族热塑性聚合物和亚芳基的高分子化合物制成的有筛分功能的膜。聚砜膜通常指双酚A型聚砜（PSF）膜，聚醚醚酮（PEEK）和酚酞型聚醚砜（PES-C）也常见于聚砜类材质膜。聚砜膜组件常见有板框式、管式、卷式和中空纤维式等。

（2）特点

聚砜的硫原子是最高氧化态，砜基的共轭效应使其有优良的抗氧化性和热稳定性，醚链改善了聚砜的韧性，苯环提高了力学强度和模量，分子中所有的链不易水解，耐酸、耐碱。聚砜膜秉承了聚砜本身的特点，不仅具有优良的渗透性，而且具有优良的耐温性、耐溶剂性和高的机械强度，在宽广的温度范围内有优良的电性能，化学稳定性好，除浓硝酸、浓硫酸、卤代烷外，能耐一般酸、碱、盐。

（3）性能参数

以聚砜中空纤维膜为例，见表3-58。

表 3-58　聚砜中空纤维膜的性能参数

项目	参数	项目	参数
聚砜	20%	PVP	10%
PE G-800	10%	凝固浴	水
空气间隙	30cm	纯水通量	>100L/ (m² · h)
截面	海绵状	外表面	高孔隙率

（4）改性聚砜膜研究内容

聚砜高分子材料具有良好的耐高温性、耐酸碱性以及高的机械性能等特点，聚砜聚合物主链由砜基和亚芳基组成，砜基结构的共轭效应使其具有优良的抗氧化性及耐热稳定性，苯醚结构改善了聚砜高分子材料的韧性，此外聚砜高分子链结构中的基团不易水解，具有较高的化学稳定性。但由于聚砜膜表面呈疏水性，在膜分离过程中很容易被蛋白质等有机物污染，造成其渗透性能和使用寿命下降。

因此对聚砜膜进行改性研究来提高分离性能，聚砜膜改性采用的主要方法为表面浸渍改性、表面接枝亲水改性、界面聚合等。

① 表面浸渍改性是将聚砜基膜置于预先配好的铸膜液中，一定时间后取出、干燥，在膜表面形成亲水改性皮层，该方法制得的聚砜复合膜，其活性皮层与基膜的结合力较弱，易脱落，影响运行稳定性和使用寿命。

② 表面接枝亲水改性是将聚砜膜表面活化，并进行接枝反应引入亲水性聚合物，这种方法得到的聚砜改性膜，其接枝物与基膜间以共价键方式连接，结合力较好，有效提高了膜的稳定性，但制备工艺复杂，操作成本高。

③ 界面聚合改性是将聚砜基膜分别浸入含有水相单体和油相单体的溶液中，在界面处两种单体发生缩聚反应，从而形成活性皮层，但界面聚合过程中产生的小分子会对改性聚砜膜的结构与性能造成影响。

部分金属氧化物无机粒子改性聚砜膜实例见表 3-59。

表 3-59　部分金属氧化物无机粒子改性聚砜膜实例

膜类型	无机子种类	最佳添加质量分数/%	添加粒子后接触角/ (°)	纯水通量/ [L/ (m² · h)]	截留物	截留率/%
聚砜中空纤维膜	ZnO	1.5	35.20	33.8	MgSO₄	92.20
聚砜平板膜	ZnO	2.0	39.60	2.83	HA	98.00
聚砜平板膜	Fe₂O₃	1.0	79.00	663	BSA	>96.00
聚砜平板膜	ZrO₂	—	—	200	中水	符合标准
聚砜平板膜	Al₂O₃	1.0	50.00	3.3	NaCl	84.10
聚砜平板膜	TiO₂	1.5	41.67	4.65	NH₃	88.79
聚砜平板膜	TiO₂	1.0	55.00	275	BSA	95.00

（5）应用

聚砜具有良好的化学稳定性、电绝缘性、耐水性、耐热性、尺寸稳定性以及较好的成膜性和机械强度，因此，聚砜膜在超滤、微滤、反渗透、烯烃或烷烃分离、固定化载体、气体分离、血液透析等方面得到了广泛的应用。

3.10.7 聚酰胺膜

（1）简介

聚酰胺（polyamide，缩写 PA），系分子主链是含有许多重复的酰胺基的聚合物，这类高分子聚合物俗称尼龙（Nylon）。聚酰胺自问世以来，首先用于合成纤维，其次用于塑料制品，其物理力学性能优良，应用效果良好，系通用工程塑料产量最大的产品。聚酰胺是大多数 RO 及 NF 复合膜的功能层材料，分为芳香及脂肪聚酰胺。商业聚酰胺膜具有优异的水渗透及选择分离性能。

（2）特点

聚酰胺膜的特点主要有：①总运行成本低；②运行压力低；③脱盐率高；④能耗显著降低。

（3）性能参数（表 3-60）

表 3-60 PA 膜的性能参数

项目	参数	项目	参数
表面电荷	负电性	压力	150～450psi
温度	50℃（122℉）	工作 pH 值	3～11
游离氯容忍值	无		

注：1psi＝6.89kPa。

（4）4 种不同 PA 膜的性能参数（表 3-61）

表 3-61 4 种不同 PA 膜的性能参数

膜	NF5	NF270	NF90	XN45	TS40
制造商	安德	菲林泰克	菲林泰克	米罗丁-纳迪尔	米罗丁-纳迪尔
表层原料	半芳香 PA 膜	半芳香 PA 膜	芳香 PA 膜	芳香 PA 膜	芳香 PA 膜
截留分子量/Da	340～460	200～300	200～300	＜500	200～300

3.10.8 醋酸纤维素膜

（1）简介

由纤维素类制成的纳滤膜耐氯性较好，然而通量低、分离效率低，其中使用最为广泛的是醋酸纤维素膜（图 3-55）。醋酸纤维素膜是纤维素以醋酸为溶剂，与酸酐在催化剂作用下酯化制得的一种热塑性树脂，具有可再生、生物相容性好、水通量大、易于加工等特点。

图 3-55　醋酸纤维素膜

（2）特点

醋酸纤维素膜的优点主要有：

① 氯和氧化剂的耐受能力较强，可以耐受 10^{-6} 的游离氯，氯和氧化剂会造成聚酰胺（PA）膜损坏；

② 适用于生物污染风险高的应用，氧化剂耐受能力使得醋酸纤维素膜能够用于解决微生物污染问题，即使持续投加氧化性的消毒剂（如氯等），膜也不会受到损坏；

③ 不易发生污堵，与 PA 膜和聚砜（PS）膜相比，醋酸纤维素膜的抗污染能力更强。

但是，在醋酸纤维素膜应用中需要注意：

① 醋酸纤维素膜中位于聚合体上的醋酸基团会水解，由于水解和 pH 值有关，为了保证醋酸纤维素膜正常工作，其工作 pH 值应保持在 4.0～6.0 之间。一旦发生水解，膜将丧失脱盐能力。

② 使用寿命短，由于存在水解问题，醋酸纤维素膜的使用寿命一般不超过 3 年，而 PA 膜的使用寿命通常可以达到 3～7 年。

③ 运行压力高，醋酸纤维素膜要求运行压力在 400psi（1psi＝6.89kPa）左右，以保证正常的通量和脱盐率。

④ 固定设备投资大，相比于 PA 膜设备，醋酸纤维素膜的运行压力较高，这就要求使用大功率的泵以及较贵的膜壳，因此醋酸纤维素膜设备的固定投资较大。

（3）性能参数（表 3-62）

表 3-62　醋酸纤维素膜性能参数

项目	参数	项目	参数
可湿润性	亲水	孔径/μm	0.22、0.45、0.65、0.80、1.20
颜色表面	白色平整	直径/mm	13、25、47、50

项目	参数	项目	参数
工作 pH 值	4～6	表面电荷	中性
压力	300～600psi	温度	35℃（95℉）
游离氯容忍值	可达 10^{-6}		

注：1psi=6.89kPa。

（4）适用范围

醋酸纤维素膜属于纤维素类膜，普遍应用于水处理工艺中，用反渗透技术将原水中的无机离子、细菌、病毒、有机物及胶体等杂质去除，以获得高质量的纯净水。醋酸纤维膜对过滤物质的吸附量低，常被用于蛋白质溶液的过滤。考虑到滤膜孔径，$0.22\mu m$ 的滤膜适合于水溶液、缓冲液、血清和培养基的除菌过滤；$0.45\mu m$ 的滤膜非常适合于 HPLC 的流动过滤。

3.10.9 聚偏氟乙烯膜

（1）简介

聚偏氟乙烯（PVDF）膜如图 3-56 所示，是以 PVDF 材料制成的超滤膜，以高强度、高韧度、长寿命著称。PVDF 膜最常见的制膜方法是热致相分离法和非溶剂致相分离法。

图 3-56　聚偏氟乙烯（PVDF）膜

（2）特点

① 耐污染性明显高于其他材料制成的超滤膜，清洗周期较长，因此过滤通量较大，产水性能衰减较小；

② 很容易清洗，用透过水进行反冲洗即可，易于操作；

③ 具有良好的化学稳定性，能耐受强酸、强碱，能承受大强度的化学清洗，重复利用率很高；

④ 具有较高的热稳定性、较强的机械性能及良好的加工特性。

（3）性能参数（表 3-63）

表 3-63　PVDF 膜性能参数

项目	参数	项目	参数
湿态组件重量	30～75kg	最大反洗压力	0.2MPa
设计产水量（0.1MPa）	0.3～5.0 m³/h	单支组件进气量	2～10 m³/h
初始纯水通量（0.1MPa）	1.6～19 m³/h	分散化学清洗时间	5～10min
化学清洗时间	60～90min		

（4）应用

PVDF膜应用于生产的各种方面，如污水处理、健康产业生产应用、海水淡化、可再生生物能源生产等。生活污水处理、印染废水处理及难降解废水处理应用场景分别如图3-57所示。

图 3-57　PVDF 膜的应用

3.10.10　星型超滤膜

（1）简介

超滤膜是一种用于超滤过程的高分子半透膜，可将一定尺寸的聚合物胶体或悬浮微粒与溶液分离。星型超滤膜通过调节膜成型过程中的分相类型和分相速率而得，不仅强化了超滤膜的非对称结构，极大地提高了分离效率，还减少了分离阻力，使跨膜压力差在 $0.2 \sim 0.5$bar（1bar＝10^5Pa）之间。星型超滤膜与一般中空纤维超滤膜相比，物理强度（如抗压、抗酸碱性等）有所提高。星型超滤膜内分布着大量高度连通的蜂窝状小孔，在提供均匀水流特性的同时，亦具备良好的支撑性能。星型超滤膜制造时，根据膜材料的不同相分离特性，在膜表面形成了可连续摆动的纳米纤毛层。该纤毛层不仅能防止污物黏附于膜表面，还能持续清洁膜表面，从而保证膜持续高效运转。星型特种超滤膜是在星型超滤膜基础上，严格调控配比和工艺条件而合成的三嵌段聚合物，含有亲水片段、疏水片段和疏油片段。

（2）特点

星型超滤膜相对于一般超滤膜特点为：

① 更低的分离阻力，调控相分离类型和速率，提高分离效率；

② 特殊的蜂窝孔结构，可均匀水流并提供支撑；

③ 较高的物理强度和环境适应力，三芯设计提高了膜丝的抗压和抗酸碱能力；

④ 一定的自清洁能力，微纳米纤毛层可清洁表面。

星型特种超滤膜具体特点有：

① 有极强的抗有机污染性能，油接触角＞160°；

② 通量衰减较小，且通量不受水中有机污染物浓度的影响，易恢复；

③ 具备超亲水性能，水接触角＜50°；

④ 强度较高，有独特的三芯设计，大大提高了膜丝的抗压及抗酸碱能力；

⑤ 能耗较低，跨膜压差仅需 0.2～0.5bar；

⑥ 变化适应性较高，可适应各类酸碱环境，对水油浓度的变化适应性极高。

（3）超滤膜系统简介

超滤膜系统采用外层相对致密，内部有孔洞的非对称特种中空纤维超滤膜，结构外密内疏，透水率低。配套超滤膜系统的中空纤维膜采用特殊改性工艺制备，具有亲水性好，疏油性好等优良的表面性能。同时，超滤膜采用的 PVDF 材料保持了优良的热稳定性和化学稳定性，在 50℃左右仍能稳定运行，抗酸碱和氧化剂腐蚀，机械性能好，使用寿命长，长期运转稳定性高。

（4）超滤膜系统特点

① 对进水油含量的适应范围广，突破了有机膜在这一领域内的应用局限；

② 对油分的截留率可高达 99％以上，对水体中 BOD 和 COD 也有很好的去除效果；

③ 抗污染性能强，简单的水冲洗就能达到很好的清洗效果，化学药剂使用量小；

④ 通量衰减率低，能够长时间稳定的运行。

（5）应用

星型超滤膜广泛应用于化工、食品、医药等工业废水及过程水的深度处理，对大分子物质进行浓缩、提纯分离，对生物溶液进行除菌，对印染废水进行染料分离，对石化废水进行甘油回收，对污泥进行浓缩脱水，对照相化工废水进行银回收，以及制备超纯水等。

3.10.11 D001 大孔强酸性苯乙烯系阳离子交换树脂

D001 大孔强酸性苯乙烯系阳离子交换树脂如图 3-58 所示，外观为驼色

图 3-58 D001 大孔强酸性苯乙烯系
阳离子交换树脂

或褐色不透明球状颗粒，是在大孔结构的苯乙烯-二乙烯苯共聚体上带有磺酸基（—SO₃H）的阳离子交换树脂。D001 大孔强酸性苯乙烯系阳离子交换树脂的性能与 001×7 强酸性阳离子交换树脂相似，但其在物理及化学稳定性方面表现更好，且耐渗透应力、耐磨损能力以及抗氧化能力强。由于本产品具有大孔结构，能交换吸附尺寸较大的离子和分子，所以，可以在非水介质中应用。

D001 大孔强酸性苯乙烯系阳离子交换树脂的型号分为：通用型、浮床专用（FC）、双层床专用（SC）、三层床专用（TR）、混床专用（MB）。

现行《D001 大孔强酸性苯乙烯系阳离子交换树脂》（GB/T 16579—2013）规定了对 D001 大孔强酸性苯乙烯系阳离子交换树脂的技术要求。不同厂家的产品略有差异，本节于当前 D001 大孔强酸性苯乙烯系阳离子交换树脂产品中取一示例，其理化性能指标和相应的使用指标仅作为参考。

（1）理化性能指标（表 3-64）

表 3-64　理化性能指标

项目	D001	D001FC	D001MB	D001SC	D001TR
树脂结构	苯乙烯-二乙烯苯				
外观	浅驼色不透明球状颗粒				
功能基团	—SO₃H				
质量全交换容量（干）/（mmol/g）	≥4.35				
体积交换容量（湿）/（mmol/mol）	≥1.80				
含水量（质量分数）/%	45.0～55.0				
湿视密度/（g/mL）	0.77～0.85				
湿真密度/（g/mL）	1.250～1.280				
范围粒度（≥95%）/mm	0.45～1.25	0.45～1.25	0.63～1.25	0.63～1.25	0.71～1.25
强度（磨后圆球率）/%	≥95				
转型膨胀率（Na→H）/%	9～10				
出厂形式	Na				

（2）使用指标（表 3-65）

表 3-65　使用指标

项目	参数	项目	参数
pH 范围	1～14	运行流速/（m/h）	15～30
使用温度	氢型≤100℃；钠型≤120℃	工作交换容量/（mmol/L）	>1000

（3）应用

D001 大孔强酸性苯乙烯系阳离子交换树脂主要用于硬水软化、纯水制备、湿法冶金、废水处理等领域。

3.10.12　D201 大孔强碱性苯乙烯系阴离子交换树脂

（1）简介

D201 大孔强碱性苯乙烯系阴离子交换树脂（图 3-59）是在大孔结构的苯乙

烯-二乙烯苯共聚体上带有季铵基 [—N（CH₃）₃OH] 的阴离子交换树脂，能交换吸附尺寸较大的离子和分子，所以能在非水介质中使用。D201 大孔强碱性苯乙烯系阴离子交换树脂有物理及化学稳定性，其耐渗透能力、耐磨损能力及抗污染能力强。目前，D201 大孔强碱性苯乙烯系阴离子交换树脂规格有通用型、浮床型（型号＋FC）、双层床型（型号＋SC）、混合床型（型号＋MB）和三层混床型（型号＋TR）。

图 3-59　D201 大孔强碱性苯乙烯系阴离子交换树脂

（2）理化性能参数（表 3-66）

表 3-66　性能参数

项目	D201	D201FC	D201SC	D201MB	D201TR
树脂结构	苯乙烯-二乙烯苯				
外观	乳白至淡黄色不透明球状颗粒				
功能基团	—N⁺(CH₃)₃				
质量全交换容量（干）/（mmol/g）	≥3.70				
体积全交换容量（湿）/（mmol/mol）	≥1.20		≥1.10	≥1.20	
含水率/%	50～60				
湿视密度/（g/mL）	0.65～0.73				
湿真密度/（g/mL）	1.060～1.100				
有效粒径/mm	0.400～0.700	≥0.500	≥0.630	0.500～0.800	—
均一系数	≤1.6			≤1.4	
粒度范围（≥95%）/mm	0.315～1.25	0.450～1.25	0.630～1.25	0.400～0.900	
下限粒度/%	≤1.0 (<0.315mm)	≤1.0 (<0.450mm)	≤1.0 (<0.630mm)	—	
渗磨圆球率/%	≥90.00				
转型膨胀率（Cl⁻→OH⁻）/%	≤20				

（3）使用指标（表 3-67）

表 3-67 使用参考指标

项目	参数	项目	参数
pH 范围	1～14	运行流速/（m/h）	15～25，高流速 80～100
使用温度	氢氧型≤60℃ 氯型≤80℃	再生液浓度	NaOH：4% HCl：4%～5%

（4）应用

D201 大孔强碱性苯乙烯系阴离子交换树脂常见应用于水处理、重金属回收等领域。

3.10.13 KATALOX-LIGHT 滤料

（1）简介

KATALOX-LIGHT 滤料如图 3-60 所示，是一种高纯度二氧化锰（MnO_2）涂层于沸石滤料表面的新型水处理过滤材料，它的制造工艺和结构非常独特。MnO_2 涂层在 KATALOX-LIGHT 表面（10%），使得污染物的氧化和共沉淀更加有效。为了去除非常高浓度的污染物，建议使用 H_2O_2 作为氧化剂，在介质表面提供加速的催化氧化，还可使用氯或高锰酸钾等常规氧化剂。

（2）特点

在 ZEOSORB 沸石滤料上增加了 MnO_2 涂层，使它的过滤表面质量更轻、性能更高效，拥有更长的使用寿命和更可靠的性能。KATALOX-LIGHT 滤料特点具体表现为：

① 对所有氧化剂具有耐受性，当前所有氧化剂均可用来定期清洁 KATALOX-LIGHT 滤料表面；

图 3-60 KATALOX-LIGHT 滤料

② 具有可过滤至 $3\mu m$ 以下的机械过滤能力；

③ 质量轻，反洗水量大幅度减少，节约用水和能源；

④ 寿命可达 7～10 年。

（3）主要性能参数

① 组分见表 3-68。

表 3-68 KATALOX-LIGHT 滤料组分

化合物	典型值	规格
ZEOSORB（自然开采）	85%	＞85%
二氧化锰	10%	＞9.5%
水化石灰	5%	＞5%

② 再生/使用见表 3-69。

表 3-69 KATALOX-LIGHT 滤料再生/使用

项目	Fe^{2+}	Mn^{2+}	H_2S
H_2O_2	0.9mg/L	1.8mg/L	4.5mg/L
$KMnO_4/Cl$	1.0mg/L	2.0mg/L	5.0mg/L

③ 物理特性见表 3-70。

表 3-70 KATALOX-LIGHT 滤料物理特性

项目		参数	项目		参数
吸附能力	单独去除Fe^{2+}	3000mg/L	水分含量		<0.5%为装运量
		85000mg/ft³(aprx)	过滤精度		<3μm
	单独去除Mn^{2+}	1500mg/L	体积密度	US	66lb/ft³
		42500mg/ft³(aprx)		SI	1060kg/m³
	单独去除H_2S	500mg/L	外观和颜色		颗粒状黑色物质
		14000mg/ft³(aprx)	均匀系数		≤1.75
粒径	US（目数）	14×30	气味		无特殊气味
	UI	0.6~1.4mm	寿命		7~10 年

注：1. aprx 表示近似值。

2. 1ft=0.3048m；1lb=0.4536kg。

④ 可处理物质见表 3-71。

表 3-71 KATALOX-LIGHT 滤料可处理物质

过滤	去除	吸附
在水和废水中发现的总悬浮固体（TSS）不大于 2μm	铁（Fe^{2+}）	含铁水中的砷（Ⅴ）
	锰（Mn^{2+}）	铀（Ⅵ）
	硫化氢（H_2S）	镭
	二氧化碳（CO_2）	铜（Cu^{2+}）
	镍（Ni^{2+}）	锌（Zn^{2+}）
	铅（Pb^{2+}）	镉（Cd^{2+}）
		钴（Co^{2+}）

（4）主要用途

KATALOX-LIGHT 滤料可实现高水平过滤，颜色和气味去除，铁、锰、硫化氢去除，砷、锌、铜、铅、镭、铀和其他放射性核素和重金属的高效还原。KATALOX-LIGHT 滤料可广泛应用于水处理工业领域，如市政供水处理、地下水处理、反渗透预处理、灌溉水处理等。

3.10.14 FERROLOX-X 滤料

（1）简介

FERROLOX-X 滤料如图 3-61 所示，是铁颗粒附着于活性炭之上的滤料。FERROLOX-X 滤料可以选择性地捕获水中的可溶性有机和无机类重金属，具有非常高的吸附能力，水通过具有由水合氧化铁和活性炭构成的颗粒而被净化。FERROLOX-X 滤料可反复吸收大量污染物，其内表面积由 70%中孔和 20%大孔和仅 10%微孔组成，拥有 3000 m^2/g 的比表面积。FERROLOX-X 表面覆盖有表面 OH 基团。

图 3-61 FERROLOX-X 滤料

FERROLOX-X 滤料不仅吸附量很大，而且去除精度也很高。FERROLOX-X 使用非常简单，将需要处理的水泵送过滤即可，一般采用固定床吸附。

（2）主要作用

FERROLOX-X 滤料可反复吸收大量污染物，可针对性吸附水中有机物、磷酸盐、砷、钒、锑、重金属，并且保留了其中对于人体有益的元素（如钙、镁等）。

（3）性能参数（表 3-72）

表 3-72 FERROLOX-X 滤料的性能参数

项目	参数	项目	参数
物理状态	固体颗粒	碳含量/%	约 34
外观颜色	红黑色	FEOOH 内容/%	约 66
粒径/mm	0.5～2.0	水分含量/%	最大值 5～10
体积重量/（kg/m³）	约 690	比表面积/（m²/g）	3000
吸附能力/（g/L）	80	pH 值	5～9
顺流滤床高度/mm	800～1200	流动方向	向下流动
工作速度/（m/h）	15～30	反冲速度/（m/h）	25～30

（4）应用

FERROLOX-X 滤料目前主要应用于饮用水处理，包括食品和饮料行业水处理。

3.10.15 二氧化钛滤料

（1）简介

二氧化钛是一种令人惊奇的吸附材料，经过加工和改良的二氧化钛基材滤料更是有着其他滤材和吸附剂不具备的特性，它可以将水分子分解为H^+和羟基自由基OH^-，还具备很强的亲水性，即在过滤过程中，允许水分子轻易通过，并具备光催化的特性，有一定的杀菌消毒功能。图3-62为二氧化钛滤料的示例。同时二氧化钛滤料因为其较大的比表面积与特殊结构，使其适合在饮用水或地下水、市政管网供水中用于水的净化，对于吸附砷具备很好的效果，同时对多种金属物质以及包括细菌在内的污染物都有不错的功效。

图 3-62　二氧化钛滤料

（2）特点

二氧化钛滤料主要特点如下：

① 可以选择性吸附去除水中的砷，另外对硒、镉、铜、镍、六价铬、铅、铀、镭、钼等污染物质和重金属也有不错的吸附能力；

② 具有优良的杀菌功能；

③ 具有很快的传质动力学，具有非常短的空床接触时间（EBCT），因此对水净化时，只需要30~180s，过滤器系统几乎没有压力损失，可提高流速和精度及降低设备成本；

④ 质量轻、吸附量大，占地面积小，对设备要求低；

⑤ 纯度高（99%以上），性能及运行稳定；

⑥ 系统设计简单（装填滤罐即可使用）；

⑦ 具有光催化性，有光的情况下有一定消杀作用。

（3）性能参数（表3-73）

表 3-73　二氧化钛滤料性能参数

项目	参数	项目	参数
外观和形状	白色固体多面体颗粒	比表面积	300 m²/kg
基材	二氧化钛	熔点	1855℃
粒径	0.5~2.0mm	工作水流方向	向下
容重	约608 kg/m³	吸附峰值水 pH	6.5~6.9
含水率	<4%	进水	温度不高于40℃
进水压力	3~10bar	床高	至少为100cm
装填滤料预留空间	罐体体积的40%~45%	过滤速度	10~30m/h
空床接触时间（EBCT）	30~180s	反冲洗速度	6~10m/h
反冲洗体积	5~10BV①		

①BV 表示树脂床体积。

（4）应用

二氧化钛滤料可应用于下列场景：①自来水净化；②井水及地下水的砷去

除；③料液净化；④污水除砷；⑤全屋净水设备；⑥其他各类水处理过滤器等。

3.11 滤料的发展趋向

随着过滤工艺的不断改进、工业化产业的不断发展以及许多学者的不懈努力，使滤料的性能得到不断改善，但在实际应用中仍存在一些不足之处，需要不断地进行开发和研究。

（1）人工滤料的开发

人工滤料总的发展动向是研究物理性能好、原材料不含有毒物质、化学稳定性好、孔隙率高、机械强度好、比表面积大、形状系数大、表面电性良好、吸附能力强的人工滤料。

陈楷翰等结合目前印染废水的处理工艺思路，采用南方普遍存在的红黏土进行烧结制成红壤基催化陶瓷滤料，不但具备过滤功能而且能快速地将印染废水有效地催化氧化。试验结果表明，在适宜的参数下，对甲基橙的脱色率能达到99.7%以上，二次污染轻微。该催化滤料已初步能满足将过滤和催化氧化工序合并的功能需求。

硅藻土物理化学性能稳定、无毒，能形成高度渗透性的过滤层，故能截留各种杂质微粒，使滤液达到高度澄清。吴建锋等利用硅藻土的种类繁多和多孔特性，以 α-Al_2O_3、硅藻土为主要原料，加入一定量的成孔剂、助熔剂，用水作黏结剂制成有一定可塑性的泥料，手工搓球、干燥后经烧结制成了体积密度可控、性能优异、可用于水处理的多孔陶瓷滤料。

（2）多层复合滤料的应用

过滤工艺与生物滤池工艺中，滤料的性能是关键。单一的滤料局限性较大，用双层或多层滤料滤池净化水是当前国内外过滤技术革新的方向，它的构造和过滤方式与普通单层滤料滤池无多大差别，只是改变了滤料组成及排列。实践表明：双层或多层滤料滤池具有截污能力强、出水水质稳定，过滤周期长、反冲洗耗水量低等优点，有较好的推广前景。

仲丽娟等采用复合生物活性滤料滤池进行了试验研究。复合生物活性滤料滤池是由活性和惰性滤料复合构成滤床，在保持滤池去除悬浮物功能的基础上强化滤池去除有机物的能力，其中的活性滤料由极性和非极性滤料复合构成，用以提高滤池吸附、去除有机物的能力。该滤池还采用空气充氧，是一种生物滤池。试验结果表明，该滤池对氨氮的去除率＞90%，对 COD_{Mn} 的去除率＞40%，其出水水质满足国家《生活饮用水卫生标准》（GB 5749），具有较好的处理效果。

嘉兴南门水厂将原普通砂滤池改造为活性炭/砂双滤料滤池，进入稳定运行期后活性炭/砂滤池可削减氨氮负荷 0.70～1.30mg/L，对 COD_{Mn} 的去除率为

15％～22％，对锰的去除率≥90％，均远高于原普通砂滤池，而制水成本仅增加约 0.025 元/m³。实践证明，强化混凝-生物活性炭/砂双滤料滤池组合工艺是处理低氨氮（<1.5mg/L）、低 COD_Mn（4～6mg/L）、低锰（<0.7mg/L）微污染原水的经济性选择。

（3）原有材料的改性

需要对其进行改性，对于生物滤池来说今后应该加强生物膜在滤料上的生存特征及适应性的研究，以便寻求能改善滤料性能的新工艺和方法。

武汉科技大学雷国元等对表面涂有氧化钛和氧化铁的石英砂与普通石英砂进行对比试验，研究表明涂氧化钛和氧化铁的石英砂改性滤料可以提高藻细胞、浊度物质、有机物的去除率。

氟是自然界中广泛存在的一种元素，地方性氟骨病是由于长期饮食当地高氟水或食物而引起的一种慢性氟中毒病，同济大学高乃云等介绍了氧化铁涂层砂和未涂层石英砂除氟过滤比较：氧化铁涂层砂除氟效果显著，去除率达 90％以上，基本遵循低 pH 值高去除率的规律；石英砂对水中的氟无任何去除效果。

离子交换技术是一种交换容量高、能耗低、操作简单以及可再生性高的环境友好型水处理技术，也可达到水质净化和资源回收的目的，将离子交换树脂用于水处理具有显著优势。为了提高树脂的实用价值，可对其进行改性处理，以提高树脂的吸附容量。常用的改性方法有金属负载改性、有机化合物改性和磺化改性等。同时，新的改性方法研究也在不断开展，吴成强等采用超声波对树脂进行改性，并对树脂结构特征进行表征，为今后树脂在工程实践中的应用提供了理论基础。

（4）廉价废品滤料的开发

随着人口的增加和人民生活水平的不断提高，资源紧缺现象已日趋明显，再生利用资源的提出使废品滤料的开发逐渐成为研究热点。一些价廉易得的无机矿物原料和相关工业废料，通过优化滤料的各项理化指标与性能参数，开发高效廉价的生物滤料产品，同时还要充分考虑滤料的再生利用，降低废水处理的成本。

目前应用较多的为陶粒滤料，对于陶粒滤料的原材料选取应以固体废物为主，以减少天然矿物质和黏土的开采。

随着社会的进步，大量的工业废水和生活污水被排入河道中，造成河道底泥的污染严重。同时底泥中污染物可释放出来，对上覆水造成二次污染，又使河流水质恶化程度进一步加剧。张国伟等对底泥化学成分进行分析后，利用河道底泥制成了陶粒滤料，并进行了试验，试验结果表明其对微污染水、贫营养水以及城市污水处理厂出水的处理和回用具有良好的价值。

冯秀娟等用 20％HCl 对尾矿进行改性处理，使其产生大量的孔洞，以备后用。取改性后的金属尾矿、炉渣灰、粉煤灰、黏土等熔融温度不同的物料及成孔剂、黏结剂以不同比例制备不同成分含量的生物陶粒，既解决了金属尾矿物的处理方式，又节约了黏土等天然资源。

3.12 滤料在水处理中的应用

3.12.1 沸石在水处理中的应用

天然沸石是一种新兴材料，广泛应用于工业、农业、国防等部门。沸石被用作离子交换剂、吸附分离剂、干燥剂、催化剂、水泥混合材料。沸石在水处理方面的应用研究较少，以下结合沸石的结构及在水处理中的应用做简单介绍。

沸石有很多种，已经发现的就有 36 种。它们的共同特点就是具有架状结构，就是说在它们的晶体内，分子像搭架子似地连在一起，中间形成很多空腔。在这些空腔里还存在很多水分子，属于含水矿物。这些水分在遇到高温时会排出来，比如用火焰去烧时，大多数沸石便会膨胀发泡，像是沸腾一般。沸石的名字就是因此而来。不同的沸石具有不同的形态，如方沸石和菱沸石一般为轴状晶体，片沸石和辉沸石则呈板状，丝光沸石又成了针状或纤维状等。各种沸石如果内部纯净的话，它们应该是无色或白色，但是如果内部混入了其他杂质，便会显出各种浅浅的颜色来。沸石还具有玻璃样的光泽。我们知道沸石中的水分可以跑出来，但这并不会破坏沸石内部的晶体结构。因此，它还可以再重新吸收水或其他液体。于是，这也成了人们利用沸石的一个原因。我们可以用沸石来分离炼油时产生的一些物质，可以让它使空气变得干燥，可以让它吸附某些污染物，净化和干燥酒精等。

沸石的晶体构造可分为三种组分：①铝硅酸盐骨架；②骨架内含可交换阳离子的孔道和空洞；③潜在相的水分子，即沸石水。在沸石构造中，金属阳离子位于晶体构造较大并相互通连的孔道或空洞间。这种形式的交换作用，可能是离子交换的极端形式，只限于沸石及类似的矿物。

在工业用途中几种常见的沸石有：

① 斜发沸石，多呈似放射状板片集合体微形态，而在孔隙发育处，可形成具有完好或部分完好几何形态的板块晶体，宽可达 20mm，厚 5mm 左右，端部约呈 120°角，有的呈菱形板片和板条状，EDX 谱为 Si、Al、Na、K、Ca；

② 丝光沸石，SEM 特征微形态为纤性状，纤丝一般细直或稍有弯曲，直径约为 0.2mm，长度可达几毫米，为自生矿物，但在蚀变矿物外缘，呈放射状逐渐分开形成纤丝状丝光沸石，此种丝光沸石应为改造型矿物，EDX 谱为 Si、Al、Ca、Na；

③ 方沸石，SEM 特征微形态为四角三八面体和各种形态的聚形，晶面多呈 4、6 边形，晶粒可大至几十毫米，EDX 谱特征元素为 Si、Al、Na，可以有少量 Ca；

④ 菱沸石，SEM 特征微形态为短菱柱形，大小可从 1mm 到几毫米，EDX

谱为 Si、Al、Ca，可以有 K、Na 的少量存在。

（1）沸石用作滤料对氨氮的去除

氨氮作为水处理效果检验指标之一，当水中氨氮含量较高时，会导致水体富营养化，严重时会发生水华或赤潮，造成水生生态环境的破坏。如果氨氮处理不达标，出厂水会因氨氮含量较高滋生繁殖大量微生物，破坏管网管道，因此有效去除水中的氨氮显得尤为重要。采用沸石除氨氮即利用沸石对阳离子的选择性交换能力和较大的比表面积。张曦等在天然沸石对氨氮的吸附及解吸时发现，随着氨氮浓度的增大或温度的升高，沸石的吸附量也升高，最大可达 15mg。在不同阳离子作用下，也会呈现出不同的吸附状态，在 K^+ 的作用下，可使沸石对氨氮的吸附量降低 50％左右，HCl 溶液对于氨氮的解吸率最高可达 60％，效果要好于 NaCl 溶液。沸石吸附的氨氮在硝化菌的作用下可转化为硝态氮，溶液中硝态氮的含量在 12h 后可达到 9mg，占总氮的 27％。蒋建国等在沸石吸附法去除垃圾渗滤液中氨氮的研究中发现，在氨氮浓度相当高的情况下，1g 沸石吸附的极限为 15g 氨氮。我国对斜发沸石除氮处于研究阶段，还未成规模地建厂，国外对斜发沸石已经有了应用，如美国明尼苏达州的 Rosement 污水厂，在对原水进行预处理后用斜发沸石进行离子交换，处理后水的氨氮去除率可达到 95％以上。

（2）沸石对水中重金属的去除

天然斜发沸石对水中的重金属有良好的吸附能力，加上本身格架结构特征和配位键的不平衡决定了沸石能作为阳离子交换剂使用，是处理低浓度、大水量的混合电镀废水应用较多且效果较好的吸附剂。沸石对铜、汞、铅、锌的去除具有较好的效果，NaOH、HCl 和 NaCl 处理过的沸石，其吸附性能显著提高。王志贤等利用天然沸石软化水的试验表明，经沸石处理后的一次软化水的质量已完全符合工业锅炉和一般生产部门使用软水标准，技术经济指标都已达到磺化煤离子交换剂的水平。谢晓凤在研究沸石对阴离子型含重金属的去除效果中发现，改性后的有机沸石对水中重铬酸根的去除效果很好，可见沸石对重金属离子的去除有很好的应用前景。

（3）沸石对水中有机物的去除

根据沸石的结构特点，沸石的内表面可以吸附一些较小的有机污染物，然而对有机物的吸附也取决于有机物的极性和大小，极性分子较非极性分子较易吸附，当分子的直径越大时就越难被吸附。带有一些极性基团如—OH、$\diagdown C = O$、—NH₂或含有可极化基团如 $C = C$ 、—C₆H₅ 易与沸石发生强吸附作用。刘远金等研究了天然沸石和活化沸石对污水中 BOD 和 COD 的处理效果，研究表明：活化可提高沸石对污水的处理效果，且在一天后达到最好的处理效果。沸石是一种天然、无毒、无味且对环境没有影响的吸附剂，在我国储量大，但沸石作为水处理用的滤料，技术方面还不太成熟，需要深入的研究。

3.12.2　生物陶粒滤料在水处理中的应用

　　曝气生物滤池集生物氧化和截留悬浮固体于一体，节省了后续沉淀池（二沉池）。污水通过滤料层，水中的污染物被滤料层截留，并被滤料上附着的生物降解转化。同时，溶解状态的有机物也被去除，所产生的污泥保留在过滤层中，而只让净化的水通过。这样可在一个密闭反应器中达到完全的生物处理，不需在下游设置二沉池进行污泥沉降。

　　滤池底部设有进水装置和排泥管，中上部是填料层，厚度一般为 2.5~3.5m，为防止滤料流失，滤床上方设置装有滤头的混凝土挡板，滤头可从板面拆下，不用排空滤床，方便维修。挡板上部空间用作反冲洗水的储水区，其高度根据反冲洗水头而定。曝气生物滤池具有容积负荷、水力负荷大，水力停留时间短，所需基建投资少，出水水质好，运行能耗低，运行费用少的特点。曝气生物滤池是 20 世纪 80 年代末在欧美发展起来的一种新型生物膜法污水处理工艺，于 90 年代中得到较大发展。处理工艺中填料既作为微生物的载体又是过滤的主体，因此在水处理中应用广泛。

　　陶粒滤料是以优质黏土为主要生产原料，经烘干、配料、制粉、成球、高温烧制、筛分等一系列工艺加工而成的粒状材料。其外观为近球形颗粒，表面呈黄红色或深褐色，颗粒粒径可根据要求生产。该产品在物理微观结构方面表现为表面微孔发达且分布合理，平均微孔直径约为 $200\mu m$，生长在微孔内的微生物不易流失，即使长时间不运转也能保持菌种活性，使得曝气生物滤池可间断运行；同时，比表面积大，可附着生长、繁殖大量微生物，能使曝气生物滤池的容积负荷增大，降解速率显著提高；另外，该产品质地轻、强度高、耐摩擦、耐冲洗、不向水体释放有毒有害物质，具有良好的物理、化学和水力学特性，可适应不同污水净化的要求。现代水处理工艺充分利用了这些特性，使其成为水处理，特别是污水、微污染水源水生物预处理以及给水过滤技术的首选滤料。

　　生物陶粒用于生活饮用水处理时的主要特点：

　　① 表面微孔丰富，比表面积大，易挂膜且生物量大，对 NH_4^+-N、COD 的去除效果好，截污能力强，处理出水水质高；

　　② 滤料层孔隙分布均匀，表面孔径为适宜微生物生长的中孔和大孔，克服了因滤料层孔隙分布不均匀而造成的水头损失，易堵塞、板结的问题；

　　③ 密度适中，反冲洗所需时间短，使用周期长，能耗低，克服了难控制和易跑料的缺陷，省电省工；

　　④ 采用很好的粒径级配，纳污能力强，滤料利用率高，水头损失增加缓慢，在同样条件下滤速可达 16m/h，工作周期 24h 以上，周期产水量达 $800\sim 1000m^3/m^2$，是石英砂滤料的 1.5~2 倍；

　　⑤ 不含任何对人体和环境有害的物质，机械强度高、耐冲耐磨损，生物、化学稳定性及热力学稳定性好。

由于水污染较以前严重，传统的水处理工艺已不能满足水处理后的排放标准，水中的溶解性有机污染物、氨氮等不能有效去除。为了使处理后的水达标，需要改进处理工艺，而孙立新等采用生物陶粒做预处理，试验表明，可有效去除水中的氨氮、溶解性的有机污染物、浊度、色度，很好地改善了水处理的效果。在污水的深度处理中采用生物陶粒技术不仅经济节约，还具有比表面积大、生物生长好的优点。天津自来水集团有限公司采用生物陶粒技术做深度处理，结果表明，经生物陶粒滤池处理后的水中 COD_{Mn} 的去除率为 31.0%，对氨氮的去除率为 67.5%，出水浊度在 0.30~0.40NTU 之间。王金秋等通过对生物陶粒处理石油炼制废水研究表明，处理后的废水 COD_{Cr}＜70mg/L，油含量＜2mg/L，SS＜30mg/L，且出水可达到循环冷却水的标准。

生物陶粒具有比表面积大、孔隙分布均匀、生物生长好等特点，在水处理中广泛应用，但将生物陶粒作滤料工艺方面还有待研究，其具有广阔的发展空间。

3.12.3　无烟煤在水处理中的应用

无烟煤滤料是从深井矿物中精选的，具有最高的含碳量百分比，在水处理中的应用已有 20 多年的历史。无烟煤最初作为民用燃料，后经过专家研究和试验发现无烟煤滤料在酸性、中性、碱性水中均不溶解，吸附性强，含污能力高，且颗粒均匀，光泽度好，抗压耐磨机械强度高，因质量轻所需反冲洗强度低。无烟煤在其他领域也有很多应用，如冶金、化肥等。其作为滤料在水处理过程中被广泛应用。

无烟煤滤料是经过破碎筛分后加工成一定颗粒级配粒径的滤料，采用人工分类，减少了无关矿物质并降低灰分含量。由于具有较好的固体颗粒保持能力，无烟煤能够可靠地提高悬浮颗粒清除能力，是目前普遍采用的最佳过滤材料。其用途广泛，适应范围大，可用于生活饮用水和工业生产用水以及各种池型的普通快滤池、双层及三层滤池，各种污水过滤器、净水机械过滤器及化工、冶金、热电、制药、造纸、印染、食品等的生产前后的水质处理。

无烟煤滤料在过滤过程中所起作用的好坏，直接影响着过滤的水质，故对此滤料的选择必须达到以下几点要求。

① 机械强度高，破碎率和磨损率之和不应大于 3%（百分比按质量计）。

② 化学性质稳定，不含有毒物质。一般在酸性、碱性、中性水中均不溶解。

③ 粒径级配合理，比表面积大。

④ 粒径范围小于指定下限粒径（按质量计）的不大于 5%，大于指定上限粒径（按质量计）的不大于 5%。

煤炭是有机物组成的，煤粒表面基本上是非极性的，无烟煤亲非极性的烃类油而疏极性的水。随着煤化程度提高煤中碳含量也增加，其亲油疏水程度也加强，用来去除水中的油脂、有机污染物效果也更好。无烟煤滤料表面有许多孔隙，由于亲油性，故在水处理过程中，吸附水中的油脂类，排除孔隙中的水分。

所以无烟煤对有机悬浮物有良好的吸附作用，也会去除水中的浊度和色度。

无烟煤滤料对去除浊度、除锰、除铁也有良好效果。美国洛杉矶一家水厂原水水质较好，浊度最高为5NTU，是直接过滤水厂，用无烟煤单层滤料与无烟煤和石英砂双层滤料作对比，经试验表明，两者的处理水质和周期基本一样，但无烟煤石英砂双层滤料需要较强的反冲洗强度，所以无烟煤单层滤料是作为水处理的适宜滤料。石英砂作为传统滤料，大颗粒在下层，小颗粒在上层，在过滤过程中水力阻力较大，下层大颗粒滤料基本起不到作用。在对传统工艺改进后，将滤料改为无烟煤、石英砂和磁铁矿，上层为大粒径小密度的无烟煤滤料，中层为中粒径中密度的石英砂滤料，下层为小粒径大密度的磁铁矿滤料，这样经过层层过滤使出水效果更好。2004年佳木斯江北水厂采用无烟煤作为生物除铁、除锰滤料，结果发现，无烟煤滤料滤层表面的微生物增加，且增加了除铁、除锰能力，减少了反冲洗强度，延长了反冲洗周期。

在用无烟煤作滤料时一般是作为第一层滤料的，其厚度的确定也显得尤为重要，否则会引起不必要的损失，根据经验，确定无烟煤滤层厚度的方法有：

① 污水量的大小和无烟煤滤料的厚度有着最为直接的关系，一般的情况下，污水量大滤料层的厚度要稍微增大，污水量小要适当降低无烟煤滤料的厚度；

② 如果是过滤罐，一定要根据过滤罐的大小来决定厚度，过滤罐的大小和无烟煤滤料的厚度有着重要的关系，过滤罐内一般的厚度为70cm，最高是85cm，最低是65cm；

③ 利用测量的数据来决定厚度，可以事先对污水的浑浊度进行测量，然后根据浑浊度来决定无烟煤滤料的厚度。

用于生活给水及工业给水的过滤净化处理时，根据滤池的形式确定使用参数，一般双层滤料的铺装厚度为280~420mm；正常滤速10~14m/h，强制滤速14~18m/h；三层滤料铺装厚度450mm，正常滤速18~20m/h，强制滤速20~25m/h。滤池反洗采用水冲洗、水气冲洗或辅以表面冲洗。

无烟煤滤料主要应用于净化水领域，在轧钢、炼油厂、油田、城市污水处理厂也有广阔市场，无烟煤应用前景很乐观。

3.12.4　树脂滤料在水处理中的应用

(1) 去除硝酸盐离子交换树脂

去除硝酸盐离子交换树脂是一种高纯度、优质级、强碱性的大孔型阴离子交换树脂，专门用于在高硫酸盐水平的情况下选择性地从饮用水中去除硝酸盐，去除硝酸盐离子交换树脂具有良好的选择性去除硝酸盐能力，适应性和操作性较好，可应用于正流和逆流的水处理系统。

去除硝酸盐离子交换树脂是具有高度完整性的树脂，因此具有优异的机械强度和特殊的交联度；对硝酸盐有高选择性，出水可达到饮用水标准；具有高吸附能力且经济耐用。

去除硝酸盐离子交换树脂的性能参数如表 3-74 所示。

表 3-74　去除硝酸盐离子交换树脂性能参数

项目	参数	项目	参数
类型	交联聚苯乙烯-二乙烯基苯	实际密度	1.07g/cm³
形式	大孔乳白色球形珠状颗粒物	水分含量	50%～60%
官能基	季铵官能团	总容量（Cl⁻ 形式）	≥0.80mol/L
完整度	≥95%	稳定性，温度	≤100℃（Cl⁻ 最大）
粒径	0.40～1.25mm	稳定性，pH	0～14
离子形式	Cl⁻	滤床深度	>750mm
均粒系数	≤1.6	工作流速	8～30BV/h
体积密度，如装运	700kg/m³	反冲洗膨胀	50%～75%

去除硝酸盐离子交换树脂常见应用于从饮用水中去除硝酸盐、砷和溴等。

（2）砷去除离子交换树脂

砷去除离子交换树脂是一种特别开发的离子交换树脂，专门用于选择性去除自来水、废水和地下水中的砷。由于具有极高的比表面积，故有较高的砷吸附容量。还可用于去除水中的锑、磷酸盐、二氧化硅和类似元素。

砷去除离子交换树脂的特点是具有高机械强度，初始填充后能更快地反冲洗；密度低，吸附能力强；有出色的抗干扰能力，与活性氧化铝相比，吸附能力显著增加。

砷去除离子交换树脂性能参数如表 3-75 所示。

表 3-75　砷去除离子交换树脂性能参数

项目	参数	项目	参数
类型	聚苯乙烯-二乙烯基苯共聚物	颗粒完整度	90%
形式	球形	粒径	0.30～1.30mm
颜色	红棕色	砷吸附能力	0.5～4.0g/L
官能基	活性铁	体积密度	780kg/m³
温度	10～80℃	pH 最佳范围	4.5～8.5
滤床的深度	>1000mm	温度稳定性	≤80℃
工作流速	≤20BV/h	反冲洗膨胀	20%

砷去除离子交换树脂常见应用于地下水、自来水及废水除砷，同时也能去除锑与磷酸盐。

3.12.5　超滤膜在水处理中的应用

超滤膜是一种用于超滤过程的高分子半透膜，可将一定尺寸的聚合物胶体或悬浮微粒与溶液分离。随着科研工作者的不断努力，新型滤膜如具有特殊表面功能和表面结构的分离净化膜不断问世。前面章节中有所讲述，本节重点介绍超滤膜在水处理中的应用。

图 3-63 是超滤膜系统。

图 3-63　超滤膜系统

（1）含油危废处理

废水原水含油，无法通过自然分层等预处理方式处理。常规含油危废的处理办法为蒸发、加药、气浮、生化、压泥等。污水进入生化系统，污泥以危险废物的形式焚烧。采用超滤膜系统可替代破乳、气浮及压泥等工序，产水直接进入后续生化系统。系统简单，可大大减少药剂使用，污泥量的产生和后续生化系统的有机负荷（可达 70%～95% 或以上）。含油危废采用特种超滤膜处理工艺见图 3-64。

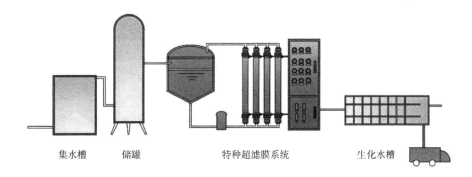

集水槽　　储罐　　　　特种超滤膜系统　　　生化水槽

图 3-64　含油危废采用特种超滤膜处理工艺示意

（2）榨油厂二次提炼后废水处理

常规工序压榨提炼完后的废水中可能还含有 1%～2% 的可利用油类，但目前很多常规系统无法对这部分油进行有效分离和回收利用，仅能作为废水排放。而这带来的是资源上的浪费，以及造成严重的环境污染，极大地增加了处理费用。采用超滤膜系统可对这种废水进行浓缩处理，使水中的油在不加任何药剂的情况下达到回收目的，回收率高达 90%～99%。与此同时，油类的去除可减轻此废水的后续处理难度，甚至实现回用，达到零排放目的。榨油厂二次提炼后废水采用特种超滤膜处理工艺见图 3-65。

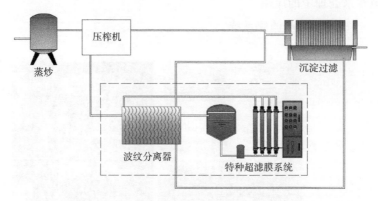

图 3-65　榨油厂二次提炼后废水采用特种超滤膜处理工艺示意

（3）金属清洗水处理

金属清洗水是针对金属冲压、切割等工序产生的清洗水。此废水目前大部分厂家有零排放标准，处理成本过高，又无法净化。现有情况下只能不断循环套用，导致清洗水越来越浑浊，清洗效果越来越差。目前常规解决方案为蒸发器浓缩，如图 3-66 所示，但投资成本高，运营成本巨大。如采用特种超滤膜系统（图3-67），投资成本能略低于蒸发器，同时运营成本，尤其是能耗可极大地降低，而且系统操作方便、安全，即使是挥发性油也能达到很好的分离和去除效果。

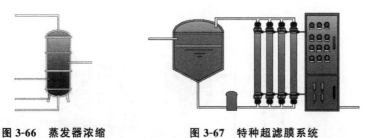

图 3-66　蒸发器浓缩　　　　**图 3-67　特种超滤膜系统**

（4）精密设备用水的预处理

RO 膜对进水油含量浓度要求极高，一点油脂就会将膜堵住，必须要进行化学清洗。超滤膜可以起到前置保护作用。蒸发器能清除杂质、油脂等黏附物，防止污泥黏附于热水管，提高蒸发效率，减少清洗次数。

参考文献

[1] 胡涛，朱斌，马喜军，等. 曝气生物滤池中滤料的应用研究进展 [J]. 化工环保，2008，28（6）：509-513.

[2] 赵欢. 长纤维过滤与石英砂过滤的性能对比研究 [D]. 南京：东南大学，2005.

[3] 孙莹. 新型生物滤池滤料的开发及其应用 [D]. 西安：西安建筑科技大学，2006.

[4] 陈天虎，汪家权，冯军会，等. 上升流滤池膨胀珍珠岩滤料过滤试验研究 [J]. 矿产保护与利用，2001，4：11-13.

[5] 陈继萍，甘平国. 水处理无核陶粒滤料. CN 201010568Y，2008-01-23.

[6] 许庆华，许盛英. 凹凸棒陶粒滤料的生产方法. CN1762540A，2006-04-26.

[7] 吴少杰，朱泮民. 铁屑滤料微电解法处理高浓含铬废水试验 [J]. 中国给水排水，2002，1：49-50.

[8] 孙迎雪，徐栋. 铁质多孔滤料除铬研究 [J]. 工业用水与废水，2003，4：32-34.

[9] 王砚，王建峰. D型滤池在成都沙河污水处理厂深度处理中的应用 [J]. 环境污染与防治 2006，28（5）：388-390.

[10] 李方文，吴建锋，徐晓红，等. 应用多孔陶瓷滤料治理环境污染 [J]. 中国安全科学学报，2006，16（7）：112-117.

[11] 胡建龙，王春荣，何绪文，等. 改性火山岩滤料去除矿井水中铁锰离子影响因素研究 [J]. 环境工程学报，2009，3（7）：1199-1202.

[12] 吴然然，戴长虹，陈人宝，等. 空心陶瓷球滤料应用于BAF的研究 [J]. 水处理技术，2008，34（10）：50-52，88.

[13] 陈楷翰，郑伟民，张伟军，等. 红壤基催化陶瓷滤料的合成和废水处理效果初探 [J]. 水处理技术，2005，31（8）：59-61.

[14] 吴建锋，杨学华，徐晓虹，等. 体积密度可控的多孔陶瓷滤料的研制 [J]. 佛山陶瓷，2006，（11）：1-4.

[15] 仲丽娟，朱明章，李伟，等. 复合生物活性滤料滤池的性能研究 [J]. 中国给水排水，2001，17（12）：1-5.

[16] 徐兵，高翔，蒋黎明. 活性炭/砂双滤料滤池处理微污染原水 [J]. 中国给水排水，2007，23（14）：23-25.

[17] 雷国元，刘巍，李永成，等. 改性滤料强化过滤处理微污染水 [J]. 净水技术，2005，24（6）：18-21.

[18] 高乃云，徐迪民，范瑾初，等. 氧化铁涂层砂改性滤料除氟性能研究 [J]. 中国给水排水，2000，16（1）：1-4.

[19] 张国伟，杨波，奚旦立. 河道底泥制备陶粒滤料的研究. [J]. 环保科技，2007，13（1）：39-43.

[20] 冯秀娟，余育新，朱易春，等. 金属尾矿制备生物陶粒的研究 [J]. 中国资源综合利用，2008，26（2）：9-11.

[21] 张曦，吴为中，温东辉，等. 氨氮在天然沸石上的吸附及解析 [J]，环境化学，2003，22（2）：166-170.

[22] 蒋建国，陈嫣，邓舟，等. 沸石吸附法去除垃圾渗滤液中氨氮的研究 [J]. 给水排水，2003，29（3）：6-9.

[23] 王志贤，丁宜繁，钱祖廉，等. 利用独石口天然沸石软化水的试验 [J]. 水处理技术，1988，14（3）：167-171.

[24] 孙立新，汪艳霞，杨云龙. 生物陶粒反应器处理微污染水源试验. 山西建筑，2003，29（7）：165-166.

[25] 王金秋，段雪松. 生物陶粒废水处理与回用技术研究 [J]. 环境保护科学，2005，31（127）：32-34.

[26] 范瑾初，金兆丰. 水质工程 [M]. 北京：中国建筑工业出版社，2009.

[27] 张拿慧. 201×7强碱性阴离子交换树脂吸附浓海水中溴的应用基础研究 [D]. 杭州：浙江工业大学，2009.

[28] 吴成强，邵倩，张叶，等. 超声改性对树脂材料吸附氨氮的影响及其表征 [J]. 浙江工业大学

学报，2021，49（05）：564-568.

　[29] DENG M，CHEN R，LIU S. Research and Development of Ceramic Filtration Membrane [J]. Ceramic Sciences and Engineering，2018，1（1）：43-53.

　[30] XING W，FAN Y，JIN W. Application of Ceramic Membranes in the Treatment of Water [M]. Wiley-VCH Verlag GmbH & Co. KGaA：Weinheim，Germany，2013.

　[31] TAWALBEH M，AL MOJJLY A，AL-OTHMAN A，et al. Membrane separation as a pre-treatment process for oily saline water [J]. Desalination. 2018，447：182-202.

　[32] 张家轩，赵霞，徐毓敏，等. 陶瓷膜水处理技术研究与应用 [J]. 给水排水，2021，47：45-51.

　[33] 黄嘉臣. 聚酰胺纳滤膜化学清洗过程及其清洗剂的研究 [D]. 北京：中国科学院大学，2021.

　[34] 韩润林. 醋酸纤维素耐溶剂纳滤膜的制备与性能研究 [D]. 大连：大连理工大学，2020.

　[35] 赵心雨，谢鑫成，凌新龙. 聚偏氟乙烯膜的研究进展 [J]. 纺织科学与工程学报，2021，38（3）：88-100.

　[36] 王娜. 聚砜膜表面改性及抗污染性能的研究 [D]. 西安：西安工程大学，2017.

　[37] Bojnourd F M，Pakizch M. Preparation and characterization of a PVA/PSf thin film composite membrane after incorporation of PSSMA into a selective layer and its application for pharmaceutical removal [J]. Sep Purif Technol，2018，192：5-14.

　[38] Tesha J M，Dlamini D S，Qascem S，et al. Tight ultra Filtration：Layer deposition of trimesoyl chloride/pcy clodextrin onto polysulfone/poly（styrene-co-maleic anhydride）membrane for water treatment [J]. J Environ. Chem Engin，2020，8（3）：1-11.

　[39] Shivanand S M，Teli B，Sotto A，et al. Fouling resist ant polysulfone-PANI/TiO$_2$ ultrafiltration nanocompos ite membranes [J]. Indus Eng Chem Res，2013，52：9470-9479.

　[40] Mokhtari S，Rahimpour A，Shamsabadi A A，et al. Enhancing performance and surface antifouling proper ties of polysulfone ultrafiltration membranes with salicy late-alumoxane nanoparticles [J]. Appl Surf Sci，2017，393：93-102.

　[41] 胡群辉，周丰平，彭博，等. 表面接枝改性聚酰胺复合反渗透膜及其性能研究 [J]. 膜科学与技术，2019，39（1）：22-27.

　[42] 冷云飞，潘凯，原涛，等. 聚砜超滤膜的表面化学改性 [J]. 北京化工大学学报（自然科学版），2009，3：67-72.

　[43] Chittrakamm T，Tirawanichakul Y，Sirijarukul S，et al. Plasma induced graft polymerization of hydrophilic mon omers on polysulfone gas separation membrane surfaces [J]. Surf Coat Techn，2016，296：157-163.

　[44] Bi R，Zhang Q，Zhang R N，et al. Thin film nanocomposite membranes incorporated with graphene quantum dots for high flux and antifouling property [J]. Membr Sci，2018，553：17-24.

　[45] Liu M H. Chen Q. Lu K，et al. High efficient removal of dyes from agueous solution through nanofiltration ur-sing diethanolamine-modified polyamide thin-film com-posite membrane [J]. Sep Purif Technol，2017，173：135-143.

　[46] 张梦蕾，贾萌萌，秦振平，等. 聚砜有机-无机杂化改性膜的研究进展 [J].2021，41（3）：153-161.

　[47] 王建琴. 聚砜膜的制备及其性能研究 [D]. 杭州：浙江大学，2016.

　[48] 许亚夫，邹大江，熊俊. 滤膜材料及微滤技术的应用 [J]. 中国组织工程研究与临床康复，2011，15（16）：2949-2952.

　[49] 李祥得. 超滤技术与设备在水处理领域的研究进展 [J]. 科技风，2020（11）：3.

　[50] 熊能，陈涛，孙自立，等. 电渗析技术在氨基酸分离中的应用进展与趋势 [J]. 食品与发酵工业，2019，45（16）：286-292.

第4章

现代填料与滤料设备

伴随着滤料的发展和革新，过滤器作为滤料的载体，其形式和功能也不断进步。从过滤结构划分，净水器大体有两种方式。一种是完全截留的过滤方式，这种结构为一个进水口，一个出水口，截留下来的脏物无法及时排放，易堵塞，容易造成二次污染，使用寿命短。另一种是带冲洗口的，一个进水口，一个净化水出口，在底部还有一个冲洗口，可实现对净水器的自动冲洗，防止堵塞、衰减，防止二次污染，使用寿命也较长。下面对几种典型过滤器进行介绍。

4.1 纤维转盘滤池

（1）简介

纤维转盘滤池如图4-1所示，属于深层过滤，它具有3～5mm的有效过滤深度，比砂滤类滤床深度浅，但与表面过滤相比，有着本质区别，其过滤介质是由有机纤维堆织而成的纤维毛滤布，其绒毛状表面由尼龙纤维堆织而成，同时以聚酯纤维作为支撑体，纤维毛滤布的标称孔径为10μm。滤布介质有3～5mm的有效过滤厚度，可以使固体粒子在有效过滤厚度中与过滤介质充分接触，将超过尺寸的粒子俘获。

图4-1 纤维转盘滤池

（2）设计及性能参数（表 4-1）

表 4-1 纤维转盘滤池设计参数

项　　目	设计参数	项　　目	设计参数
进水水质	SS≤20mg/L(瞬时峰值 80mg/L)	有效过滤面积	5.2m²(单盘)
出水水质	SS≤5mg/L,浊度≤3NTU	反洗水量	1%～3%(视水质情况有关)
平均滤速	8～10m³/(m² · h)	流量变化系数	1.1～1.2(与水质情况有关)
污泥负荷	4～6kg TSS/(m² · d)	运行费用	小于 0.01 元/t(不含折旧费用)
水头损失	滤池内 0.25～0.4m	反抽吸强度	27m³/(m² · min)

（3）主要特点

① 处理效果好　纤维转盘滤池采用纤维绒毛滤布，过滤时绒毛平铺，增加过滤深度，孔径达到微米级，截留粒径为几微米的微小颗粒，因此出水水质及出水稳定性都优于粒料滤池及筛网过滤。

② 设计新颖，耐冲击负荷　纤维转盘滤池的滤盘是垂直设计，过滤原理是错流过滤，相当于是滤池及沉淀池的结合，颗粒大的污泥直接沉淀到斗形池底排掉，不像普通滤池所有的悬浮物（SS）都必须经过滤料。因此纤维转盘滤池更耐高悬浮物浓度和大颗粒悬浮物的冲击。

③ 连续运行　单台纤维转盘滤池清洗时可连续过滤，而单台砂滤池反冲洗时不能连续过滤。

④ 反冲洗耗水量低　纤维转盘滤池的反冲洗耗水量约是砂滤池的 1/2。

⑤ 运行全自动化控制　过滤、反抽吸清洗等全由程序控制，并设有多重保护，日常不需专人操作管理。

⑥ 水头损失小　纤维转盘滤池水头损失一般为 0.3m，而砂滤池的水头损失一般为 2m。

⑦ 运行费用低　纤维转盘滤池的运行费用小于 0.01 元/t 水。

⑧ 装机功率低　纤维转盘滤池的装机功率约是砂滤池的 1/15～1/10，用于已建污水处理厂出水的升级改造，无需变压器扩容。

⑨ 占地面积小　过滤转盘垂直设计，使很小的占地面积就能有很大的过滤面积。

⑩ 设计和施工周期短　纤维转盘滤池整体模块化，设计和施工方便快捷，而且扩建容易。而砂滤池有大量的设计工作和工程量，施工周期长。

（4）主要用途

① 地表水进一步净化，如钢厂、电厂冷却水。

② 用于污水的深度处理，设置于常规二级污水处理系统之后，主要去除总悬浮固体，结合投加药剂可去除部分磷、浊度、COD 等污染物，特别适用于已建污水处理厂出水的升级改造，可以使出水从一级 B 达到一级 A。相比于砂滤

池，其占地小、造价低、出水水质稳定，并且改造所需的工程量小、工期短。

③ 中水回用。

4.2 电动刷式全自动自清洗水过滤器

（1）简介

电动刷式过滤器如图 4-2 所示，是一种全自动自清洗水过滤器，在过滤器内安装一套刷子，刷子由电机带动旋转，在过滤器端盖上安装一个电磁排污阀。清洗时，来自压力传感器的信号传给控制器，控制器打开排污阀同时启动电机，带动刷子旋转刷掉污物杂质，在水力的作用下，通过排污阀排出过滤器。清洗无需断流。

水流从过滤器进口流入，经过滤网后从出口流出，水流中的杂质颗粒不断地在滤网的内表面堆积，使得过滤器的上下游压差增大，当过滤器上下游（进出口）压差达到预定值时，压力传感器便传递信号给控制器，控制器启动电机带动刷子旋转刷掉滤网上的污物杂质。同时打开排污阀，污物从排污阀排走。

① 密封圈：合成橡胶，聚四氟乙烯。

② 滤网：全不锈钢，见图 4-3。

图 4-2　电动刷式全自动自清洗水过滤器

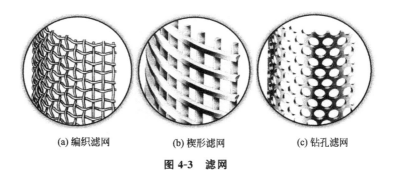

(a) 编织滤网　　　(b) 楔形滤网　　　(c) 钻孔滤网

图 4-3　滤网

采用 PLC 自动控制。可根据压差或定时控制清洗，并可手动清洗和选择设计为连续清洗，发生故障时有警示信号或相应的动作。

（2）设计及性能参数

① 单台过滤流量：$25 \sim 9300 m^3/h$。

② 管径：$DN50 \sim 1200mm$。

③ 设计压力：1.0MPa、1.6MPa、2.5MPa、4.0MPa。

④ 过滤精度：$3500 \sim 100 \mu m$。

⑤ 过滤面积：2750～68000cm²。

⑥ 清洗控制方式：压差、时间及手动。

⑦ 清洗方法简单，为电动刷式。

⑧ 清洗时所排放的水量极少，小于总过滤量的 1%。

⑨ 清洗不断流。

（3）主要特点

嵌入式控制系统、工业级单片机控制；优质不锈钢过滤网（楔形、钻孔、编织），过滤精度可选（100～3500μm）；压差感应自动清洗滤网、自动排污；大大简化了人工操作工序，有助于实现整个系统的无人化管理；PLC控制或时间继电器控制可选。

（4）主要用途

① 冷却水处理　冷却塔、补充水系统、空调系统、直流系统水过滤，减少热交换器内沉淀物的产生，保持其冷却效果。

② 原水处理　可对地表河水、湖水、海水、水库水、井水及地下水进行过滤，除去沙子、细菌、藻类、有机物等。

③ 工业循环用水过滤　在对水质有一定要求的设备，如冷却塔、轧机、连铸机、抛光、水泵、电磁阀、离子交换器、喷雾器、热交换器等或供排水管路上使用时，可过滤掉水中杂质，避免管路、喷嘴等零部件堵塞。

④ 灌溉　尤其适用于高流量、杂质含量高的水源，农业灌溉、喷灌，公园、高尔夫球场草皮浇灌等。

⑤ 造纸工业　白水过滤。

⑥ 塑料工业　产品回收冷却水过滤。

4.3 全自动阵列超滤器

（1）简介

反渗透膜分离技术是一项被西方科技界称为 21 世纪最具发展潜力的高新技术，已广泛用于物质的分离、浓缩和提纯。超滤膜微孔可达 0.1μm 以下，而通常待过滤液中的悬浮物微粒子粒径平均为 5μm，乳胶粒径平均为 0.5μm，胶体粒径平均为 0.1μm，螺旋菌粒径为 0.3μm，杆菌、球菌等细菌粒径为 0.2μm，因此，利用超滤膜能有效地去除待过滤液中的悬浮物微粒子、乳胶、胶体、螺旋菌、杆菌、葡萄球菌等，已广泛应用于以分离、浓缩、净化为目的的轻纺、化工、医药、食品、环保电子等行业中。

全自动阵列超滤器（见图 4-4）是根据中空纤维膜的运行工艺特点，采用阵列理念而设计的。产品处理水量大，占地面积小，出口压力波动小，日常运行成本低，能利用系统自身压力对中空纤维膜进行正冲、反冲及混合冲洗；并能定期进行化学冲洗，实现中空纤维膜的再生。

全自动阵列超滤器内装有中空纤维滤芯，圆周阵列分布，超滤器筒体分隔为进水腔和出水腔，待滤水由进水口进入超滤器进水腔，分配至各个滤芯，在系统压力下，待滤水经中空纤维膜的微孔过滤，水及小分子物质通过中空纤维膜的微孔而成为滤后水（即透过液），滤后水汇集于出水腔，由出水口排出经管道输出；待滤水中粒径大于膜表面微孔孔径的物质，则被截留在膜的进液侧，在滤芯反冲洗时被排出超滤器之外。

当膜组件内外两侧的压差达到设定的反冲洗差压时（或达到设定过滤时间），控制系统会发出反冲洗指令，逐组冲洗中空纤维膜滤芯。利用管路系统自身的压力，使出水腔中的水由膜外侧向

图 4-4　全自动阵列超滤器

内侧反冲洗，同时进水腔中的待滤水正洗膜内侧从而实现反冲与正冲同时进行，大大加强了中空纤维膜的再生效果。带有被截留物的反冲洗水由排污口排出。

在冲洗中空纤维膜滤芯的过程中，其他的滤芯仍然处于过滤工作状态，从而保证了全自动阵列超滤器供水压力波动小，处理水量基本保持不变。

（2）设计及性能参数

① 进水条件　进水温度 5～40℃；进水 SS≤10mg/L；进水浊度≤5.0NTU；进水 pH 值 5～11；工作压力≤0.3MPa。

② 出水指标　出水浊度≤0.1NTU；SDI≤3.0；水的利用率＞90％。

（3）主要特点

① 占地面积小　全自动阵列超滤器滤芯，圆周阵列分布，结构紧凑，占地面积比传统超滤器减小很多。30m³/h 时仅为传统超滤装置的 50％左右。

② 压力波动小　全自动阵列超滤器采用逐排冲洗中空纤维膜滤芯的技术，在冲洗的过程中，大多数的滤芯仍在过滤，因此出口流量稳定，压力波动幅度小。

③ 出水量大　采用错流过滤出水量大。

④ 结构简单，投资省，日常免维护　全自动阵列超滤器无传统超滤器复杂的管路与阀门，可靠的中空纤维膜滤芯装在不锈钢密封筒体中，从而免去日常的维护。并且独特的自密封结构设计，主轴密封磨损后会自动补偿。

⑤ 全自动、无人值守　全自动阵列超滤器设有差压反冲洗及定时反冲洗，并有报警保护功能，实现了无人值守。

（4）主要用途

全自动阵列超滤器是传统中空纤维超滤器的升级换代产品，广泛应用于以下

作业。

① 给水工程 居民小区或住宅单元供水净化装置，无菌净化供水系统，电工行业、医药行业、化工行业等纯水、超纯水的制取，锅炉补给水、苦咸水和海水淡化大型反渗透制水的预处理系统。

② 环境工程 工业循环冷却水处理，工业废水处理，生活污水处理，中水处理与回用，印染废水回用，纺织退浆废水，乳液的分离，油田回注水的净化处理，发酵液的处理。

③ 食品医药行业 果汁饮料的精制以及葡萄酒澄清过滤、中药提取液的除浊精制。

4.4 自动旋流集污式砂滤器

（1）简介

自动旋流集污式砂滤器如图 4-5 所示，是由进水阀、出水阀、反冲洗进水阀、反冲洗出水阀、罐体、集污筒、集污管、排污阀、初滤出水阀等组成。砂滤料置于罐体内，罐体的中部焊接有切向进入的进水管，罐体的中心有集污管，集污管的外面有集污筒，罐体上部有反冲洗出水管，反冲洗出水管上装有反冲洗出水阀，罐体下部有三通管，三通管的两边装有反冲洗进水阀和初滤出水阀，罐体下部有出水管。

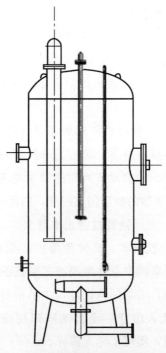

图 4-5　自动旋流集污式砂滤器示意

自动旋流集污式砂滤器水处理系统为多种部件构成的组合装置，由絮凝加药装置、过滤系统管路、自动旋流集污式砂滤器本体、风机反冲装置和电控系统等组成。

待过滤水（一般为经过混凝处理的水）由进水管进入，出水阀打开，过滤后的水由出水口排出，进水管是沿切向设置的，罐体内水流成旋转状态，固体悬浮颗粒汇集于中心由集污筒再汇集，经集污管由排污阀排出，所以大量的固体悬浮颗粒不经砂滤料过滤就得以去除，从而大大地延长了反冲洗的周期，随着过滤时间的延长，砂滤料逐步被堵塞，进出水口的压力差增大，至设定值时自动发出信号，砂滤料开始反冲洗，打开反冲洗进水阀，打开反冲洗出水阀，关闭排污阀，关闭进水阀，关闭初滤出水阀，反冲洗水由反冲洗出水阀排出，从而完成了滤料的反冲洗。

旋流的作用是有效地克服了筒体与砂滤料接触部位过滤精度差的问题，提高了过滤精度。

（2）设计及性能参数（表4-2）

表 4-2　自动旋流集污式砂滤器技术性能

参数	数值	要求	备注
滤速	$10\sim20$m/h	视水质情况而异	1. 滤前水为经过絮凝混合处理的原水
设计压力	$\leqslant0.4$MPa	可按客户要求特殊设计	2. 滤前水为铁锰含量高的地下水时，应先进行预处理
水头损失	$\leqslant4$mH$_2$O	—	
过滤周期	$8\sim24$h	视水质情况而异	3. 本样本所列参数仅供参考，最终按实际水质情况选用参数
水冲强度	约 0.6m^3/(m$^2\cdot$h)	—	
气冲强度	约 0.25m^3/(m$^2\cdot$h)	—	4. 气冲设备仅在客户要求时提供

砂滤器使用环境及工作条件：

① 连续使用温度不超过 55℃；

② 过滤的介质为非高浓度的强酸强碱或有机溶剂；

③ 絮凝剂，投加浓度 $2\sim8$mg/L（具体视水质情况而定）；

④ 水温，$5\sim55$℃（在水流动的情况下）；

⑤ 配用电源，AC380V，50Hz 三相四线制。

（3）主要特点

① 过滤周期长　旋流进水，大量固体悬浮颗粒不经砂滤料过滤就得以去除，从而大大地延长了反冲洗的周期。

② 过滤精度高　由于采用旋流进水，大量小的固体悬浮颗粒聚集在过滤器中心，从集污管排出，有效地克服了筒体与砂滤料接触部位过滤精度差的问题，提高了过滤精度。

③ 产水量大　大量小的固体悬浮颗粒从集污管排出，减小了过滤器的负荷，同时提高了过滤器的产水量。

（4）主要用途

自动旋流集污式砂滤器是水处理中的主要设备之一，该设备是利用其内所装的过滤材料来清除水中的悬浮物、凝聚片状物、部分可溶性物质、藻类物质等，使出水达到清澈透明。它可用于：工厂化养殖场的循环水处理系统，酒店、水产市场、海洋馆、水生实验室的高密度暂养系统，水产品加工、工厂废水排放前的污水处理系统。

4.5 板框式过滤器

（1）简介

悬浮液用泵送入滤机的每个密闭的滤室，在工作压力的作用下，滤液透过滤膜或其他滤材，经出液口排出，滤渣则留在框内形成滤饼，从而达到固液分离。板框式过滤器示意如图 4-6 所示。

图 4-6　板框式过滤器

设备为不锈钢多层板框式压滤机，适用于浓度 50％以下、黏度较低、含渣量较少的液体作密闭过滤以达到提纯、灭菌、澄清等精滤、半精滤的要求，直接选用微孔滤膜，可不经微孔膜过滤器直接达到无菌过滤的目的。该设备过滤面积大，流量大，适用范围广。该设备除配用电机外，其他机件均采用 1Cr18Ni9Ti 优质耐腐蚀不锈钢材料制成，耐腐蚀，经久耐用。过滤部分由 9 层滤板组成，滤板采用螺纹状结构，不变形，容易清洗，能有效地增长各种滤膜的使用寿命，从而降低和节约生产成本。还可以设有回流装置，滤材装配或清洗方便。

（2）设计及性能参数（表 4-3）

表 4-3　板框式过滤器性能参数

规格/mm	滤网层数	过滤压力/MPa	过滤介质微孔滤膜/μm	水流量/(t/h)
φ150	10	0.35	0.8	1.5～2
φ200	10	0.35	0.8	2.5～3
φ300	10	0.35	0.8	5
200×300	10	0.35	0.8	4
150×150	10	0.35	0.8	2.5
400×400	10	0.35	0.8	8

（3）主要特点

该设备适用于过滤各种 pH 酸碱溶液，应用加压密闭过滤，滤液损耗少，过滤质量好，效率高，过滤面积大，流通量大；且可根据被滤溶液的不同生产工艺（初滤、半精滤、精滤）要求，更换不同滤膜，及根据用户生产流量的大小可适当减少或增加滤板层数，使之适应生产需要，具有一机多用、适用范围广的特点；使用寿命长，生产成本低，操作方便，移动灵活，可供移动使用。

（4）主要用途

用于各种悬浮液的固液分离，适用范围广，适用于医药、食品、化工、环保、水处理等工业领域。

4.6 砂芯过滤器

（1）简介

砂芯过滤器如图 4-7 所示，用钢板制成的密封容器和陶质砂滤棒组合配套而成，过滤器分上下两层，中间置放隔水板（又称盘板、箅子）一块。隔水板既是固定滤棒的装置，又起液体（包括水）过滤前后分界作用。

砂芯系选用多孔陶瓷原料经高温烧结而成。棒身具有许多细微孔，是过滤器发挥过滤作用的主体部分，通过砂滤棒的过滤达到提高滤液和水的澄明度。

图 4-7 砂芯过滤器

（2）设计及性能参数（图 4-8 和表 4-4）

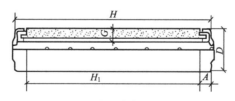

图 4-8 砂芯过滤器设计示意

表 4-4 砂芯过滤器设计参数

规格型号	尺寸/mm				
	D	H_1	H	A	G
80	80	450	410	17.5	17~20
75	75	300	335	17.5	17~20
70	70	200	315	20	17~20
50	50	250	290	20	13~14

（3）主要用途

该过滤器用于自来水或有压力装置的深井水的过滤，能有效地阻菌和除去水中悬浮物质，不需烧煮即可取得符合国家《生活饮用水卫生标准》的水质（菌落总数在 37℃培养 24h，1mL 水中不超过 100CFU，总大肠菌群不得检出）。

过滤后的水一般习惯称砂滤水，能提供学校、娱乐场所、大型集会、工矿企业直接饮用或配制清凉饮料。对节省燃料、人力等费用效果显著。

该过滤还广泛应用于制酒业酒液滤清、制药行业脱炭、电子行业高纯水预处理、水产养殖业布气，以及其他行业部分水质处理、空气过滤等，是一种理想的过滤设备。

4.7 活性炭过滤器

（1）简介

活性炭过滤器如图 4-9 所示，其改变了原来的进水和排污方向，使得净水效果更好，更受广大用户欢迎。

图 4-9 活性炭过滤器

过滤器是生活饮用水及食品用水等水处理的必要一道设备。浊度<5mm/L 的清水通过该设备处理后，能得到清澈透明、甘醇可口、无毒、无菌、无异味、可直接生饮的净化水。净化水符合国家饮用水水质标准。

过滤器能去除清水中的异色、异味以及汞、铅、镉、锌、铁、锰、铬等重金属物质，还可去除清水中的砷、氢化物、硫化物、余氯等高分子化合物及锶、镭等放射性物质，去除和杀死水中的细菌和大肠杆菌以及其他致癌物质。它是生活饮水、食品、饮料、制药、化学等工业净化水的理想给水设备。

过滤器结构简单，操作维修方便。适用于水质要求较高的食品、饮料、化工等企事业单位，还应用于饭店、宾馆、部队、车站、码头。可作为工业用水和生活用水的给水设备。

（2）设计及性能参数（表 4-5）

表 4-5 TJ 型活性炭过滤器主要技术参数

项 目	TJ-D100	TJ-D150	TJ-D160	TJ-D180	TJ-D200	TJ-D250	TJ-D300
处理水量/(m³/h)	7	18	20	23	28	40	65
停留时间/min	10	10	10	10	10	10	10
过滤速度/(m/h)	8～10	8～10	8～10	8～10	8～10	8～10	8～10

项　　目	TJ-D100	TJ-D150	TJ-D160	TJ-D180	TJ-D200	TJ-D250	TJ-D300
活性炭粒度/目	8~26	8~26	8~26	8~26	8~26	8~26	8~26
炭床厚度/mm	1200	1500	1500	1500	1500	1500	1500
冲洗强度/(L/s²)	10	10	10	10	10	10	10
冲洗压力/(kgf/cm²)	3	3	3	3	3	3	3
冲洗历时/min	7~10	7~10	7~10	7~10	7~10	7~10	7~10

注:1kgf=9.8N。

（3）主要特点

① 吸附过滤效果好，占地面积小。

② 使用、管理简便，运行费用低。

③ 滤料寿命长。

（4）主要用途

用于矿泉水、纯净水、其他饮料食品的水质净化，脱色，除异味，可作为纯净水、高纯水的除盐装置。

4.8 袋式过滤器

（1）简介

袋式过滤器如图 4-10 所示，是一种具有结构新颖合理、密封性好、流通能力强、操作简便等诸多优点，应用范围广泛，适应性强的多用途过滤设备。尤其是滤袋侧漏概率小，能准确地保证过滤精度，并能快捷地更换滤袋，过滤基本无物料消耗，使得操作成本降低。适用于涂料、黏胶、树脂染料、油墨和油制品、化学品等行业的液体精过滤。过滤细度靠滤袋保证，中间不需抽样复验，并可配套输送泵组装在移动式推车上，以随意移动到任何生产线上进行过滤。

图 4-10　袋式过滤器

（2）设计及性能参数（图 4-11 和表 4-6）

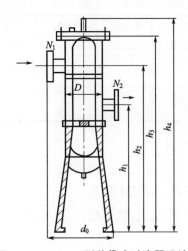

图 4-11　YBG-DI 型单袋式过滤器设计示意

表 4-6　YBG-DI 型单袋式过滤器设计参数

型号	流量 /(m³/h)	过滤面积 /m²	安装尺寸/mm						进出口 N_1/N_2 /mm
			h_1	h_2	h_3	h_4	d_0	D	
YBG-6DI	6	0.08	400	505	590	700	180	$\phi133$	$DN50$
YBG-12DI	12	0.5	400	740	825	945	180	$\phi133$	$DN50$
YBG-18DI	18	0.25	450	750	930	1240	290	$\phi219$	$DN50$
YBG-36DI	36	0.5	650	1060	1240	1550	290	$\phi219$	$DN50$

（3）主要特点

① 滤袋侧漏概率小，有力地保证了过滤品质。

② 袋式过滤可承载更大的工作压力，压损小，运行费用低，节能效果明显。

③ 滤袋过滤精度不断提高，目前已达到 $0.5\mu m$。

④ 袋式过滤处理量大、体积小、容污量大。

⑤ 基于袋式过滤系统的工作原理和结构，更换滤袋方便快捷，而且过滤机免清洗，省工省时。

⑥ 滤袋清洗后可反复使用、节约成本。

⑦ 袋式过滤应用范围广，使用灵活，安装方式多样。

（4）主要用途

适用于涂料、啤酒、植物油、医药、化学药品、石油产品、纺织化学品、感光化学品、电镀液、牛奶、矿泉水、热溶剂、乳胶、工业用水、糖水、树脂、油墨、工业废水、果汁、食用油、蜡类等行业。

4.9 自洁式排气水过滤器

(1) 简介

水系统中，空气对该系统中的水泵、锅炉、热交换器、制冷机等设备及部件易产生腐蚀和损坏，使用寿命及效率大大降低。仅在系统最高点设置排气阀效果不佳，当压力减少时被溶于水中气体会重新形成气泡，尤其在水泵前会有大量气体分离出来。

自洁式排气水过滤器如图 4-12 所示，利用气水分离、沉降、过滤等机理进行自洁。当冷却水、热水、冷冻水系统中水进入自洁式排气水过滤器时，体积扩大，流速急剧降低，水中气泡分离上升至聚气区，小气泡吸附在分离板上，当形成大气泡上升至聚气区后通过自动排气阀排出。带有污物的循环水在过滤器中污物随水流沉降，通过分离板后污物得到了加速，在滤芯的两侧迅速沉降在存污区，因存污区容污量大，只需定

图 4-12 自洁式排气水过滤器

期开启排污阀。经过空气和污物分离较干净的水经滤芯流入水泵入口，在水泵及水流的冲击下滤芯有较小的振动，能将个别黏附在滤芯外侧的污物振落，达到自洁的目的。

(2) 设计及性能参数

① 压力范围：0.6MPa、1.0MPa、1.6MPa。

② 最高使用温度：95℃。

③ 规格型号：$DN80\sim600mm$。

④ 流量范围：$15\sim2800m^3/h$。

⑤ 过滤网常用规格：8 目、10 目、14 目、20 目、30 目、70 目、150 目。

⑥ 排气率：99%。

⑦ 排污率：99%。

⑧ 特殊规格按用户要求特制。

(3) 主要特点

既能保持高的流量，又具有低的压力降；不需要任何支撑结构，节省空间；不需要设置旁路，节约投资费用，避免了在调试和维修过程中的拆卸排污；安装灵活，可以水平安装也适应于垂直安装。

(4) 主要用途

自洁式排气水过滤器为多功能系统部件，具有压差自动报警功能、气水分离

功能和过滤功能。过滤器自洁能力强，不用经常清扫过滤网。可对水系统中的氧化铁皮、老垢、污泥和空气等杂质进行有效排除，以充分发挥和保证水质的清洁。该产品广泛应用于工业冷却水系统、空调水系统、热交换水系统、生产生活热水供应系统、热水采暖锅炉水系统等。

4.10 机械过滤器

（1）简介

机械过滤器如图 4-13 所示，也称为压力式过滤器，是纯水制备、软化水、电渗析、反渗透等的前期预处理系统的重要组成部分。机械过滤器材质有钢制衬胶或不锈钢，根据过滤介质的不同分为天然石英砂过滤器、活性炭过滤器、锰砂过滤器、多介质过滤器等。活性炭过滤器介质为活性炭，目的是吸附、去除水中的色素、有机物、余氯、胶体等；锰砂过滤器的介质为锰砂，主要去除水中的二价铁离子；多介质过滤器的介质是石英砂、无烟煤等，功能是滤除悬浮物机械杂质、有机物等，降低水的浑浊度。根据进水方式，机械过滤器可分为单流式过滤器和双流式过滤器。根据实际情况，机械过滤器可单独使用也可以联合使用。

图 4-13　机械过滤器

（2）设计及性能参数

① 工作压力：≤0.6MPa。

② 运行流速：≤10m/h。

③ 进水浓度：≤20mg/L。

④ 反冲洗强度：出水浓度≤5mg/L。

⑤ 石英砂粒径：0.8～1.6mm。

⑥ 无烟煤：1～1.6mm。

（3）主要特点

① 设备造价低廉，运行成本费用低，管理简便。

② 滤料经过反洗可多次使用，滤料寿命长。

③ 过滤效果好，占地面积小。

（4）用途

① 利用过滤器内介质去除水中含有的泥沙、悬浮物、黏结胶质颗粒、有机物、嗅味等，可将水经过滤器内所装的滤层，使水达到透明。

② 该产品对工业污水中的悬浮物等有很好的去除效果，适用于进水浓度≤20mg/L，要求经过滤出水浊度一般在 5mg/L 以内，能符合饮用水水质标准的工矿企业（工业用水）及城镇给水处理设施（生活用水）。

4.11 除铁锰过滤器

（1）简介

地下水除铁锰过滤器如图 4-14 所示，是一种一体化高效节能型水处理设备。该设备采用了曝气氧化、锰砂催化、吸附、过滤的除铁除锰原理，利用曝气装置使空气中的氧气将水中 Fe^{2+} 和 Mn^{2+} 氧化成不溶于水的 Fe^{3+} 和 MnO_2，再结合天然锰砂的催化、吸附、过滤将水中铁锰离子去除。铁锰氧化反应式如下：

铁氧化：$4Fe^{2+} + 3O_2 + 6H_2O \Longrightarrow 4Fe(OH)_3 \downarrow$

$$MnO \cdot Mn_2O_7 + 4Fe^{2+} + 2O_2 + 6H_2O \Longrightarrow 3MnO_2 + 4Fe(OH)_3 \downarrow$$

锰氧化：$\qquad\qquad Mn^{2+} + O_2 \Longrightarrow MnO_2 \downarrow$

$$Mn^{2+} + MnO_2 \cdot 2H_2O \Longrightarrow MnO_2 \cdot MnOH_2O + 2H^+$$

图 4-14 除铁锰过滤器

（2）设计及性能参数

① 气水混合时间：3～5min。

② 滤池过滤速度：10～14m/h。

③ 反洗强度：16～18L/(m² · s)。

④ 滤层厚度：1.0～1.2m。

⑤ 进口压力≥0.06MPa。

⑥ 设备承受压力：0.06～0.3MPa、0.3～0.6MPa、0.6～1.0MPa。

适用范围：进水 Fe^{2+}≤20mg/L，Mn^{2+}≤10mg/L；出水 Fe^{2+}≤0.3mg/L，Mn^{2+}≤0.1mg/L。

（3）主要特点

① 曝气部分：不需曝气池和曝气塔也不需要投加药剂和催化剂，只需加注少量的空气，可降低运行成本。

② 设备主体部分是包含强氧化、分离除砂、分组式悬浮过滤等工艺的一体化装置，结构独特。

③ 滤池部分：由于滤池内部设有自身反冲洗装置，不需配备反冲洗水泵和反冲洗水池，可减少工程占地，降低工程投资。

④ 压力式滤池反冲洗强度高，使滤层冲洗均匀，彻底消除死角，反洗时间短，过滤周期长，延长滤料使用寿命。

⑤ 该设备可直接向用户管网供水，不需配备清水池和二级泵站，减少设备投资，避免二次污染。

（4）主要用途

地下水除铁锰过滤器主要适用于高铁高锰地区的地下水除铁除锰，工业软化水、除盐水的预处理。

4.12 盘式过滤器

（1）简介

盘式过滤器如图 4-15 所示，由过滤单元并列组合而成。其过滤单元主要是由一组带沟槽或棱的环状增强塑料滤盘构成，如图 4-16 所示。过滤时污水从外侧进入，相邻滤盘上的沟槽或棱边形成的轮缘把水中固体物截留下来；反冲洗时水自环状滤盘内流向外侧，将截留在滤盘上的污物冲洗下来，经排污口排出。盘片在单元内为紧密压实叠加在一起，上下两层盘片中间沟槽起到过滤拦截的作用。

图 4-15 盘式过滤器

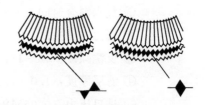

图 4-16 过滤盘结构示意

原水通过过滤单元时由外向内流动，大于沟槽的杂质会被拦截在外部。盘片上沟槽的不同深浅和数量确定了过滤单元的过滤精度。

盘式过滤器的核心部件是叠放在一起的塑料滤盘，滤盘上有特制的沟槽或棱，相邻滤盘上的沟槽或棱构成一定尺寸的通道，粒径大于通道尺寸的悬浮物均被拦截下来，达到过滤效果。该产品在很大程度上可以取代砂滤器等传统的机械过滤装置，其性能优越、水电耗远低于其他产品。

① 过滤过程

a. 待处理的污水自进水口进入过滤单元。

b. 水流自滤盘组外侧流向滤盘组内侧。

c. 水流在经过环状棱构成的通道时，粒径大于棱高度的颗粒被拦截下来，储存在曲线棱构成的空间、滤盘组与外壳的间隙内。

d. 滤后清水进入环状滤盘内部，经出口引出。

② 反冲洗过程

a. 控制器发出脉冲信号，电磁阀打开，控制水流经电磁阀流向反冲洗阀。

b. 反冲阀动作，进水口关闭，排污口打开。

c. 清水自过滤单元的出水口进入滤盘组内部。

d. 带压清水经工作流程的反方向通过滤盘组，将截留在滤盘间的污物冲出。

e. 冲洗水经排污管排掉。

（2）设计及性能参数（表 4-7）

表 4-7　盘式过滤器设计参数

项目	参数	项目	参数
处理量	$<1500m^3/h$	反洗压力	$>0.25MPa$
出水悬浮粒径	$5\sim800\mu m$	反洗流速	$8\sim18m^3/h$
工作压力	$0.08\sim1MPa$	反洗时间	$20\sim60s$
工作温度	$<80℃$	反洗水耗	$30\sim100kg$(单个过滤头)
pH 值	$5\sim11.5$	系统压损	$0.001\sim0.08MPa$

（3）主要特点

① 高效，精确过滤　特殊结构的滤盘过滤技术，性能精确灵敏，确保只有粒径小于要求的颗粒才能进入系统，是最有效的过滤系统。规格有 $5\mu m$、$10\mu m$、$20\mu m$、$55\mu m$、$100\mu m$、$130\mu m$、$200\mu m$ 等多种，用户可根据用水要求选择不同精度的过滤盘。系统流量可根据需要灵活调节。

② 标准模块化，节省占地　系统基于标准盘式过滤单元，按模块化设计，用户可按需取舍，灵活可变，互换性强。系统紧凑，占地极小，可灵活利用边角空间进行安装，如处理水量 $300m^3/h$ 左右的设备占地仅约 $6m^2$（一般水质，过滤等级 $100\mu m$）。

③ 全自动运行，连续出水　在过滤器组合中的各单元之间，反洗过程轮流交替进行，工作、反洗状态之间自动切换，可确保连续出水；反洗耗水量极少，只占出水量的 0.5%；如配合空气辅助反洗，自耗水更可降到 0.2% 以下。高速而彻底的反洗，只需数十秒即可完成。

④ 使用寿命长　新型塑料过滤元件坚固、无磨损、无腐蚀、极少结垢，经多年工业使用验证，使用 $6\sim10$ 年也没有磨损，不会老化，过滤和反洗效果不会因使用时间而变差。

⑤ 高质量，维护量少　产品符合相应质量标准，所有产品在出厂前均经模

拟工况检测和试运转，不需专用工具，零部件很少；易于使用，仅需定期检查，几乎不需日常维护。

（4）主要用途

可用于处理城市自来水、循环冷却水、经沉淀处理过的地面水、经过有效沉淀和完全生物筛过的排水、从水质很差的含水层抽取的地下水、经过有效沉淀但未经或经很少的生物处理的排水、有微生物大量繁殖的地面水、富含铁锰的井中抽取的井水、受洪水影响且未经沉淀的地面水、未经沉淀及生物处理的排水。

4.13 黄锈水过滤器

（1）简介

黄锈水过滤器如图 4-17 所示，利用机械墙挡式过滤、活性铁质滤膜杂质着床及电晕场静电吸附效应三重复合过滤体系超净过滤。

图 4-17 黄锈水过滤器

（2）设计及性能参数

① 过滤效率：粒径大于 $150\mu m \geqslant 98\%$；粒径大于 $100\mu m \geqslant 92\%$；粒径大于 $25\mu m \geqslant 70\%$。

② 压力损失：$0.03 \sim 0.06 MPa$。

③ 工作电源：$190 \sim 250V$，$50 \sim 60Hz$。

④ 工作环境要求：$-25 \sim +50℃$，相对湿度 $\leqslant 90\%$。

⑤ 工作介质温度：$-25 \sim +90℃$。

⑥ 平均无故障时间：不小于 $50000h$。

（3）主要特点

过滤效率高，设备阻力小，节能节水，不需更换综合滤体。

（4）用途

冷冻、冷却、采暖、给水、地下水、工业用水等过滤除锈。

4.14 生物过滤装置

如图 4-18 所示，本生物过滤装置为作者开发的一种组合式生活污水处理与回用装置专利设备，包括缺氧装置 A、接触氧化装置 O、曝气生物滤池 B 和反冲洗装置。缺氧装置 A 和接触氧化装置 O 为一个整体封闭容器 18，内部填充有比表面积较大的多面空心球填料 6，其上在填料 6 的下端有污水进口 16，在填料 6 的上端有出水口 17，其下半部分的上部有气体分布器 5，气体分布器 5 的下端，

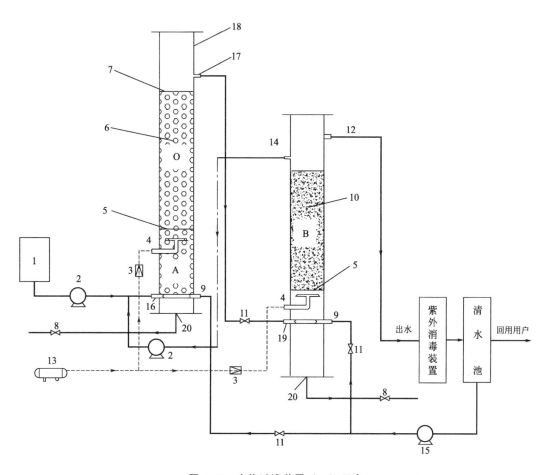

图 4-18 生物过滤装置（一）示意

A—缺氧装置；O—接触氧化装置；B—曝气生物滤池；

1—污水水箱；2—提升泵；3—空气计量装置；4—微孔曝气头；5—气体分布器；6—填料；7—穿孔板；
8—阀门；9—反冲洗口；10—陶粒填料；11—调节阀；12,17—出水口；13—空压机；14—回水口；
15—反冲洗水泵；16—污水进口；18—封闭容器；19—进水口；20—清污口

靠近气体分布器 5 处有微孔曝气头 4，这样，微孔曝气头 4 上端为接触氧化装置
O，下端为缺氧装置 A，缺氧装置 A 的上端出水口与接触氧化装置 O 底部的进水
口为一体。封闭容器 18 上端、出水口 17 的下端还有一穿孔板 7。曝气生物滤池
B 内填充有 4～6mm 的陶粒填料 10。污水水箱 1 通过提升泵 2 由管道连接封闭容
器 18 下端的污水进口 16。封闭容器 18 的出水口 17 由管道连接曝气生物滤池 B
底部的进水口 19，管道上安装有调节阀 11。曝气生物滤池 B 上部的出水口 12 通
过紫外消毒装置由管道连接清水池，曝气生物滤池 B 上部还有一低于其出水口
12 的回水口 14，其由管道连接封闭容器 18 下端的污水进口 16，管道上安装有提
升泵 2。在曝气生物滤池 B 底部，其进水口 19 上端有微孔曝气头 4，微孔曝气头
4 上端的曝气生物滤池 B 内有气体分布器 5。微孔曝气头 4 由管道连接空压机 13，
在管道上安装有空气计量装置 3，其调节微孔曝气头 4 的曝气量。在与污水进口
16 在同一水平面的封闭容器 18 上、在与其进水口 19 在同一水平面的曝气生物滤

池 B 上都开有反冲洗口 9，清水池中的水通过反冲洗水泵 15、调节阀 11 和管道分别连接封闭容器 18 和曝气生物滤池 B 的反冲洗口 9。封闭容器 18 和曝气生物滤池 B 的底面开有清污口 20，清污口 20 的清污管上安装有阀门 8。污水进入缺氧装置 A 的多面空心球填料 6 段后，在反硝化菌的作用下，污水中易降解的有机碳作为电子供体，而硝酸盐氮和亚硝酸盐氮作为电子受体最终被还原成氮气逸出，从而实现了总氮的有效去除。当污水进入接触氧化装置 O 的多面空心球填料 6 段后，污水中的有机物得到有效去除，同时，部分氨氮得到转化；污水进入曝气生物滤池 B 段后，经陶粒填料 10 作用，剩余氨氮被彻底转化为硝酸盐氮，进而被回流至缺氧装置 A 段。

如图 4-19 所示，本实例的其他结构同前，只是缺氧装置 A、接触氧化装置 O 为单独的容器。缺氧装置 A 置于接触氧化装置 O 的前面，二者内都有多面空心球填料 6，缺氧装置 A 下端有污水进口 16，上端有出水口 21，其出水口 21 连接接触氧化装置 O 底部的进水口 22，接触氧化装置上端的出水口 17 连接曝气生物滤池 B 底部的进水口 19。

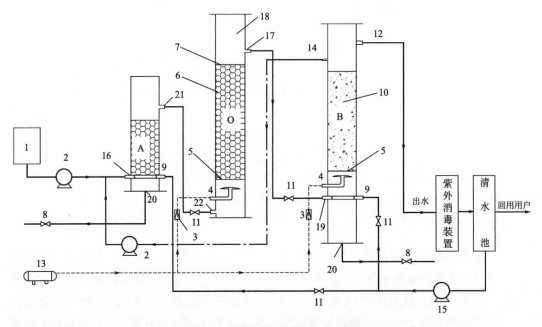

图 4-19　生物过滤装置（二）示意

A—缺氧装置；O—接触氧化装置；B—曝气生物滤池；

1—污水水箱；2—提升泵；3—空气计量装置；4—微孔曝气头；5—气体分布器；6—多面空心球填料；7—穿孔板；8—阀门；9—反冲洗口；10—陶粒填料；11—调节阀；12—曝气生物滤池 B 的出水口；13—空压机；14—曝气生物滤池 B 的回水口；15—反冲洗水泵；16—污水进口；17,21—出水口；18—封闭容器；19,22—进水口；20—清污口

本生物过滤装置利用普通接触氧化法和曝气生物滤池法的独特优点，将二者优化组合，在实现出水水质稳定且达标的前提下，省去出水二沉池建设，可大大减少工程总投资。可实现处理设施和设备的模块化生产，可实现现场的灵活组装和拆卸，且运

行管理可实现自动化。可因地制宜地组配各种规模的处理设施，实现生活污水的就地处理与回用，这对于严重缺水地区意义重大，既能实现污水的有效利用，又能有效减少污染物的排放。总之，本装置在避免大量占用土地的前提下，实现生活污水的就地处理与回用，且具有高效、低能耗、出水水质稳定、组装拆卸灵活、使用寿命长和运行管理方便等优点。运行结果表明，在污水的 COD 范围为 160～550mg/L，氨氮范围为 31～53mg/L，总氮范围为 40～56mg/L，浊度范围为 40～180mg/L 的情况下，经本装置处理后，清水 COD 范围为 25～47mg/L，氨氮范围为 0～1.2mg/L，总氮范围为 9.6～17.3mg/L，可达到国家城市污水回用于景观和生活杂用等相关标准。

4.15 反渗透装置

（1）简介

反渗透装置是一种高新技术产品（见图 4-20），现已广泛应用于半导体、电子超纯水、制药、医疗无菌水、化工、电力、生活用水、锅炉补给水、海水淡化、饮用水、食品饮料及环保等领域。

图 4-20　反渗透装置

反渗透，英文为 reverse osmosis，是多年的精心研制而成的高科技水处理技术。这种薄膜分离技术是依靠渗透膜在压力下使溶液中的溶剂与溶质进行分离的过程。渗透是一种物理现象。反渗透就是在有盐分的水中（如原水）施加比自然渗透压力更大的压力，使水由浓度高的一方渗透到浓度低的一方，把原水中的水分子压到膜的另一边变成纯净水，而原水中的细微杂质、胶体、有机物、重金属、细菌、病毒及其他有害物质都统统截留下来并经污水出口排放掉。由于反渗透膜的孔径仅 0.0001μm，一个细菌要缩小 4000 倍、过滤性病毒也要缩小 200 倍以上才能通过，所以其有效去除率高达 96%以上。

（2）设计及性能参数

反渗透纯水系统根据不同的源水水质采用不同的工艺。一般自来水经一级反渗透系统后，产水电导率<10μS/cm，经二级反渗透系统后产水电导率<5μS/cm 甚至更低，在反渗透系统后辅以离子交换设备或电渗析（EDI）设备可以制备超纯水，使

电阻率达到18MΩ（电导率＝1/电阻率）。

（3）主要特点

① 反渗透膜分离过程在常温下进行，无相变、能耗低，可用于热敏感性物质的分离、浓缩；

② 分离和浓缩同时进行，可回收有价值的物质；

③ 可有效地去除无机盐和有机小分子杂质；

④ 具有较高的脱盐率和较高的水回用率；

⑤ 膜分离装置简单，操作简便，便于实现自动化；

⑥ 反渗透膜分离装置对进水指标有较高的要求，需对源水进行一定的预处理；

⑦ 分离过程中，易产生膜污染，为延长膜使用寿命和提高分离效果，要定期对膜进行清洗。

（4）主要用途

反渗透装置的主要用途如表 4-8 所列。

表 4-8　反渗透装置的主要用途

用　　途	应　用　范　围
电子工业用水	集成电路、硅晶片、显示管等电子元器件冲洗水
制药行业用水	大输液、针剂、片剂、生化制品、设备清洗等
化工行业工艺用水	化工循环水、化工产品制造等
电力行业锅炉补给水	火力发电锅炉、厂矿中低压锅炉动力系统
食品工业用水	饮用纯净水、饮料、啤酒、白酒、保健品等
海水、苦咸水淡化	海岛、舰船、海上钻进平台、苦咸水地区
饮用纯净水	房产物业、社区、企事业单位等
其他工艺用水	汽车、家电涂装、镀膜玻璃、化妆品、精细化学品等

4.16 膜生物反应器

膜生物反应器（membrane bioreactor，MBR）是高效膜分离技术与污水生物处理工艺相结合而开发的新型生物化学系统。它以高效膜分离代替传统生物处理中的二沉池，以实现更好的处理效果。膜生物反应器是膜与生物结合的产物，以实现微生物发酵，动植物细胞培养和生物催化转化等。通常在常温和常压下进行生化反应，可使产物或副产物从反应区连续分离出来，打破反应的平衡，从而可大大提高反应转化率，增加产率或处理能力，过程能耗低、效率高。

膜生物反应器主要由膜分离组件及生物反应器两部分组成。通常提到的膜生物反应器实际上是三类反应器的总称：①曝气膜生物反应器（aeration membrane bioreactor，AMBR）；②萃取膜生物反应器（extractive membrane bioreactor，EMBR）；

③固液分离型膜生物反应器（solid/liquid separation membrane bioreactor, SLSMBR）。

（1）曝气膜生物反应器

曝气膜生物反应器最早见于 Cote.P 等 1988 年报道，采用透气性致密膜（如硅橡胶膜）或微孔膜（如疏水性聚合膜），以板式或中空纤维式组件，在保持气体分压低于泡点（Bubble Point）情况下，可实现向生物反应器的无泡曝气。该工艺的特点是提高了接触时间和传氧效率，有利于曝气工艺的控制，不受传统曝气中气泡大小和停留时间等因素的影响。

（2）萃取膜生物反应器

萃取膜生物反应器（EMBR）因为高酸碱度或对生物有毒物质的存在，某些工业废水不宜采用与微生物直接接触的方法处理；当废水中含挥发性有毒物质时，若采用传统的好氧生物处理过程，污染物容易随曝气气流挥发，发生汽提现象，不仅处理效果很不稳定，还会造成大气污染。为了解决这些技术难题，英国学者 Livingston 研究开发了 EMBR。废水与活性污泥被膜分隔开来，废水在膜内流动，而含某种专性细菌的活性污泥在膜外流动，废水与微生物不直接接触，有机污染物可以选择性透过膜被另一侧的微生物降解。由于萃取膜两侧的生物反应器单元和废水循环单元是各自独立，各单元水流相互影响不大，生物反应器中营养物质和微生物生存条件不受废水水质的影响，使水处理效果稳定。系统的运行条件如 HRT 和 SRT 可分别控制在最优的范围，维持最大的污染物降解速率。

（3）固液分离型膜生物反应器

固液分离型膜生物反应器是在水处理领域中研究得最为广泛深入的一类膜生物反应器，是一种用膜分离过程取代传统活性污泥法中二次沉淀池的水处理技术。在传统的废水生物处理技术中，泥水分离是在二沉池中靠重力作用完成的，其分离效率依赖于活性污泥的沉降性能，沉降性越好，泥水分离效率越高。而污泥的沉降性取决于曝气池的运行状况，改善污泥沉降性必须严格控制曝气池的操作条件，这限制了该方法的适用范围。由于二沉池固液分离的要求，曝气池的污泥不能维持较高浓度，一般在 1.5～3.5g/L 左右，从而限制了生化反应速率。水力停留时间（HRT）与污泥龄（SRT）相互依赖，提高容积负荷与降低污泥负荷往往形成矛盾。系统在运行过程中还产生了大量的剩余污泥，其处置费用占污水处理厂运行费用的 25%～40%。传统活性污泥处理系统还容易出现污泥膨胀现象，出水中含有悬浮固体，出水水质恶化。针对上述问题，MBR 将分离工程中的膜分离技术与传统废水生物处理技术有机结合，大大提高了固液分离效率，并且由于曝气池中活性污泥浓度的增大和污泥中特效菌（特别是优势菌群）的出现，提高了生化反应速率。同时，通过降低 F/M 减少剩余污泥产生量（甚至为零），从而基本解决了传统活性污泥法存在的许多突出问题。

根据膜组件和生物反应器的组合方式，固液分离型膜生物反应器可将膜生物反应器分为分置式、一体式以及复合式三种基本类型。

分置式膜生物反应器把膜组件和生物反应器分开设置，如图 4-21 所示。生物反应器中的混合液经循环泵增压后打至膜组件的过滤端，在压力作用下混合液中的液体透过膜，成为系统处理水；固形物、大分子物质等则被膜截留，随浓缩液回流到生物反应器内。分置式膜生物反应器的特点是运行稳定可靠，易于膜的清洗、更换及增设；而且膜通量普遍较大。但一般条件下为减少污染物在膜表面的沉积，延长膜的清洗周期，需要用循环泵提供较高的膜面错流流速，水流循环量大、动力费用高，并且泵的高速旋转产生的剪切力会使某些微生物菌体产生失活现象。

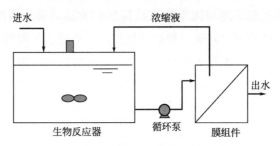

图 4-21　分置式膜生物反应器示意

一体式膜生物反应器是把膜组件置于生物反应器内部，如图 4-22 所示。通过进水进入膜生物反应器，其中的大部分污染物被混合液中的活性污泥去除，再在外压作用下由膜过滤出水。这种形式的膜生物反应器由于省去了混合液循环系统，并且靠抽吸出水，能耗相对较低；占地较分置式更为紧凑，近年来在水处理领域受到了特别关注。但是一般膜通量相对较低，容易发生膜污染，膜污染后不容易清洗和更换。

复合式膜生物反应器在形式上也属于一体式膜生物反应器，所不同的是在生物反应器内加装填料，从而形成复合式膜生物反应器，改变了反应器的某些性状，如图 4-23 所示。

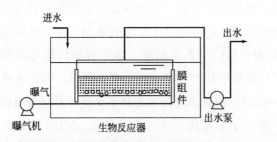

图 4-22　一体式膜生物反应器示意

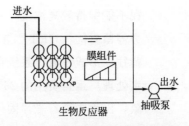

图 4-23　复合式膜生物反应器示意

与许多传统的生物水处理工艺相比，MBR 具有以下主要特点。

① 出水优质稳定　由于膜的高效分离作用，分离效果远好于传统沉淀池，

处理出水极其清澈，悬浮物和浊度接近于零，细菌和病毒被大幅去除，出水水质优于生活杂用水水质标准，可以直接作为非饮用市政杂用水进行回用。

同时，膜分离也使微生物被完全截流在生物反应器内，使得系统内能够维持较高的微生物浓度，不但提高了反应装置对污染物的整体去除效率，保证了良好的出水水质，同时反应器对进水负荷（水质及水量）的各种变化具有很好的适应性，耐冲击负荷，能够稳定获得优质的出水水质。

② 剩余污泥产量少　该工艺可以在高容积负荷、低污泥负荷下运行，剩余污泥产量低（理论上可以实现零污泥排放），降低了污泥处理费用。

③ 占地面积小，不受设置场合限制　生物反应器内能维持高浓度的微生物量，处理装置容积负荷高，占地面积大大节省；该工艺流程简单、结构紧凑、占地面积小，不受设置场所限制，适合于任何场合，可做成地面式、半地下式和地下式。

④ 可去除氨氮及难降解有机物　由于微生物被完全截流在生物反应器内，从而有利于增殖缓慢的微生物如硝化细菌的截留生长，系统硝化效率得以提高。同时，可增长一些难降解有机物在系统中的水力停留时间，有利于难降解有机物降解效率的提高。

⑤ 操作管理方便，易于实现自动控制　该工艺实现了水力停留时间（HRT）与污泥停留时间（SRT）的完全分离，运行控制更加灵活稳定，是污水处理中容易实现装备化的新技术，可实现微机自动控制，从而使操作管理更为方便。

⑥ 易于从传统工艺进行改造　该工艺可以作为传统污水处理工艺的深度处理单元，在城市二级污水处理厂出水深度处理（从而实现城市污水的大量回用）等领域有着广阔的应用前景。

膜生物反应器也存在一些不足。主要表现在以下几个方面：

① 膜造价高，使膜生物反应器的基建投资高于传统污水处理工艺。

② 膜污染容易出现，给操作管理带来不便。

③ 能耗高。首先 MBR 泥水分离过程必须保持一定的膜驱动压力；其次是 MBR 池中 MLSS 浓度非常高，要保持足够的传氧速率，必须加大曝气强度；还有为了加大膜通量、减轻膜污染，必须增大流速，冲刷膜表面，造成 MBR 的能耗要比传统的生物处理工艺高。

膜可以由很多种材料制备，可以是液相、固相甚至是气相的。目前使用的分离膜绝大多数是固相膜。根据孔径不同，可分为微滤膜、超滤膜、纳滤膜和反渗透膜；根据材料不同，可分为无机膜和有机膜，无机膜主要是微滤级别膜。膜可以是均质或非均质的，可以是荷电的或电中性的。广泛用于废水处理的膜主要是由有机高分子材料制备的固相非对称膜。

（1）MBR 膜材质

① 高分子有机膜材料　聚烯烃类、聚乙烯类、聚丙烯腈、聚砜类、芳香族

聚酰胺、含氟聚合物等。

有机膜成本相对较低，造价便宜，膜的制造工艺较为成熟，膜孔径和形式也较为多样，应用广泛，但运行过程易污染、强度低、使用寿命短。

② 无机膜　是固态膜的一种，是由无机材料，如金属、金属氧化物、陶瓷、多孔玻璃、沸石、无机高分子材料等制成的半透膜。

目前在 MBR 中使用的无机膜多为陶瓷膜。优点是：可以在 pH＝0～14、压力为 10MPa、温度 350℃ 的环境中使用，其通量高、能耗相对较低，在高浓度工业废水处理中具有很大竞争力。缺点是：造价昂贵、不耐碱、弹性小、膜的加工制备有一定困难。

（2）MBR 膜孔径

MBR 工艺中用膜一般为微滤膜（MF）和超滤膜（UF），大都采用 0.1～0.4μm 膜孔径，这对于固液分离型的膜反应器来说已经足够。

微滤膜常用的聚合物材料有聚碳酸酯、纤维素酯、聚偏二氟乙烯、聚砜、聚四氟乙烯、聚氯乙烯、聚醚酰亚胺、聚丙烯、聚醚醚酮、聚酰胺等。

超滤膜常用的聚合物材料有聚砜、聚醚砜、聚酰胺、聚丙烯腈（PAN）、聚偏氟乙烯、纤维素酯、聚醚醚酮、聚亚酰胺、聚醚酰胺等。

（3）MBR 膜组件

为了便于工业化生产和安装，提高膜的工作效率，在单位体积内实现最大的膜面积，通常将膜以某种形式组装在一个基本单元设备内，在一定的驱动力下，完成混合液中各组分的分离，这类装置称为膜组件（module）。

工业上常用的膜组件形式有五种，即板框式（plate and frame module）、螺旋卷式（spiral wound module）、圆管式（tubular module）、中空纤维式（hollow fiber module）和毛细管式（capillary module）。前两种使用平板膜，后三者使用管式膜。圆管式膜直径 10mm；毛细管式 0.5～10.0mm；中空纤维式 0.5mm。表 4-9 所列为各种膜组件特性参数。

表 4-9　各种膜组件特性参数

项目	中空纤维式	毛细管式	螺旋卷式	板框式	圆管式
价格/(元/m³)	40～150	150～800	250～800	800～2500	400～1500
充填密度	高	中	中	低	低
清洗	难	易	中	易	易
压力降	高	中	中	中	低
高压操作	可	否	可	较难	较难
膜形式限制	有	有	无	无	无

MBR 工艺中常用的膜组件形式有板框式、圆管式、中空纤维式。

① 板框式　是 MBR 工艺最早应用的一种膜组件形式，外形类似于普通的板框式压滤机。优点是：制造组装简单，操作方便，易于维护、清洗、更换。缺点

是：密封较复杂，压力损失大，装填密度小。

② 圆管式　是由膜和膜的支撑体构成，有内压型和外压型两种运行方式。实际中多采用内压型，即进水从管内流入，渗透液从管外流出。膜直径在 6～24mm 之间。圆管式膜优点是：料液可以控制湍流流动，不易堵塞，易清洗，压力损失小。缺点是：装填密度小。

③ 中空纤维式　外径一般为 40～250μm，内径为 25～42μm。优点是：耐压强度高，不易变形。在 MBR 中，常把组件直接放入反应器中，不需耐压容器，构成浸没式膜生物反应器。一般为外压式膜组件。优点是：装填密度高；造价相对较低；寿命较长，可以采用物化性能稳定、透水率低的尼龙中空纤维膜；膜耐压性能好，不需支撑材料。缺点是：对堵塞敏感，污染和浓差极化对膜的分离性能有很大影响。图 4-24 为中空纤维式膜组件。

图 4-24　中空纤维式膜组件

MBR 膜组件设计的一般要求如下：

① 对膜提供足够的机械支撑，流道通畅，没有流动死角和静水区；

② 能耗较低，尽量减少浓差极化，提高分离效率，减轻膜污染；

③ 尽可能高的装填密度，安装、清洗、更换方便；

④ 具有足够的机械强度、化学和热稳定性。

膜组件的选用要综合考虑其成本、装填密度、应用场合、系统流程、膜污染及清洗、使用寿命等。

进入 20 世纪 90 年代中后期，膜生物反应器在国外已进入了实际应用阶段。加拿大 Zenon 公司首先推出了超滤管式膜生物反应器，并将其应用于城市污水处理。为了节约能耗，该公司又开发了浸入式中空纤维膜组件，其开发出的膜生物反应器已应用于美国、德国、法国和埃及等十多个地方，规模从 380m³/d 至 7600m³/d。日本三菱人造丝公司也是世界上浸入式中空纤维膜的知名提供商，其在 MBR 的应用方面积累了多年的经验，在日本以及其他国家建有多项实际 MBR 工程。日本 Kubota 公司是另一个在膜生物反应器实际应用中具有竞争力的公司，它所生产的板式膜具有流通量大、耐污染和工艺简单等特点。国内一些研究者及企业也在 MBR 实用化方面进行着尝试，膜生物反应器已应用于城市污水处理及建筑中水回用，工业废水处理（如处理食品工业废水、水产加工废水、养殖废水、化妆品生产废水、染料废水、石油化工废水等），微污染饮用水净化，土地填埋场、堆肥渗滤液处理等，均获得了良好的处理效果。

4.17 三维立体结构生物转盘

（1）简介

三维立体结构生物转盘如图 4-25 所示，主要由盘体、氧化槽、转动轴及驱动装置三部分组成。盘片（盘体）是生物转盘的主要组成部分，是微生物附着的载体，它与生物转盘的处理效率直接相关。盘片采用立体网格状结构，这种立体结构不同于一般的圆板型平面盘片，这也是三维立体结构生物转盘区别于传统生物转盘的重要特点。这种立体结构大大增加了盘片的比表面积，利于空气的流通，进而增加了盘片上微生物氧气的补充，同时也有利于老化的生物膜脱落。

盘体
转动轴
氧化槽

图 4-25 三维立体结构生物转盘

三维立体结构生物转盘常见于分散式污水处理技术，是一款集成高效生物转盘，一体化生物转盘设备还可配套滤布滤池、高效沉淀设备、一体消毒器等多种先进的技术。三维立体结构生物转盘设备可实现水处理系列化、模块化，整套设备在车间组装完成，安装周期可控制在 7～15d 内。设备运行维护简单，具备无人值守、耗电费用低、寿命长、污泥产生量少（可实现数月不排泥）等优点。三维立体结构生物转盘设备可采用物联网技术，将设备的运行情况传输到设定的网络终端设备，方便对设备运行情况进行诊断、监控，也为设备的不定期检修提供依据。

（2）技术原理

生物转盘的原理是盘片部分浸没于充满污水的反应槽内，利用驱动装置带动盘片以一定的线速度不停转动，使盘片交替接触污水与空气，经过一段时间培养，盘片上会附着由微生物组成的生物膜。运行过程中，当盘片接触反应槽内的污水时，附着于盘片上的生物膜充分与污水中的有机物接触并将其吸附，同时吸收生物膜外水膜中的溶解氧，在生物酶的作用下将有机物分解，在这一过程中微生物利用分解有机物产生的养分进行自身繁殖，维持生物膜的数量。当盘片离开污水时，盘片表面形成薄薄一层水膜，空气不断地溶解进入水膜中，提高水膜氧溶解浓度。生物膜交替与污水、空气接触，形成一个连续的吸氧、吸附、氧化分解的过程，通过这样周而复始地不断处理有机物达到净水目的。当盘片上的生物膜生长至一定厚度后，接触盘片端的微生物会因缺氧而进行厌氧代谢，内部形成厌氧层（厌气性生物膜），由于好氧层与厌氧层的存在达到脱除氨氮的效果。逐渐老化的生物膜在转盘转动产生的剪力以及产生的气体和曝气形成的冲刷作用下不断剥落，换来新生物膜的生长，从而使生物膜一直保持较高的活性。此时，脱落的生物膜将随出水流出池外，由后续沉淀设备沉降去除。

（3）技术特点

① 寿命长　三维立体结构生物转盘设计寿命长达30年，10年内无大修，无重大更换部件。

② 安装方便　三维立体结构生物转盘具有集成性和可移动性，安装可快速完成。

③ 出水效果好　生物转盘和滤布滤池有机结合，可使出水达到一级A排放标准。

④ 抗冲击能力强　特殊的立体网式转盘结构，有效增大比表面积，大幅度提高了生物量，同时具备厌氧、好氧、兼氧菌群，抗冲击负荷能力更强。

⑤ 剩余污泥少　剩余污泥产生量小，污泥量相当于常规活性污泥法处理系统的30%～50%，污泥脱水性好，稳定性好，可回收。

⑥ 污泥负荷高，污水处理效率高。

⑦ 设备操作简单　操作简单，可实现无人值守，运行时只需几个月更换一次转盘的齿轮箱润滑油，运行维护容易。如运用物联网技术，可远程操控。

⑧ 节能　动力消耗和运行成本低，运行费用主要是转盘缓慢转动所消耗的动力，较一般污水处理方式更加节能。生活污水处理费可低至0.10元/t。

⑨ 无易损件　摒弃了曝气器、固定式生物填料等易损件，运行更加稳定，极大地方便了后续的维护管理。

⑩ 工程占地面积小　三维立体生物转盘设备的占地面积较常规工艺节省2/3。

⑪ 环境适应性好　三维立体结构生物转盘不受地形等条件限制，对气候条件适应性佳，在最低气温高于-20℃的地区皆可使用。

⑫ 环境友好　三维立体结构生物转盘为标准化设备，美观大方，处理过程不外露，不会影响周边景观。

⑬ 无噪声污染　运行稳定安静，三维立体结构生物转盘完全摒弃了风机，不会产生噪声二次污染，符合国家区域环境噪声标准。

⑭ 无异味　设备采用按需供氧的方式，运行过程中产生的臭气少，无异味，无需除臭装置，不会影响周边环境。

4.18 生物接触氧化设备

（1）介绍

生物接触氧化设备即为采用生物接触氧化法进行水处理的设备，图4-26为生物接触氧化设备采用的工艺流程示意图。在工艺形式上，生物接触氧化池与生物滤池的主要区别首先在于其池内设置的填料全部淹没在污水中，填料上长满生物膜。污水与生物膜接触过程中，水中的有机物被微生物吸附、氧化分解和转化为新的生物膜。从生物接触氧化池填料上脱落的生物膜，随水流到二沉池后被去除，污水得到净化。接触氧化池中空气通过设在池底的穿孔布气管进入水体，当气泡上升时向微生物供应氧气，即采用与活性污泥法工艺中曝气池相同的曝气供氧方式。

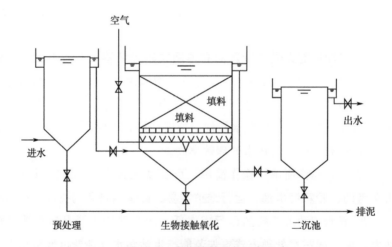

图 4-26　生物接触氧化设备示意

该工艺因具有高效节能、占地面积小、耐冲击负荷、运行管理方便等特点而被广泛应用于各行各业的污水处理系统。

（2）构造

接触氧化池是生物接触氧化处理系统的核心处理构筑物，目前已在工程中得到广泛应用。关于生物接触氧化成套装置的要求可参见《环境保护产品技术要求　生物接触氧化成套装置》（HJ/T 337—2006）。接触氧化池主要由池体、填料及其支架、曝气装置和进出水装置等组成。接触氧化池的平面形状一般为矩形或圆形，池体多采用钢结构或钢筋混凝土结构。由于池中水流速度较低，从填料上脱落的部分生物膜会沉积池底，因此有时池底可做成多斗式或设置集泥设备，以便排泥。

图 4-26 所示生物接触氧化设备为实验室组建的生物接触氧化装置示意图，可以进行膜生物反应器净化处理有机废水实验、微生物挂膜实验及研究膜污染过程、膜污染影响因素实验等，指导工程实践。试验阶段器壁常采用有机玻璃，在实验过程中微生物在填料上的生长情况一目了然。曝气装置采用软管和两排曝气头相接，曝气均匀。压力驱动形式为真空泵抽吸式，操作简单，维护方便，装置底部带有万向轮，可方便移动；配有流量计、压力表；可进行详细的实验记录。

在工程实际中，生物接触氧化装置可以采用碳钢、玻璃钢、钢筋混凝土制造。装置上应设置各种尺寸合适的孔，用作排空、清洗和维修。如果装置密闭，应有排气和处理设施。如果装置敞开，应有废气收集和处理设施。装置的结构布置应便于污水进入口和排放口的取样，还应设置应急溢流口或事故旁通口。

（3）设计要点

生物填料是接触氧化工艺的关键设施，直接影响其处理效果和经济费用。对填料的要求包括比表面积大、孔隙率大、水力阻力小、强度大、化学和生物稳定性好、能经久耐用等。目前常采用的填料是聚氯乙烯塑料、聚丙烯塑料、环氧玻璃钢等制成的蜂窝状和波纹板状填料以及纤维状填料。

（4）系统基础参数

为获得较好的水处理效果，参照《环境保护产品技术要求 生物接触氧化成套装置》（HJ/T 337—2006）性能要求，生物接触氧化装置的基础运行参数要求见表 4-10。

表 4-10 生物接触氧化设备基础运行参数

项目	参数
容积负荷	$\leqslant 1.0 \mathrm{kg\ COD}/(\mathrm{m}^3 \cdot \mathrm{d})$
填料比表面积	$750 \mathrm{m}^2$
一般供气量	$40 \sim 60 \mathrm{m}^3 / \mathrm{kg\ BOD}^5$
一般进水水质	$COD \leqslant 600 \mathrm{mg/L}$, $SS \leqslant 300 \mathrm{mg/L}$
水温	$12 \sim 38 ℃$

（5）参考基础配置单

生物接触氧化一体化设备组装时，可参考试验条件下的生物接触氧化设备基础配置。提升泵 1 个，空气泵 1 个，液体流量计 1 个，气体流量计 1 个，曝气装置 1 套，接触氧化池 1 个，组合填料 1 套；预处理装置 1 套；二沉池或相关设施 1 套。

（6）应用

生物接触氧化法在曝气池中充填供微生物栖息的填料，是一种介于活性污泥法和生物膜法之间、兼具两者优点的生物处理技术，因此在工程实践中得到了迅速的发展和应用，甚至在有些发达国家成为优先推荐采用的处理工艺。美国、日本和我国等将该技术广泛应用于城市污水和食品、印染、化工等各种工业废水的处理，而且还用于处理地表水的微污染源水。

4.19 SCSR 高效生物膜反应器

（1）简介

SCSR 高效生物膜反应器如图 4-27 所示，主要包括两种处理工艺，一种为 A^2O^2+MBBR 工艺，另一种为 A^3O^2+MBBR 工艺，A^2O^2+MBBR 工艺是倒置 A^2O+ 后置硝化池与 MBBR 工艺联用的生物处理工艺。A^3O^2+MBBR 工艺是倒置 A^2O+ 后置 AO 与 MBBR 工艺联用的生物处理工艺。SCSR 系列产品将活性污泥法和生物膜法完美结合，充分发挥二者的优点，在降低 COD 的同时强化脱氮除磷的效果。SCSR 系列产品主体工艺为倒置 A^2O 增加了进水量，缺氧池前置，消耗进水和回流污泥中的氧气和硝酸盐，保证厌氧区的严格厌氧环境，提高除磷效果。进水量多优先保证缺氧池反硝化所需碳源供给，提高总氮去除能力，同时也为厌氧池提供部分碳源，保证厌氧释磷储能顺利进行。此工艺充分利用内碳源，保证总氮、总磷达标，降低运行费用。在好氧池及硝化池投加 PPC 高效生物载体，比表面积 $\geqslant 4000m^2/m^3$，大大提高了好氧池生物量，同时可以减量污泥。

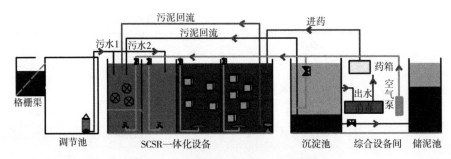

图 4-27　SCSR 高效生物膜反应器示意

（2）技术特点

SCSR 高效生物膜反应器在工艺设计方面的特点主要有：

① 进水较多，能充分利用内碳源；

② 末端设置硝化池，能够降低回流硝化液对前端缺氧的影响，微氧利于硝化菌生长；

③ 球形组合生物填料不结球、不堵塞、易挂膜；

④ PPC 高效生物载体抗冲击、生物量大、减量污泥；

⑤ 多点汽提技术，去设备化，减少维护费用；

⑥ 系统能取得相对较高的总氮去除率。

SCSR 高效生物膜反应器在设备配置方面的特点主要有：

① 回转风机、空气泵节能效果明显，为 $0.25\sim0.4\text{kW}\cdot\text{h/m}^3$；

② 站区噪声低于 40dB；

③ 占地面积小，为 $0.5\sim0.9\text{m}^2/\text{m}^3$（总占地）；

④ 远程监控、无人值守、集群联网。

（3）性能参数（表 4-11）

表 4-11　SCSR 高效生物膜反应器性能参数

项目	参数	项目	参数
处理量	$0.3\sim8.5\text{m}^3/\text{h}$	额定电压	380V
出水管口径	$De25\sim75\text{mm}$	进水管口径	$De25\sim75\text{mm}$
流量计规格	$0.3\sim8.5\text{m}^3/\text{h}$		

（4）主要用途

SCSR 高效生物膜设备，目前多应用于农村污水处理项目。

4.20 PTFE 杂化膜一体化设备

（1）简介

本节中的杂化膜为 PTFE 杂化膜-柔性陶瓷膜，是由微米级的陶瓷膜颗粒（二氧化钛、氧化锆、碳化硅的颗粒）和纳米级的 PTFE 粉料组成，在本书 3.10.3 中有介绍。PTFE 杂化膜组件见图 4-28，该 PTFE 杂化膜一体化设备（图 4-29）适用于所有水体，特别是 SS 浓度高、COD 浓度高等的高难度废水。

图 4-28　PTFE 杂化膜组件

图 4-29 PTFE 杂化膜一体化设备

（2）性能参数（表 4-12）

表 4-12　PTFE 杂化膜组件性能参数

项目	参数	项目	参数
型号	CF-8040-PTC-075	操作压力	运行压力：<0.3MPa 产水压力：0.1～0.3MPa 气反冲洗压力：<0.2MPa
膜材料	改性 PTFE		
进/出水口	$DN32mm/DN32mm$		
有效膜面积	7.5m²		
膜丝内径/外径	$\phi1.5mm/\phi2.3mm$	建议通量	城市用水：500～600L/（m²·h） 河水：200～300L（m²·h） 废水：30～100L/（m²·h）
孔径	0.5～2μm		
过滤方式	正压下产水		
操作温度	<50℃	pH	0～14

（3）技术应用

PTFE 杂化膜可应用于污泥减量项目，同时，PTFE 杂化膜在电镀废水重金属过滤、金属废酸液处理、矿井水直滤、建筑工地基坑水处理等方面具备较好的性能。

4.21 连续电除盐设备

（1）简介

连续电除盐（EDI，electro-deionization 或 CDI，continuous electrode ionization）是由电渗析和离子交换有机结合形成的一种新型膜分离技术，EDI 单体如图 4-30 所示。连续电除盐设备借助离子交换树脂的离子交换作用与阴、阳离子交换膜对阴、阳离子的选择性透过作用，在直流电场的作用下实现离子定向迁移，从而完成水的深度除盐。此过程离子交换树脂不需要用酸和碱再生。这一新技术可以代替传统的离子交换（DI）装置，生产出电阻率高达 18MΩ·cm 的超纯水。采用二级反渗透与 EDI 系统联合应用的水处理系统如图 4-31 所示。

图 4-30　EDI 单体

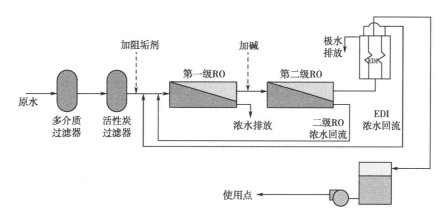

图 4-31　二级反渗透＋EDI 系统示意

（2）连续电除盐装置的性能参数（表 4-13）

表 4-13　连续电除盐装置的性能参数

项目	参数
给水	通常为单级反渗透＋软化或二级反渗透产水
TEA（总可交换阴离子，以 $CaCO_3$ 计）	$<25\mu g/g$
pH	8.0～9.0
温度	5～35℃
进水压力	$<400kPa$
出水压力	$<49.0～68.6kPa$
硬度（以 $CaCO_3$ 计）	$<1.0\mu g/g$

项目	参数
有机物质量分数（TOC）	$<0.5\times10^{-6}$
氧化剂	φ（Cl_2）$<0.05\mu L/L$，φ（O_3）$<0.02\mu L/L$
变价金属	ω（Fe）$<0.01\mu g/g$，ω（Mn）$<0.01\mu g/g$
φ（H_2S）	$<0.01\mu L/L$
ω（SiO_2）	$<0.5\mu g/g$
污染指数SDI_{15}	<1.0
APHA 色度	<5
二氧化碳的总量	通过调节反渗透进水 pH 或使用脱气装置来降低 CO_2 量
电导率	$<40\mu S/cm$

（3）技术特点

连续电除盐设备的技术特点主要有：

① 能极大地提高生产力，无"三废"污染；

② 不需添加任何化学酸、碱药品，极大降低了生产成本；

③ 不需要关闭制水系统，可连续运行或间歇运行；

④ 产水质量稳定，产水电阻可达 3～18MΩ•cm，且操作简单；

⑤ 结构紧凑，产水质量一致，所需能源少。

（4）应用

① 电子芯片高纯水；

② 电力高压锅炉补给水；

③ 化工、冶金、电镀等行业纯水、高纯水；

④ 生物技术、实验技术的纯水、高纯水。

参考文献

[1] 曲颂华，严学忆，王妍春，等．纤维转盘滤池-先进的污水深度过滤技术．第四届水处理行业新技术、新工艺应用交流会论文选登．2009，（3）：30-33.

[2] 李星文，唐启明，张彬．纤维转盘过滤技术在城市污水深度处理中的应用 [J]．技术与工程应用，2009，5：38-40.

[3] 胡涛，朱斌，马喜军，等．曝气生物滤池中滤料的应用研究进展 [J]．化工环保，2008，28（6）：509-513.

[4] 卢普伦．全自动阵列超滤器．CN 200620098446.3 [P]．2007-03-28.

[5] 卢普伦．自动旋流集污式砂滤器．CN 200420017132.7 [P]．2004-02-12.

[6] 路文清．板框式空气过滤器．CN 02270121 [P]．2003-09-17.

[7] 马爱萍，顾粉林，杨连喜．砂芯过滤器．CN 200820040371 [P]．2009-05-13.

[8] 陈留拴．一种活性炭过滤器．CN 03245883 [P]．2004-07-28.

[9] 吕振安．袋式过滤器．CN 1240296 [P]．2002-04-24.

[10] 吴志泉. 自洁式排气水过滤器. CN 200520071563 [P]. 2006-06-07.

[11] 袁国中. 一种机械过滤器. CN 200820217333 [P]. 2009-10-07.

[12] 张述学. 组合式除铁锰过滤器. CN 200620090343 [P]. 2007-06-13.

[13] 张民华. 盘式过滤器. CN 97190030 [P]. 2001-09-12.

[14] 宛金晖. 复合黄锈水过滤器. CN 98248579 [P]. 2000-01-19.

[15] 周洋洋, 杨志浪, 刘焱. 某市经济开发区污水处理厂设计概述 [J]. 市政技术, 2009, 27 (1): 67-69.

[16] 王湛, 纪树兰, 吕晓猛, 等. 稳态工况下板式超滤器的计算 [J]. 水处理技术, 1996, 22 (6): 329-332.

[17] 贺瑞卿, 蔡连超. 废水处理新技术—膜生物反应器 [J]. 河北环境科学, 2002, 10 (4): 26-29.

[18] 裴亮. 张雪婷. 分置式 MBR 处理生活污水的研究 [J]. 过滤与分离, 2007, 17 (3): 22-24.

[19] 王军. 膜生物反应器 (MBR) 技术及展望 [J]. 科技创新导报, 2008, 5: 11-12.

[20] 郑祥. 膜生物反应器在我国的研究进展 [J]. 给水排水, 2002, 28 (2): 105-110.

[21] 胡建东. 污水处理中膜生物反应器工艺的探讨 [J]. 炼油技术与工程, 2004, 34 (4): 59-62.

[22] 金炎龙, 周鹏, 王锐. 生活污水的厌氧生物处理研究进展 [J]. 环境科学与管理, 2008, 33 (6): 95-97, 116.

[23] 彭亚男. 膜生物反应器的研究 [J]. 化学工程师, 2004, 108 (9): 58-60.

[24] 黄霞. 膜生物反应器技术的现状与未来展望 [J]. 水工业市场, 2008, 3: 13-14.

[25] 尚永超. 新型生物转盘 [P]. 山东: CN103145235A, 2013-06-12.

[26] 方芳. 催化填料研制及其变速生物滤池处理城市污水性能研究 [D]. 重庆: 重庆大学, 2002.

[27] 范瑾初, 金兆丰. 水质工程 [M]. 北京: 中国建筑工业出版社, 2009.

[28] 贺姗姗, 陈高才, 刘海燕, 等. 生物接触氧化工艺在市政给水中的应用 [J]. 净水技术, 2021, 40 (s1): 60-65.

[29] 赵原野, 符惠玲, 赵平忠. 连续电除盐装置的运行控制及清洗技术 [J]. 清洗世界, 2015, 31 (11): 14-18, 46.

水处理用滤料（CJ/T 43—2005）

前　言

本标准参照美国标准《粒状滤料》（ANSI/AWWA B100—2001）的技术内容编制。

本标准代替经确认的 CJ/T 43—1999《水处理用石英砂滤料》，CJ/T 44—1999《水处理用无烟煤滤料》和 CJ/T 45—1999《水处理用磁铁矿滤料》标准。本标准是对上述三项标准的第一次全面修订。上述三项标准于 1988 年第一次制定，标准名称和编号为：CJ 24.1—1988《水处理用石英砂滤料》、CJ 24.2—1988《水处理用无烟煤滤料》，CJ 24.3—1988《水处理用磁铁矿滤料》。

本标准与 CJ/T 43—1999，CJ/T 44—1999，CJ/T 45—1999 标准相比，主要技术内容的改变如下：

——增加了一般规定；

——用高密度矿石滤料代替磁铁矿滤料，扩大滤料品种范围；

——滤料和承托料的技术要求作了一些调整；

——滤料和承托料的检验方法作了一些修改；

——滤料和承托料的铺装方法作了较多修改。

本标准附录 A 和附录 B 为规范性附录。

本标准由建设部标准定额研究所提出。

本标准由建设部给水排水产品标准化技术委员会归口。

本标准由中国市政工程中南设计研究院负责起草。

1　范围

本标准规定了水处理用滤料的技术要求、检验方法、铺装方法等。

本标准适用于生活饮用水过滤用无烟煤滤料、石英砂滤料、高密度矿石滤料、砾石承托料和高密度矿石承托料。

用于工业用水过滤的这三种滤料和两种承托料可参照执行。

2 规范性引用文件

下列文件中的条款通过本标准的引用而成为本标准的条款。凡是注日期的引用文件，其随后所有的修改单（不包括勘误的内容）或修订版均不适用于本标准，然而，鼓励根据本标准达成协议的各方研究是否可使用这些文件的最新版本。凡是不注日期的引用文件，其最新版本适用于本标准。

GB/T 6003.1   金属丝编织网试验筛

GB/T 6003.2   金属穿孔板试验筛

GB/T 6003.3   电成型薄板试验筛

GB 178—1977   水泥强度试验用标准砂

3 滤料和承托料的技术要求

3.1 一般规定

3.1.1 滤料和承托料不应使滤后水产生有毒、有害成分。

3.1.2 滤料的粒径范围、有效粒径（d_{uo}）、均匀系数（K_{sa}）或不均匀系数（K_s），由用户确定。

3.1.3 在用户确定的滤料和承托料粒径范围中，小于最小粒径、大于最大粒径的量均应小于5%（按质量计，下同）。

3.1.4 有关滤料和承托料的密度、含泥量、盐酸可溶率以及破碎率与磨损率之和，应符合表1的规定。

表1   滤料和承托料规格的几项规定

项　　目	无烟煤滤料	石英砂滤料	高密度矿石滤料	砾石承托料	高密度矿石承托料
密度/(g/cm³)	1.4~1.6	2.5~2.7	>3.8[①]	>2.5	>3.8[①]
含泥量/%	<3	<1	<2.5	<1	<1.5
盐酸可溶率/%	<3.5	<3.5	—	<5	—
破碎率与磨损率之和/%	<2	<2	—	—	—

① 磁铁矿滤料和承托料的密度一般为 4.4~5.2g/cm³。

3.2 无烟煤滤料

3.2.1 无烟煤滤料应为坚硬、耐用的无烟煤颗粒。

3.2.2 无烟煤滤料不应含可见的页岩、泥土或碎片杂质。

3.2.3 在无烟煤滤料中，密度大于 1.8g/cm³ 的重物质不应大于 8%。

3.3 石英砂滤料

3.3.1 石英砂（或以含硅物质为主的天然砂）滤料应为坚硬、耐用、密实的颗粒。在加工和过滤、冲洗过程中应能抗蚀，其含硅物质（以 SiO_2 计）不应小于85%。

3.3.2　石英砂滤料不应含可见的泥土、粉屑、云母或有机杂质。

3.3.3　石英砂滤料的灼烧减量不应大于0.7%。

3.3.4　在石英砂滤料中，密度小于2g/cm³的轻物质不应大于0.2%。

3.4　高密度矿石滤料

3.4.1　高密度矿石滤料应为坚硬、耐用、密实的磁铁矿、石榴石或钛铁矿颗粒，在加工和过滤、冲洗过程中应能抗蚀。

3.4.2　高密度矿石滤料不应含可见的泥土、粉屑、云母或有机杂质。

3.5　砾石承托料

3.5.1　砾石承托料为滤池中承托滤料的砾石。砾石承托料应有足够的强度和硬度，在加工和过滤、冲洗过程中应能抗蚀。

3.5.2　砾石承托料不应含可见的泥土、页岩或有机杂质。

3.5.3　砾石承托料中，明显扁平、细长（长度超过5倍厚度）的颗粒不应大于2%。

3.5.4　砾石承托料粒径范围一般为2～4mm，4～8mm，8～16mm，16～32mm，32～64mm。

3.6　高密度矿石承托料

3.6.1　高密度矿石承托料为滤池中承托滤料的高密度矿石颗粒。高密度矿石承托料应为磁铁矿、石榴石或钛铁矿较粗颗粒。高密度矿石承托料应有足够的强度和硬度，在加工和过滤、冲洗过程中应能抗蚀。

3.6.2　高密度矿石承托料不应含可见的页岩、泥土或有机杂质。

3.6.3　高密度矿石承托料中，明显扁平、细长（长度超过5倍厚度）的颗粒不应大于2%。

3.6.4　高密度矿石承托料粒径范围一般为0.5～1mm，1～2mm，2～4mm，4～8mm。

4　水处理用滤料检验方法

水处理用滤料的检验方法应按附录A执行。

5　水处理用滤料铺装方法

水处理用滤料的铺装方法应按附录B执行。

6　标志、包装、运输和贮存

6.1　标志

滤料和承托料的包装袋上应印字标明产品名称、规格、质量、使用标准和生产厂名。

6.2 包装

滤料和承托料宜使用耐用包装袋包装运输。

6.3 运输和贮存

6.3.1 滤料和承托料在运输和贮存期间应防止包装袋破损，以免漏失或混入杂物。

6.3.2 滤料不宜与承托料一起堆放。

6.3.3 滤料和承托料不宜与其他材料一起堆放。

附录 A 水处理用滤料检验方法

（规范性附录）

A.1 总则

A.1.1 本检验方法适用于石英砂滤料、无烟煤滤料和高密度矿石滤料，以及砾石承托料、高密度矿石承托料。

A.1.2 称取滤料和承托料样品时应准确至所称样品质量的 0.1%。样品用量与测定步骤，应按照本方法的规定进行。

A.1.3 本方法所用的仪器、容量器皿，应进行校正。

A.1.4 本方法所用的试验筛，按照 GB/T 6003.1，GB/T 6003.2 和 GB/T 6003.3 标准的规定执行。

A.1.5 本方法所用的水系指蒸馏水，当对水有特殊要求时，则另加说明。

A.2 取样

A.2.1 堆积滤料的取样

在滤料堆上取样时，应将滤料堆表面划分成若干个面积相同的方形块，于每一方块的中心点用采样器或铁铲伸入到滤料表面 150mm 以下采取。然后将从所有方块中取出的等量（以下取样均为等量合并）样品置于一块洁净、光滑的塑料布上，充分混匀，摊平成一正方形，在正方形上画对角线，分为四块，取相对的两块混匀，作为一份样品（即四分法取样），装入一个洁净容器内。样品采取量不应少于4kg。

A.2.2 袋装滤料的取样

取袋装滤料样品时，由每批产品总袋数的5%中取样，批量小时不少于3袋。用取样器从袋口中心垂直插入二分之一深度处采取。然后将从每袋中取出的样品合并，充分混匀，用四分法缩减至4kg，装入一个洁净容器内。砾石承托料的取样量可根据测定项目计算。

A.2.3 试验室样品的制备

试验室收到滤料试样后，根据试验目的和要求进行筛选和缩分。然后在

105～110℃的干燥箱中干燥至恒量❶，置于磨口瓶中保存。

A.3 检验方法

A.3.1 破碎率和磨损率

A.3.1.1 操作

称取经洗净干燥并截留于筛孔径 0.5mm 筛上的样品 50g（石英砂滤料）或 28g（无烟煤滤料），置于内径 50mm、高 150mm 的金属圆筒内。加入 6 颗直径 8mm 的轴承钢珠，盖紧筒盖，在行程为 140mm、频率为 150 次/min 的振荡机上振荡 15min 取出样品，分别称量通过筛孔径 0.5mm 而截留于筛孔径 0.25mm 筛上的样品质量，以及通过筛孔径 0.25mm 的样品质量。

A.3.1.2 计算

破碎率和磨损率分别按式(A.1) 和式(A.2) 计算：

$$C_1 = \frac{G_1}{G} \times 100 \quad \cdots\cdots\cdots\cdots\cdots\cdots\cdots\cdots \quad (A.1)$$

$$C_2 = \frac{G_2}{G} \times 100 \quad \cdots\cdots\cdots\cdots\cdots\cdots\cdots\cdots \quad (A.2)$$

式中 C_1——破碎率，%；

C_2——磨损率，%；

G_1——通过筛孔径 0.5mm 而截留于筛孔径 0.25mm 筛上的样品质量，g；

G_2——通过筛孔径 0.25mm 的样品质量，g；

G——样品的质量，g。

A.3.2 密度

A.3.2.1 操作

向李氏比重瓶中加入煮沸并冷却至约20℃的水至零刻度，塞紧瓶盖。在（20±1)℃的恒温水槽中静置 1h 后，调整水面准确对准零刻度，擦干瓶颈内壁附着水，通过长颈玻璃漏斗慢慢加入洗净干燥的滤料样品约 53g（石英砂滤料）或约 30g（无烟煤滤料）或约 90g（高密度矿石滤料），边加边向上提升漏斗，避免漏斗附着水及瓶颈内壁黏附样品颗粒。旋转并用手轻拍比重瓶，以驱除气泡。塞紧瓶盖，在（20±1)℃的恒温水槽中静置 1h 后，再用手轻拍比重瓶，以驱除气泡，记录瓶中水面刻度体积。

测定无烟煤滤料时，最好用煤油代替水。

A.3.2.2 计算

样品的密度按式(A.3) 计算。

$$\rho = \frac{G}{V} \quad \cdots\cdots\cdots\cdots\cdots\cdots\cdots\cdots \quad (A.3)$$

---

❶ 本方法中的"灼烧或干燥至恒量"，系指灼烧或烘干，并于干燥器中冷却至室温后称量，重复进行至最后两次称量之差不大于所称样品质量的 0.1% 时，即为恒量，取最后一次质量作为计量依据。

式中 ρ ——样品的密度，g/cm^3；

   G ——样品的质量，g；

   V ——加样品后瓶中水面刻度体积，cm^3。

A.3.3 含泥量

A.3.3.1 操作

称取干燥滤料样品500g，置于1000mL洗砂筒中，加入水，充分搅拌5min，浸泡2h，然后在水中搅拌淘洗样品，约1min后，把浑水慢慢倒入孔径为0.08mm的筛中。测定前，筛的两面先用水湿润。在整个操作过程中，应避免砂粒损失。再向筒中加入水，重复上述操作，直至筒中的水清澈为止。用水冲洗截留在筛上的颗粒，并将筛放在水中来回摇动，以充分洗除小于0.08mm颗粒。然后将筛上截留的颗粒和筒中洗净的样品一并倒入已恒量的搪瓷盘中，置于105～110℃的干燥箱中干燥至恒量。

A.3.3.2 计算

含泥量按式（A.4）计算。

$$C = \frac{G - G_1}{G} \times 100 \quad \cdots\cdots\cdots\cdots\cdots\cdots\cdots\cdots\cdots \text{(A.4)}$$

式中 C ——含泥量，%；

   G ——淘洗前样品的质量，g；

   G_1 ——淘洗后样品的质量，g。

A.3.4 密度小于$2g/cm^3$的轻物质含量（用于石英砂滤料的检验）

A.3.4.1 配制氯化锌溶液（相对密度为2.0）

向1000mL的量杯中加水至500mL刻度处，再加入1500g氯化锌，用玻璃棒搅拌使氯化锌全部溶解（氯化锌在溶解过程中将放热使溶液温度升高），待冷却至室温后，取部分溶液倒入250mL量筒中，用比重计测其相对密度。如溶液相对密度大于要求值，则再加入一定量的水，搅拌、混合均匀，再测其相对密度，直至溶液相对密度达到要求数值为止。

A.3.4.2 操作

称取干燥滤料样品150g，置于盛有氯化锌溶液（约500mL）的1000mL烧杯中，用玻璃棒充分搅拌5min后，将浮起的轻物质连同部分氯化锌溶液倒入0.08mm筛网中（剩余的氯化锌溶液与滤料表面相距2～3cm时即停止倒出），轻物质留在筛网上，而氯化锌溶液通过筛网流入另一容器，再将通过筛网的氯化锌溶液倒回烧杯中。重复上述过程，直至无轻物质浮起为止。

用水洗净留在筛网中的轻物质，然后将其移入已恒量的蒸发皿中，在105～110℃的干燥箱中干燥至恒量。

A.3.4.3 计算

密度小于$2g/cm^3$的轻物质含量按式（A.5）计算。

$$C = \frac{G_1}{G} \times 100 \qquad \cdots\cdots\cdots\cdots\cdots\cdots\cdots \text{(A.5)}$$

式中　C——密度小于 2g/cm^3 的轻物质含量，%；

　　G——干燥滤料样品的质量，g；

　　G_1——干燥的轻物质的质量，g。

A.3.5　灼烧减量（用于石英砂滤料的检验）

A.3.5.1　操作

称取干燥滤料样品10g，置于已灼烧至恒量的瓷坩埚中，将盖斜置于坩埚上，从低温升起，在 $(850\pm10)℃$ 高温下灼烧30min，冷却后称量。

A.3.5.2　计算

灼烧减量按式(A.6)计算。

$$C = \frac{G - G_1}{G} \times 100 \qquad \cdots\cdots\cdots\cdots\cdots\cdots \text{(A.6)}$$

式中　C——灼烧减量，%；

　　G——灼烧前干燥样品的质量，g；

　　G_1——灼烧后干燥样品的质量，g。

A.3.6　盐酸可溶率

A.3.6.1　操作

将滤料样品用水洗净，在 $105\sim110℃$ 的干燥箱中干燥至恒量。称取洗净干燥样品50g，置于500mL烧杯中，加入（1+1）盐酸（1体积分析纯盐酸与1体积水混合）160mL（使样品完全浸没）。在室温下静置，偶作搅拌，待停止发泡30min后，倾出盐酸溶液，用水反复洗涤样品（注意不要让样品流失），直至用pH试纸检查洗净水呈中性为止。把洗净后的样品移入已恒量的称量瓶中，在 $105\sim110℃$ 的干燥箱中干燥至恒量。

A.3.6.2　计算

盐酸可溶率按式(A.7)计算。

$$C = \frac{G - G_1}{G} \times 100 \qquad \cdots\cdots\cdots\cdots\cdots\cdots\cdots \text{(A.7)}$$

式中　C——盐酸可溶率，%；

　　G——加盐酸前样品的质量，g；

　　G_1——加盐酸后样品的质量，g。

A.3.7　筛分

称取干燥的滤料样品100g，置于一组试验筛（按筛孔由大至小的顺序从上到下套在一起，底盘放在最下部）的最上的筛上，然后盖上顶盖。在行程140mm，频率150次/min的振荡机上振荡20min，以每分钟内通过筛的样品质量小于样品的总质量的 0.10% 作为筛分终点。然后称出每只筛上截留的滤料质量，按表 A.1 填写和计算所得结果，并以表 A.1 中筛的孔径为横坐标，以通过该筛孔样品的百分数为纵坐标绘制筛分曲线。根据筛分曲线确定滤料样品的有效粒径（d）、均匀系数（K_{60}）和不均匀系数（K_{80}）。

表 A.1 筛分记录

筛孔径/mm	截留在筛上的样品质量/g	通过筛的样品	
		质量/g	百分数/%
d_1	g_1	g_7	$g_7/G \times 100$
d_2	g_2	g_8	$g_8/G \times 100$
d_3	g_3	g_9	$g_9/G \times 100$
d_4	g_4	g_{10}	$g_{10}/G \times 100$
d_5	g_5	g_{11}	$g_{11}/G \times 100$
d_6	g_6	g_{12}	$g_{12}/G \times 100$

注：G 为滤料样品总质量，g。

A.3.8 *砾石密度*

A.3.8.1 *操作*

砾石密度的测定，按照砾石承托料的铺料层次及粒径范围分组测定。测定前将样品洗净和干燥至恒量，并按下述步骤分别测定。

粒径 2～4mm 的样品，按照本检验方法 A.3.2 的规定测定。

粒径 4～8mm 或 8～16mm 的样品，称取 300g，慢慢加入盛有 250mL（V_1）煮沸并冷却至（20±1）℃水的 500mL 量筒中，旋转并用手轻拍量筒，以驱除气泡。在（20±1）℃的恒温水槽中静置 1h 后，再用手轻拍量筒，以驱除气泡，记录量筒中水面刻度体积（V_2）。

粒径 16～32mm 的样品，称取量为 1000g，用 1000mL 量筒，加 500mL 水。粒径 32～64mm 的样品，称取量为 1500g，用 2000mL 量筒，加 1000mL 水，按照上述方法测定。

A.3.8.2 *计算*

砾石的密度按式（A.8）计算。

$$\rho = \frac{G}{V_2 - V_1} \times 100 \quad \cdots\cdots\cdots\cdots\cdots\cdots\cdots (A.8)$$

式中 ρ——样品的密度；

　　G——样品的质量；

　　V_1——加样品前量筒中水面刻度体积；

　　V_2——加样品后量筒中水面刻度体积。

A.3.9 *砾石含泥量*

将样品在 105～110℃ 的干燥箱中干燥至恒量。

称取表 A.2 中规定的样品质量，置于搪瓷盆中并加入水浸泡 2h 后，在水中搅拌淘洗样品。以下操作按照本检验方法 A.3.3 做。其含泥量按式(A.4) 计算。

表 A.2 不同粒径样品的检验样品量

样品粒径/mm	2～4	4～8	8～16	16～32	32～64
样品质量/g	500	1500	2500	5000	5000

A.3.10 砾石盐酸可溶率

将样品用水洗净，在 105～110℃ 的干燥箱中干燥至恒量。

表 A.3 不同粒径样品的检验样品和盐酸量

样品粒径/mm	2～4	4～8	8～16	16～32	32～64
样品质量/g	100	100	250	250	500
(1+1) 盐酸量/mL	320	320	800	800	1600

称取表 A.3 中规定的样品质量，置于 1000mL 的烧杯中（样品质量 500g 用 2000mL 烧杯），加入表 A.3 中规定的盐酸量，在室温下静置，待停止发泡 30min 后，倾出盐酸溶液，用水反复洗涤样品（注意不要让样品损失），直至用 pH 试纸检查洗净水呈中性为止，把洗净后的样品在 105～110℃ 的干燥箱中干燥至恒量。盐酸可溶率按照式(A.7) 计算。

A.3.11 明显扁平、细长颗粒含量（用于承托料的检验）

A.3.11.1 操作

将样品在 105～110℃ 的干燥箱中干燥至恒量。

称取表 A.2 中规定的样品质量（粒径小于 2mm 的样品，称取 100g），找出扁平、细长的颗粒。用游标卡尺测出各扁平、细长颗粒的最大长度和中央处的最小厚度，然后称出明显扁平、细长（长度超过 5 倍厚度）颗粒的质量。

A.3.11.2 计算

明显扁平、细长颗粒含量按式(A.9) 计算。

$$C = \frac{G_1}{G} \times 100 \quad \cdots\cdots\cdots\cdots\cdots\cdots\cdots (A.9)$$

式中 C——明显扁平、细长颗粒含量，%；

G——干燥承托料样品的质量，g；

G_1——干燥的明显扁平、细长颗粒质量，g。

A.3.12 密度大于 1.8g/cm³ 的重物质含量（用于无烟煤滤料的检验）。

A.3.12.1 配制氯化锌水溶液（相对密度为 1.8）

向 1000mL 的量杯中加水至 500mL 刻度处，再加入 1500g 氯化锌，用玻璃棒搅拌使氯化锌全部溶解（氯化锌在溶解过程中将放热使溶液温度升高），待冷却至室温后，取部分溶液倒入 250mL 量筒中，用比重计测其相对密度。如溶液相对密度大于要求值，则再加入一定量的水，搅拌、混合均匀，再测其相对密度，直至溶液相对密度达到要求数值为止。

A.3.12.2 操作

称取洗净干燥至恒量滤料样品 50g，置于盛有氯化锌溶液（约 500mL）的 1000mL 烧杯中，用玻璃棒充分搅拌 5min，静置 10min 使密度大于 $1.8g/cm^3$ 的物质沉淀下来，然后用网勺按一定方向小心捞取漂浮物，反复操作直至捞尽为止。捞取时应注意，勿使沉淀物搅起混入漂浮物中。

将烧杯中的氯化锌溶液慢慢倾入另一容器中（注意不要让沉淀物倾出）用温水冲洗烧杯中沉淀物上残存的氯化锌，然后将沉淀物倒入已恒量的称量瓶中，在 105～110℃ 的干燥箱中干燥至恒量。

A.3.12.3 计算

密度大于 $1.8g/cm^3$ 的重物质含量按式（A.10）计算。

$$C = \frac{G_1}{G} \times 100 \quad \cdots\cdots\cdots\cdots\cdots\cdots\cdots\cdots \text{(A.10)}$$

式中 C——密度大于 $1.8g/cm^3$ 的重物质含量，%；

G——干燥滤料样品的质量，g；

G_1——干燥的沉淀物质的质量，g。

A.3.13 含硅物质（用于石英砂滤料的检验）

含硅物质以 SiO_2 计，按照 GB 178—1977 附录一的规定检验。

附录 B 水处理用滤料铺装方法

（规范性附录）

B.1 适用范围

本铺装方法适用于单层和多层滤料滤池。

B.2 铺装方法

B.2.1 准备

a）在滤池铺装承托料和滤料以前，应先清除滤池内一切部位的全部杂物，并清洗干净；应先检查配水配气的管系是否水平、孔眼或缝隙是否畅通无阻；再按设计冲洗方法用水或气水冲洗，观察冲洗时配水配气系统的水或气水分布是否均匀和有无渗漏。

b）在滤池内壁按承托料和滤料的各层设计顶高画水平线，作为铺装高度标记。

c）分别清洗各种粒径范围的承托料。

B.2.2 铺装

a）铺装承托料时，应避免损坏滤池的配水配气系统。应均匀轻撒承托料，严禁由高向低把承托料倾倒至配水配气系统或下一层承托料之上。铺装人员不应直接在承托料上站立或行走，而应站在平板上操作，以免造成承托料的移动。

b) 使滤池充水并使水面符合池内壁水平线，以校核铺装的承托层顶高。承托层顶面与水面的高度差值应小于10mm，承托层顶面高于与低于水面的面积之和应小于10%。

c) 在下层承托料顶面符合要求后，再开始铺装上一层承托料。铺装粒径小于或等于2~4mm的承托层后，应用该滤池设计上限冲洗强度进行冲洗。开始冲洗时必须使用小冲洗强度，以便排除配水系统中的空气。气排完后，再逐渐提高冲洗强度。达到设计上限冲洗强度以前的历时不应少于3min。冲洗水中夹带大空气泡时，极易搅乱分级的承托料。停止冲洗前应先逐渐降低冲洗强度。排水后，细心刮除该层承托料表面的轻物质和细颗粒。

d) 承托料全部分层铺装完成后，使滤池充水至洗砂排水槽以下。由槽顶向水中撒入预计数量的滤料（包括应刮除的轻细杂物）。应尽量使撒入滤料均布全池，不应形成滤料丘。排水后，先将滤料整理平再进行冲洗。冲洗后，刮除轻细杂物。按上述方法操作后，如滤料层顶面未达到设计顶高水平线，应重复上述撒料、整平、冲洗、刮除操作，直到滤料符合要求为止。如果是双层或三层滤料滤池，则应在下层滤料完成上述四步操作并且该层滤料顶面达到水平线后，再铺上一层滤料。无烟煤滤料装入滤池后，应在水中浸泡24h以后，方可进行冲洗和刮除的操作。

e) 对于大厚度的单一滤料滤床，一次铺装滤料厚度不应超过0.9m。在下面0.9m厚滤料完成上述四步操作后，再进行上部滤料的四步操作。

f) 刮除：刮除步骤应进行几次，以便去除全部轻细杂物。刮除工具可用灰刀、平锹等。两次刮除步骤之间，一般冲洗1~3次，每次冲洗历时不应少于5min。